Ps

吴小香 官宇哲 葛绪涛 谭春林◎主编
戚大为 季超 董兵波◎副主编

中文版 Photoshop CC 基础培训教程

移动学习版

人民邮电出版社
北京

图书在版编目（CIP）数据

中文版Photoshop CC基础培训教程 ：移动学习版 / 吴小香等主编. -- 北京 ：人民邮电出版社，2019.3（2022.6重印）
ISBN 978-7-115-50495-1

Ⅰ. ①中… Ⅱ. ①吴… Ⅲ. ①图象处理软件—教材 Ⅳ. ①TP391.413

中国版本图书馆CIP数据核字(2018)第288921号

内容提要

Photoshop是用户需求量大且深受个人和企业青睐的图像处理软件之一，广泛应用于不同的行业和领域。本书针对目前流行的Photoshop CC软件，讲解Photoshop各个工具和功能的使用方法。首先对Photoshop基础操作和图像基础操作进行详细介绍，分类介绍常用工具和命令在图像处理中的应用，包括选区、图层、绘图工具、文字工具、修饰工具、颜色调整命令等；然后再逐步深入，探讨通道、蒙版、滤镜在图像处理中的应用，并对动作、切片、打印输出图像进行介绍；最后将Photoshop操作与图像处理相结合，通过人像精修、广告设计与界面设计3个案例对全书知识进行综合应用。

为了便于读者更好地学习本书内容，本书除了提供“疑难解答”“技巧”“提示”小栏目来辅助学习，还在对应操作步骤和部分案例旁附有二维码，读者通过手机或平板电脑扫描相应二维码，即可观看操作步骤的视频演示，以及该案例图片的彩色处理效果。

本书不仅可作为各类院校图像处理相关专业的教材，还可供相关行业的工作人员学习和参考。

◆ 主　　编　吴小香　官宇哲　葛绪涛　谭春林
副 主 编　戚大为　季　超　董兵波
责任编辑　税梦玲
责任印制　焦志炜
◆ 人民邮电出版社出版发行　　北京市丰台区成寿寺路11号
邮编　100164　　电子邮件　315@ptpress.com.cn
网址　http://www.ptpress.com.cn
北京鑫丰华彩印有限公司印刷
◆ 开本：787×1092　1/16
印张：17　　2019年3月第1版
字数：431千字　　2022年6月北京第15次印刷

定价：49.80元

读者服务热线：(010)81055256　印装质量热线：(010)81055316
反盗版热线：(010)81055315
广告经营许可证：京东市监广登字20170147号

前言

PREFACE

随着院校课程改革的深入以及教学方式的更新，市场上很多教材的教学结构、所使用的软件版本都已不能满足当前的教学需求。鉴于此，我们认真总结了教材编写经验，用2~3年的时间深入调研各类院校对教材的需求，组织了一批具有丰富教学经验和实践经验的优秀作者编写本教材，以帮助各类院校快速培养优秀的Photoshop技能型人才。

本着“学用结合”的原则，我们在教学方法、教学内容、教学资源3个方面体现了自己的特色。

教学方法

本书精心设计了“课堂案例→知识讲解→课堂练习→上机实训→课后练习”5 段教学法，以激发学生的学习兴趣；通过细致的理论知识讲解，详细的经典案例分析，训练学生的动手能力；再辅以课堂练习与课后练习帮助学生强化并巩固所学的知识和技能，达到提高学生实际应用能力的目的。

◎ **课堂案例：** 除了基础知识部分，涉及操作的知识大多在每节开头以课堂案例的形式引入，让学生在操作中掌握该节知识在实际工作中的应用。

◎ **知识讲解：** 深入浅出地讲解理论知识，对课堂案例涉及的知识进行扩展与巩固，让学生理解课堂案例的操作。

◎ **课堂练习：** 紧密结合课堂讲解的内容给出操作要求，要求学生独立完成，以充分训练学生的动手能力，并提高独立完成任务的能力。

◎ **上机实训：** 精选案例，对案例要求进行定位，对案例效果进行分析，并给出操作思路，帮助学生分析案例，要求学生根据思路提示独立完成操作。

◎ **课后练习：** 结合每章内容给出几个操作练习题，帮助学生强化、巩固每章所学知识，温故知新。

教学内容

本书的教学目标是循序渐进地帮助学生掌握图形图像处理和平面设计的相关知识，掌握 Photoshop CC 的相关操作。全书共 11 章，可分为以下 5 个方面的内容。

◎ **第1章：** 概述图形图像处理的基础知识，如矢量图、位图、分辨率等基本概念，认识Photoshop CC软件界面，讲解文件与辅助工具的基本操作等。

◎ **第2章：**主要讲解Photoshop CC中图像的基本操作，包括图像文件的基本操作，图像的查看、调整和变换等，以及色彩的运用。

◎ **第3章~第9章：**主要讲解Photoshop CC各个工具和功能的操作方法，包括选区、图层、绘图工具、修饰工具、颜色调整命令、通道、蒙版和滤镜等。

◎ **第10章：**主要讲解批处理、切片和打印文件的方法。包括动作与批处理图像、切片图像和打印图像等。

◎ **第11章：**综合应用本书所学的Photoshop CC图像处理知识，讲解3个综合案例，包括人像精修、广告设计、手机App界面设计与制作等。

教学资源

本书提供立体化教学资源，丰富教师教学手段，资源下载地址为 box.ptpress.com.cn/y/50495。本书的教学资源包括以下 5 个方面。

01 视频资源

本书在讲解与 Photoshop CC 相关的操作、实例制作过程时均配套了相应的教学视频，用手机或平板电脑扫描对应二维码即可查看，帮助读者快速上手。

02 素材与效果文件

提供书中实例涉及的素材与效果文件。

03 模拟试题库

提供丰富的与 Photoshop 相关的试题，读者可自由组合出不同的试卷进行测试。另外，还提供了两套完整的模拟试题，以便读者测试和练习。

04 PPT和教案

提供 PPT 和教学教案，辅助老师顺利开展教学工作。

05 拓展资源

提供图片设计素材、笔刷素材、形状样式素材，以及 Photoshop 图像处理技巧等文档。

作　者

2018 年 11 月

目录

CONTENTS

CHAPTER 1

第1章 Photoshop CC的基本操作

Photoshop CC是一款图形图像处理软件，是设计行业中必不可少的图像处理工具之一。读者要想使用Photoshop CC对图形图像进行处理，首先需要掌握Photoshop CC的一些基础知识，如平面设计与图像处理基础、Photoshop CC的工作界面、图像辅助工具等，以此奠定设计入门的基础。

课堂学习目标

- 掌握平面设计与图像处理基础
- 掌握Photoshop CC工作界面的相关知识
- 掌握图像辅助工具的相关使用操作

课堂案例展示

Photoshop的应用

1.1 平面设计与图像处理基础

Photoshop CC作为一款强大的平面设计与图像处理软件，不但能让图像效果更加完美，还能制作不同类型的海报、展示画以及商品图片等。下面先对Photoshop的应用领域进行简单讲解，再对Photoshop软件的相应知识进行介绍，如矢量图与位图、像素与分辨率、图像的色彩模式和常用的图像文件格式等。

1.1.1 Photoshop 的应用领域

Photoshop是当今处理图像最为强大的软件之一，在学习该软件的操作方法前，需要对其应用领域有一定的认识和了解。下面将对Photoshop的应用领域进行详细的介绍。

- 在平面视觉中的应用：平面设计是一种集创意、构图和色彩为一体的艺术表达形式，它不仅注重表面的视觉美观，还要传达出要表达的具体信息。使用Photoshop，完全可以满足平面设计的各种要求，制作出内容丰富的平面印刷品。图1-1所示为海报和包装设计的展示效果。
- 在插画设计中的应用：视觉文化是当今时代的主流，由于插画具有绚丽多彩、视觉冲击力强的特点，因此成为视觉传达中不可或缺的表达手法，其广泛性和大众性在很大程度上影响着大众的审美取向。除了手绘插画外，也可以利用Photoshop中提供的色彩、画笔和滤镜等在计算机中模拟画笔绘制的效果绘制出各种美观、逼真的插画，如书籍内页的插图、动画插画和小说绘图等。图1-2所示为人物插画效果。

图1-1 在平面视觉中的应用

图1-2 在插画设计中的应用

- 在网页设计中的应用：网页是使用多媒体技术在计算机网络与人们之间建立的一组具有展示和交互功能的虚拟界面。利用Photoshop可以设计出网页的页面效果，规划好每一部分的内容和作用。图1-3所示即为某网站的首页效果图。
- 在界面设计中的应用：随着计算机、网络和智能电子产品的发展，为了给用户呈现更好的用户界面，各行各业也逐渐追求更为美观的界面设计，如企业软件界面、游戏界面和电子商品界面等，以达到吸引用户购买产品的目的。使用Photoshop可轻松制作具有真实质感和特效的用户界面，如图1-4所示。

图1-3　在网页设计中的应用

图1-4　在界面设计中的应用

- 在数码照片后期处理中的应用：数码照片是广大用户日常工作和生活中最为常用的一种照片，用户使用Photoshop提供的图像调整、修饰和修复等功能，能对拍摄的数码照片进行后期处理，使其效果更加美观，满足更个性化的需求，如图1-5所示。
- 在效果图后期处理中的应用：Photoshop可以对制作的建筑、人物、景观、场景和其他装饰品进行渲染和调整，如增加色彩的丰富程度、使光线明暗强度更加突出或调整效果图的整体色调等，以增强画面的美感，如图1-6所示。

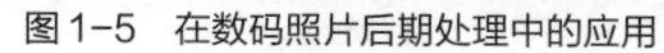

图1-5　在数码照片后期处理中的应用

图1-6　在效果图后期处理中的应用

- 在淘宝美工中的应用：淘宝美工通过对淘宝店铺的装饰和设计，可以从视觉角度上快速提高网店的形象，树立网店品牌，吸引更多顾客进店浏览。使用Photoshop可以快速修复商品图片的拍摄缺陷，并制作出网店需要的店招、主图和海报等内容，增强网店的页面效果，如图1-7所示。

图1-7　在淘宝美工中的应用

1.1.2 位图和矢量图

位图和矢量图是图像的两种类型，用户要进行图形图像设计与处理就必须了解和掌握这两种类型以及两种类型之间的区别，有助于用户更好地学习和使用Photoshop CC。

1. 位图

位图也称点阵图或像素图，它由多个像素点构成，能够将灯光、透明度和深度等逼真地表现出来，将位图放大到一定程度后，即可看到位图是由一个个小方块组成，这些小方块就是像素。位图图像质量由分辨率决定，单位面积内的像素越多，分辨率越高，图像效果也就越好。但当位图缩放到一定比例时，图像会变模糊。常见的位图格式有JPEG、PCX、BMP、PSD、PIC、GIF和TIFF等，图1-8所示为位图原图和放大500%的对比效果。

图1-8　位图效果

在将灰度颜色模式的图像转换为位图模式时，选择【图像】/【模式】/【位图】命令，打开“位图”对话框，在“使用”下拉列表中有5种方法供用户选择，下面分别进行介绍。

- 50%阈值：将灰色值高于中间灰阶的像素转换为白色，将低于中间灰阶的像素转换为黑色。结果将是高对比度的黑白图像。
- 图案仿色：通过将灰阶组织成白色和黑色网点的几何配置来转换图像。
- 扩散仿色：通过使用从图像左上角的像素开始的误差扩散过程来转换图像。若像素值高于中间灰阶，则像素将更改为白色；若像素低于中间灰阶,则更改为黑色。因为原像素很少是纯白或纯黑，因此会产生误差，该误差传递到周围的像素并在整个图像中扩散，从而形成粒状、胶片状的纹理。
- 半调网屏：在转换后的图像中模拟半调网点的外观。
- 自定图案：在转换后的图像中模拟所选图案，自定半调网屏的外观。

2. 矢量图

矢量图是用一系列计算机指令来描述和记录的图像，它由点、线、面等元素组成，所记录的对象主要包括几何形状、线条粗细和色彩等，矢量图常用于制作企业标志或插画，还可用于商业信纸或招贴广告，可随意缩放的特点使其可在任何打印设备上以高分辨率进行输出。与位图不同的是，其清晰度和光滑度不受图像缩放的影响。常见的矢量图格式有CDR、AI、WMF和EPS等。图1-9所示为矢量图原图和放大300%的对比效果。

图1-9　矢量图效果

1.1.3 像素和分辨率

像素是构成位图图像的最小单位，是位图中的一个小方格。分辨率是指单位面积或单位长度上的像素数目，单位通常为“像素/英寸”（1英寸=2.54厘米）和“像素/厘米”，它们的组成方式决定了图像的大小。

- 像素：像素是组成位图图像最基本的元素，每个像素在图像中都有自己的位置，并且包含了一定的颜色信息。单位面积上的像素越多，颜色信息越丰富，图像效果就越好，文件也会越大。图1-10所示的荷花即为图像分辨率为72像素/英寸下的效果和放大图像后的效果，在放大后的图像中，显示的每一个小方格就代表一个像素。
- 分辨率：分辨率是指单位面积或单位长度上的像素数量。分辨率的高低直接影响图像的效果，单位面积或单位长度上的像素越多，分辨率越高，图像就越清晰，但所需的存储空间也就越大。图1-11所示为分辨率为72像素/英寸和300像素/英寸的区别。从中可以看出，低分辨率的图像较为模糊，而高分辨率的图像则更加清晰。

图1-10　像素

图1-11　分辨率

1.1.4 图像的色彩模式

在Photoshop CC中，色彩模式决定着一幅电子图像以什么样的方式在计算机中显示或是打印输出。常用的色彩模式包括位图模式、灰度模式、双色调模式、索引模式、RGB模式、CMYK模式、Lab模式和多通道模式等。只需打开图像文件，选择【图像】/【模式】命令，在打开的子菜单中选择对应的命令即可完成图像色彩模式的转换。下面将对不同色彩模式的含义进行介绍。

- 位图模式：位图模式是由黑白两种颜色来表示图像的颜色模式，适合制作艺术样式或用于创作单色图形。彩色图像模式转换为该模式后，颜色信息将会丢失，只保留亮度信息。只有处于灰度模式下的图像才能转换为位图模式。图1-12所示即为位图模式下图像的显示效果。
- 灰度模式：在灰度模式图像中每个像素都有一个0（黑色）~255（白色）之间的亮度值。当彩色图像转换为灰度模式时，将删除图像中的色相及饱和度，只保留亮度与暗度，得到纯正的黑白色调。如图1-13所示即为将图像转换为灰度模式前后的显示效果。

图1-12　位图模式

图1-13　灰度模式

- 双色调模式：双色调模式是用灰度油墨或彩色油墨来渲染灰度图像的模式。双色调模式采用两种彩色油墨来创建由双色调、三色调、四色调混合色阶组成的图像。在此模式中，最多可向灰度图像中添加4种颜色。图1-14所示即为双色调和三色调图像效果。
- 索引模式：索引模式指系统预先定义好一个含有256种典型颜色的颜色对照表，当图像转换为索引模式时，系统会将图像的所有色彩映射到颜色对照表中。图像的所有颜色都将在它的图像文件中定义。当打开该文件时，构成该图像的具体颜色的索引值都将被装载，然后根据颜色对照表找到最终的颜色值。图1-15所示即为索引模式下图像的显示效果。

图1-14　双色调模式

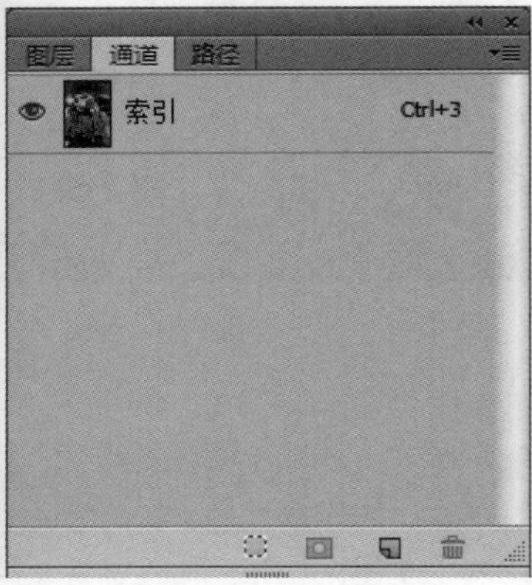

图1-15　索引模式

- RGB模式：RGB模式是红、绿、蓝3种颜色按不同的比例混合而成，也称真彩色模式，是Photoshop默认的模式，也是最为常见的一种色彩模式。在Photoshop中，除非有特殊要求会使用某种色彩模式，一般情况下都采用RGB模式，这种模式下可使用Photoshop中的所有工具和命令，其他模式则会受到相应的限制。图1-16所示即为RGB模式下图像的显示效果。
- CMYK模式：CMYK模式是印刷时使用的一种颜色模式，主要由Cyan（青）、Magenta（洋红）、Yellow（黄）和Black（黑）4种颜色组成。为了避免和RGB三原色中的Blue（蓝色）混淆，其中的黑色用K表示。若在RGB模式下制作的图像需要印刷，则必须将其转换为CMYK模式。图1-17所示即为CMYK模式下图像的显示效果。

图1-16　RGB模式

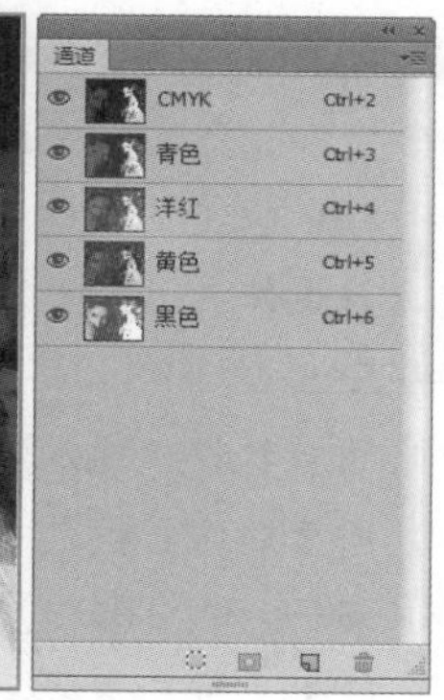

图1-17　CMYK模式

- Lab模式：Lab模式由RGB三原色转换而来，Lab模式将明度和颜色数据信息分别存储在不同位置，修改图像的亮度并不会影响图像的颜色，调整图像的颜色同样也不会破坏图像的亮度，这是Lab模式在调色中的优势。在Lab模式中，L指明度，表示图像的亮度，如果只调整明暗、清晰度，可只调整L通道；a表示由绿色到红色的光谱变化；b表示由蓝色到黄色的光谱变化。图1-18所示即为Lab模式下图像的显示效果。
- 多通道模式：在多通道模式下图像包含了多种灰阶通道。将图像转换为多通道模式后，系统将根据原图像产生一定数目的新通道，每个通道均由256级灰阶组成。在进行特殊打印时，多通道模式作用尤为显著。图1-19所示即为多通道模式下图像的显示效果。

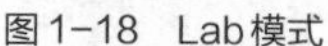
图1-18　Lab模式

图1-19　多通道模式

1.1.5　图像文件格式

在Photoshop中存储图像文件时，应根据需要选择合适的文件格式进行保存。Photoshop支持多种文件格式，下面介绍一些常见的文件格式。

- PSD（*.PSD）格式：它是Photoshop软件默认生成的文件格式，是唯一能支持全部图像色彩模式的格式。以PSD格式保存的图像可以包含图层、通道、色彩模式等图像信息。
- TIFF（*.TIF；*.TIFF）格式：支持RGB、CMYK、Lab、位图和灰度等色彩模式，而且在RGB、CMYK和灰度等色彩模式中支持Alpha通道的使用。

- BMP（*.BMP；*.RLE；*.DIB）格式：是标准的位图文件格式，支持RGB、索引颜色、灰度和位图色彩模式，但不支持Alpha通道。
- GIF（*.GIF）格式：是CompuServe提供的一种格式，此格式可以进行LZW压缩，从而使图像文件占用较少的磁盘空间。
- EPS（*.EPS）格式：是一种PostScript格式，常用于绘图和排版。该格式最显著的优点是在排版软件中能以较低的分辨率预览，在打印时则以较高的分辨率输出。它支持Photoshop中所有的色彩模式，但不支持Alpha通道。
- JPEG（*.JPG；*.JPEG；*.JPE）格式：主要用于图像预览和网页，该格式支持RGB、CMYK和灰度等色彩模式。使用JPEG格式保存的图像会被压缩，图像文件会变小，但会丢失掉部分不易察觉的色彩。
- PDF（*.PDF；*.PDP）格式：是Adobe公司用于Windows、Mac OS、UNIX和DOS系统的一种电子出版格式，包含矢量图和位图，还包含电子文档查找和导航功能。
- PNG（*.PNG）格式：用于在互联网上无损压缩和显示图像。与GIF格式不同的是，PNG支持24位图像，产生的透明背景没有锯齿边缘。PNG格式支持带一个Alpha通道的RGB和Grayscale（灰度）模式，用Alpha通道来定义文件中的透明区域。

1.2 认识Photoshop CC的工作界面

选择【开始】/【所有程序】/【Adobe Photoshop CC】命令，启动Photoshop CC后，打开图1-20所示的工作界面，该界面主要由菜单栏、标题栏、工具箱、工具属性栏、面板组、图像窗口和状态栏组成。下面对Photoshop CC工作界面的各组成部分进行详细讲解。

图1-20　工作界面

1.2.1 菜单栏

菜单栏由“文件”“编辑”“图像”“图层”“类型”“选择”“滤镜”“3D”“视图”“窗口”“帮助”11个菜单项组成，每个菜单项有多个命令。命令右侧标有▸符号，表示该命令还有子菜单；若某些命令呈灰色显示，表示没有激活，或当前不可用。

1.2.2 标题栏

标题栏左侧显示了Photoshop CC的程序图标Ps和一些基本模式设置，如缩放级别、排列文档、屏幕模式等，右侧的3个按钮分别用于对软件窗口进行最小化（▁）、最大化/恢复（□）、关闭（×）操作。

1.2.3 工具箱

工具箱中集合了在图像处理过程中使用最频繁的工具，可以用于绘制图像、修饰图像、创建选区、调整图像显示比例等。工具箱的默认位置在工作界面左侧，将光标移动到工具箱顶部，可将其拖动到界面中的其他位置。

单击工具箱顶部的折叠按钮▸▸，可以将工具箱中的工具以双列方式排列。单击工具箱中对应的图标按钮，即可选择该工具。工具按钮右下角有黑色小三角形，表示该工具位于一个工具组中，其下还包含隐藏的工具。在该工具按钮上按住鼠标左键不放或单击鼠标右键，即可显示该工具组中隐藏的工具。

1.2.4 工具属性栏

工具属性栏可对当前所选工具进行参数设置，默认位于菜单栏的下方。当用户选择工具箱中的某个工具时，工具属性栏将显示相应工具的属性设置选项。

1.2.5 面板组

Photoshop CC中的面板默认显示在工作界面的右侧，是工作界面中非常重要的一个组成部分，用于进行选择颜色、编辑图层、新建通道、编辑路径、撤销编辑等操作。

选择【窗口】/【工作区】/【基本功能（默认）】命令，将打开如图1-21所示的面板组合。单击面板右上方的灰色箭头◂◂，面板将以面板名称的缩略图方式进行显示，如图1-22所示。再次单击灰色箭头▸▸，可以展开该面板组。当需要显示某个单独的面板时，单击该面板名称即可，如图1-23所示。

提示 将鼠标指针移动到面板组的顶部标题栏处，按住鼠标左键不放，将其拖曳到窗口中某位置释放，可移动面板组的位置。选择【窗口】命令，在打开的子菜单中选择相应的命令，还可以设置面板组中显示的对象。另外，在面板组的选项卡上按住鼠标左键不放并拖曳，可将当前面板拖离该组。

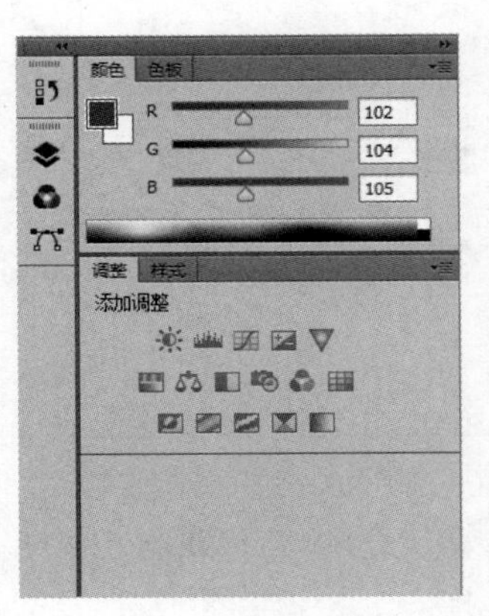

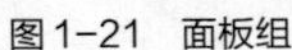
图1-21　面板组

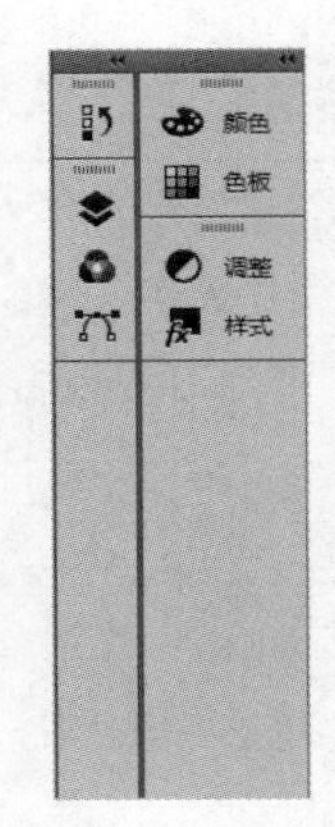

图1-22　面板组缩略图

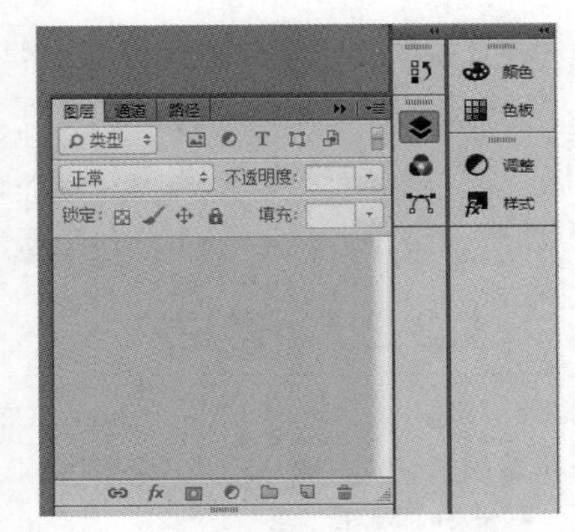

图1-23　显示面板

1.2.6　图像窗口

图像窗口是用户对图像进行浏览和编辑操作的主要场所，所有的图像处理操作都是在图像窗口中进行的。图像窗口的上方是标题栏，标题栏中可以显示当前文件的名称、格式、显示比例、色彩模式、所属通道、图层状态等。如果该文件未进行存储，则标题栏中以“未命名”加上连续的数字作为文件的名称。另外，在Photoshop CC中，当打开多个图像文件时，这些图像文件可用选项卡的方式排列显示，以便切换查看和使用。

1.2.7　状态栏

状态栏位于图像窗口的底部，最左端显示当前图像窗口的显示比例，在其中输入数值并按【Enter】键可改变图像的显示比例；中间将显示当前图像文件的大小。

1.3　认识图像辅助工具

Photoshop CC提供了多个辅助用户处理图像的工具，大多位于“视图”菜单中。这些工具对图像不起任何编辑作用，仅用于测量或定位图像，使图像处理更精确，并提高工作效率。本节将具体介绍Photoshop CC的辅助工具的使用方法。

1.3.1　标尺

标尺是参考线的基础，只需选择【视图】/【标尺】命令或按【Ctrl+R】组合键，即可在打开的图像文件左侧边缘和顶部显示或隐藏标尺。通过标尺可查看图像的宽度和高度，如图1-24所示。

标尺*x*轴和*y*轴的O点坐标在左上角，在标尺左上角相交处按住鼠标左键不放，此时光标变为+形状，拖曳到图像中的任意位置；释放鼠标左键，此时拖曳到的目标位置即为标尺的*x*轴和*y*轴的相交处，如图1-25所示。

图1-24　标尺

图1-25　*x*轴和*y*轴相交

1.3.2　网格

在图像处理中，设置网格线可以让图像处理更精准。选择【视图】/【显示】/【网格】命令或按【Ctrl+’】组合键，可以在图像窗口中显示或隐藏网格线，如图1-26所示。

按【Ctrl+K】组合键打开“首选项”对话框，在左侧的列表中选择“参考线、网格和切片”选项，在右侧的“网格”栏中可设置网格的颜色、样式、网格线间距、子网格数量，如图1-27所示。

图1-26　显示网格

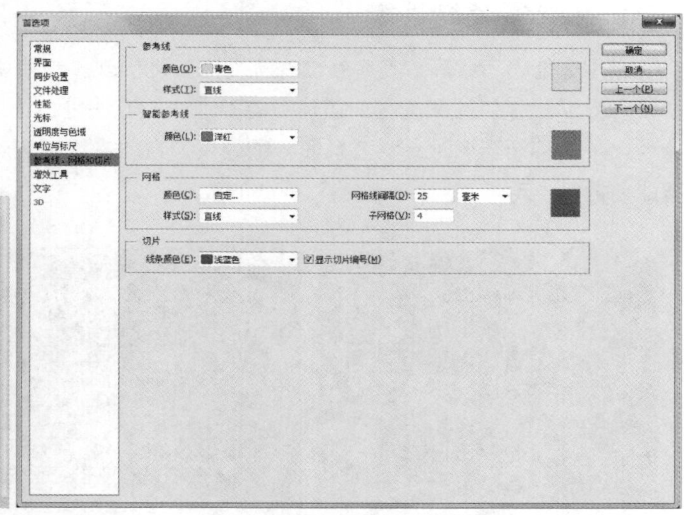

图1-27　设置网格

1.3.3　参考线

参考线是浮动在图像上的直线，有水平参考线和垂直参考线两种。它主要是为设计者提供参考位置，使绘制的效果更加精确、规范，并且创建后的参考线不会被打印出来。下面分别对创建参考线、创建智能参考线和智能对齐分别进行介绍。

1. 创建参考线

选择【视图】/【新建参考线】命令，打开“新建参考线”对话框，在“取向”栏中选择参考线取向，如“垂直”，在“位置”文本框中输入参考线位置，单击 确定 按钮，即可在相应位置创建一条参考线，如图1-28所示。

图1-28 创建参考线

提示 通过标尺可以创建参考线，将鼠标指针置于窗口顶部或左侧的标尺处，按住鼠标左键不放并向图像区域拖曳，这时鼠标指针呈✥或✥形状，同时会在右上角显示当前标尺的位置。释放鼠标后即可在释放鼠标处创建一条参考线。

2. 创建智能参考线

启用智能参考线后，参考线会在需要时自动出现。当使用移动工具移动对象时，可通过智能参考线对齐形状、切片和选区。创建智能参考线的方法是：选择【视图】/【显示】/【智能参考线】命令，再次移动图形时，将会触发智能效果，自动进行智能对齐显示，图1-29所示为移动对象时，智能参考线自动对齐到左侧边线和中心的效果。

图1-29 创建智能参考线

3. 智能对齐

对齐工具有助于精确地放置选区、裁剪选框、切片、形状、路径。智能对齐的方法是：选择【视图】/【对齐】命令，使该命令处于勾选状态，然后在【视图】/【对齐到】命令的子菜单中选择一个对齐子命令即可。注意，有勾选标记的菜单表示启用了该项目。

1.4 上机实训——制作黑白照片

1.4.1 实训要求

本实训要求将彩色图片转换为黑白效果，体现图像不一样的美。

1.4.2 实训分析

黑白照片能够削弱杂色，使主题得以突出，避免让颜色分散观众的眼球。当摄影师为了表现某些情感时，常常使用黑白照片进行展现。本实训将打开“放飞的孩子.jpg”图像文件，将其转换为黑白效果进行展现，本实训的参考效果如图1-30所示。

视频教学
制作黑白照片

素材所在位置： 素材\第1章\放飞的孩子.jpg

效果所在位置： 效果\第1章\放飞的孩子.jpg

图1-30 制作黑白照片

1.4.3 操作思路

在掌握了Photoshop CC的基础知识后，便可开始本练习的设计与制作。根据上面的实现要求，本实训的操作思路如图1-31所示。

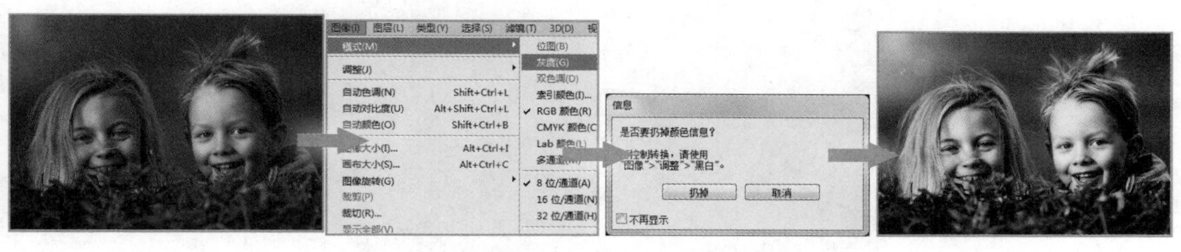

①打开图像　②选择命令　③确认设置　④黑白照片效果

图1-31 操作思路

【步骤提示】

STEP 01 启动Photoshop CC，选择【文件】/【打开】命令打开提供的素材文件“放飞的孩子.jpg”。

STEP 02 选择【图像】/【模式】/【灰度】命令转换为黑白图像。

STEP 03 在弹出的“信息”提示对话框中，单击扔掉按钮，即可将带颜色的图像转换为黑白效果。

STEP 04 完成后选择【文件】/【存储】命令保存文件。

1.5 课后练习

1. 练习1——*查看Photoshop CC工作界面*

在桌面中双击Photoshop CC软件图标，启动Photoshop CC，打开Photoshop CC工作界面，查看界面各组成部分的位置。

彩图查看
更改图像模式
前后对比

2. 练习2——*更改图像模式*

打开“人物.jpg”文件，在Photoshop CC中练习将图像设置为不同的色彩模式，完成后的参考效果如图1-32所示。

素材所在位置：素材\第1章\人物.jpg

图1-32　更改图像模式

CHAPTER 2

第2章 Photoshop CC图像基础操作

读者在了解了Photoshop CC基本操作后，还需要掌握图像的基础操作，以便更好地进行图像处理。这些基础操作包括图像文件的基本操作、查看图像、调整图像与画布、图像基本操作、填充与描边颜色、撤销与重做操作。读者通过本章的学习能够熟练掌握图像的基础操作，并能将其熟练运用到实践中。

课堂学习目标

- 掌握图像文件的基本操作
- 掌握查看图像的相关知识
- 掌握图像与画布的基本操作
- 掌握填充与描边颜色的基本操作
- 掌握撤销与恢复操作

课堂案例展示

装饰画

花朵图像

人物

2.1 图像文件的基本操作

在进行平面设计前，除了要掌握平面设计相关的知识和图像处理的基本概念，还要掌握图像文件的基本操作，这是进行平面设计的基础。下面详细介绍Photoshop CC的工作界面以及新建、打开、保存和关闭图像文件的方法。

2.1.1 新建图像文件

在Photoshop CC中处理图像文件，首先需要新建一个空白文件。选择【文件】/【新建】命令或按【Ctrl+N】组合键，打开如图2-1所示的"新建"对话框。

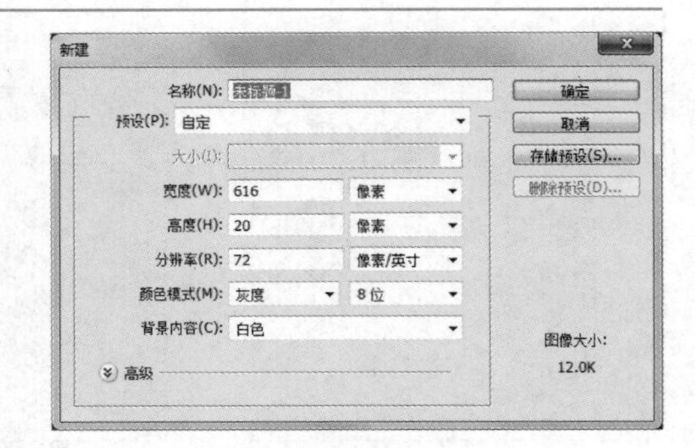

图2-1 "新建"对话框

"新建"对话框中相关选项含义如下。

- "名称"文本框：用于设置新建文件的名称，其中默认文件名为"未标题-1"。
- "预设"下拉列表框：用于设置新建文件的规格，可选择Photoshop CC自带的几种图像规格。
- "大小"下拉列表框：用于辅助"预设"后的图像规格，设置出更规范的图像尺寸。
- "宽度"/"高度"文本框：用于设置新建文件的宽度和高度，在右侧的下拉列表框中可设置度量单位。
- "分辨率"文本框：用于设置新建图像的分辨率，分辨率越高，图像品质越好。
- "颜色模式"下拉列表框：用于选择新建图像文件的色彩模式，在右侧的下拉列表框中还可以选择是8位图像还是16位图像。
- "背景内容"下拉列表框：用于设置新建图像的背景颜色，系统默认为白色，也可设置为背景色和透明色。
- "高级"按钮：单击该按钮，在"新建"对话框底部会显示"颜色配置文件"和"像素长宽比"两个下拉列表框。

2.1.2 打开图像文件

在 Photoshop CC 中编辑一个图像，如拍摄的照片或素材等，需要先将其打开。打开文件的方法主要有以下 4 种。

- 使用"打开"命令打开：选择【文件】/【打开】命令，或按【Ctrl+O】组合键，打开"打开"对话框。在"查找范围"下拉列表框中选择文件存储位置，在中间的列表框中选择需要打开的文件，单击 打开(O) 按钮即可。
- 使用"打开为"命令打开：若Photoshop CC无法识别文件的格式，则不能使用"打开"命令打开文件。此时可选择【文件】/【打开为】命令，打开"打开为"对话框。在其中选择需要打开的文件，并为其指定打开的格式，然后单击 打开(O) 按钮。

- 拖曳图像启动程序：在没有启动Photoshop CC的情况下，将一个图像文件直接拖曳到Photoshop CC应用程序的图标上，可直接启动程序并打开该图像。
- 打开最近使用过的文件：选择【文件】/【最近打开文件】命令，在打开的子菜单中可选择最近打开的文件。选择其中的一个文件，即可将其打开。若要清除最近的文件打开记录，可选择子菜单底部的“清除最近的文件列表”命令。

2.1.3 保存图像文件

新建文件或对打开的文件进行编辑后，还必须保存文件。选择【文件】/【存储】命令，打开“存储为”对话框，在“保存在”下拉列表框中选择存储文件的位置，在“文件名”文本框中输入存储文件的名称，在“保存类型”下拉列表框中选择存储文件的格式，然后单击 保存(S) 按钮，即可保存图像，如图2-2所示。

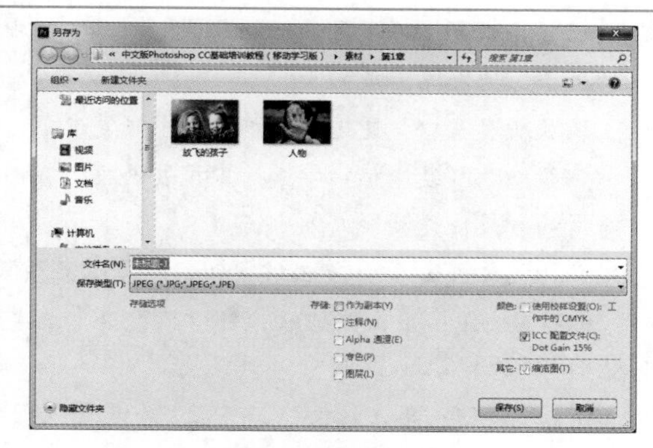

图2-2　保存图像文件

2.1.4 关闭图像文件

如果文件编辑完成后无需保存，可以将图像文件关闭，以节约系统资源。关闭图像文件的方法有以下3种。

- 单击图像窗口标题栏最右端的“关闭”按钮 × 。
- 选择【文件】/【关闭】命令或按【Ctrl+W】组合键。
- 按【Ctrl+F4】组合键。

2.2 查看图像

在打开文件并对其进行编辑的过程中，常常需要查看编辑的效果是否符合需要，以此决定是否还需要继续进行编辑，因此查看图像的操作必不可少。下面将对查看图像中的基本方法进行介绍，包括使用缩放工具查看、使用抓手工具查看、使用导航器查看等。

2.2.1 使用缩放工具查看

使用缩放工具查看图像主要有以下两种方法。

- 在工具箱中选择缩放工具，将鼠标指针移至图像上需要放大的位置单击即可放大图像，按住【Alt】键可缩小图像。
- 在工具箱中选择缩放工具，然后在需要放大的图像位置按住鼠标左键不放，向下拖曳可放大图像，向上拖曳可缩小图像。

图 2-3 所示为缩放工具的工具属性栏。

图2-3　缩放工具属性栏

缩放工具属性栏中各选项含义介绍如下。

- 放大按钮和缩小按钮：单击按钮后，单击图像可放大；单击按钮后，单击图像可缩小。
- “调整窗口大小以满屏显示”复选框：单击选中该复选框，在缩放窗口的同时自动调整窗口的大小，使图像满屏显示。
- “缩放所有窗口”复选框：单击选中该复选框，同时缩放所有打开的图像窗口。
- “细微缩放”复选框：单击选中该复选框，在图像中单击鼠标左键并向左或向右拖曳，可以平滑的方式快速放大或缩小窗口。
- 缩放比例100%按钮：单击该按钮，图像以实际像素（即100%）的比例显示。
- 适合屏幕按钮：单击该按钮，可以在窗口中最大化显示完整的图像。另外，双击抓手工具也可达到同样的效果。
- 填充屏幕按钮：单击该按钮，可在整个屏幕范围内最大化显示完整的图像。

2.2.2　使用抓手工具查看

使用工具箱中的抓手工具可以在图像窗口中移动查看图像。首先使用缩放工具放大图像，然后选择抓手工具，在放大的图像窗口中按住鼠标左键拖曳，可以随意查看图像，如图2-4所示。

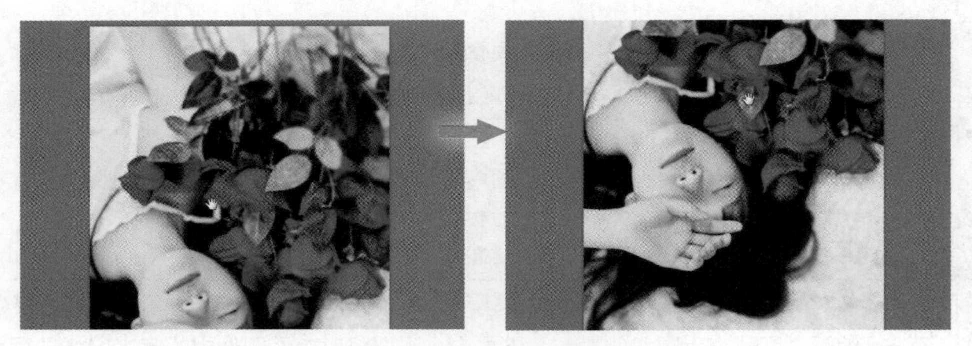

图2-4　使用手抓工具查看图像

2.2.3　使用导航器查看

选择【窗口】/【导航器】命令，打开“导航器”面板，会显示当前图像的预览效果。按住鼠标左键左右拖曳“导航器”面板底部滑动条上的滑块，可实现缩小与放大显示图像。在滑动条左侧的数值框中输入数值，可直接以显示的比例来完成缩放。

当图像放大超过100% 时，“导航器”面板中的图像预览区中便会显示一个红色的矩形线框，表示当前视图中只能观察到矩形线框内的图像。将鼠标指针移动到预览区，此时鼠标指针变成状，按住左键不放并拖曳，可调整图像的显示区域，如图2-5所示。

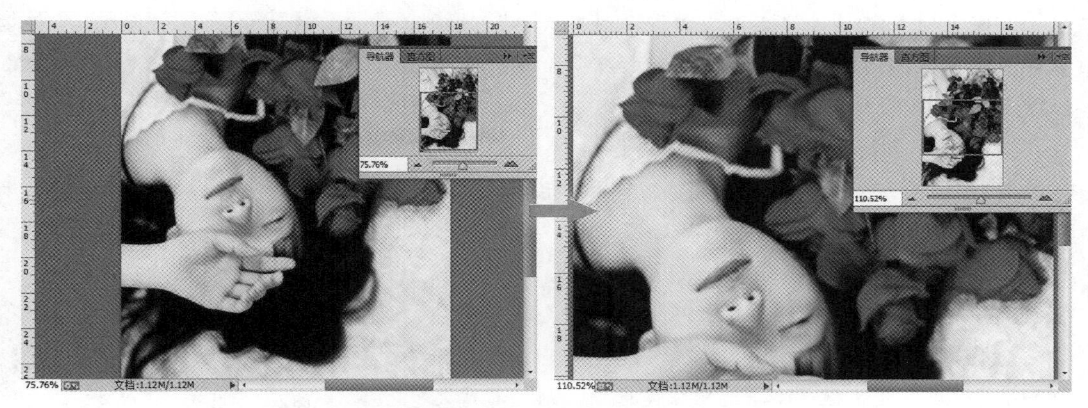

图2-5　使用导航器查看图像

2.3 调整图像与画布

在图像编辑过程中，经过图像的查看，发现图像大小和方向不适合制作的作品需求，需要对其进行修改时，可通过调整图像与画布大小来实现。下面将对调整方法进行介绍，包括调整图像大小和调整画布大小。

2.3.1 调整图像大小

图像大小由宽度、长度、分辨率决定。在新建文件时，“新建”对话框右侧会显示当前新建后的文件大小。当图像文件创建完成后，如果需要改变其大小，可以选择【图像】/【图像大小】命令，然后在“图像大小”对话框中进行设置，如图2-6所示。

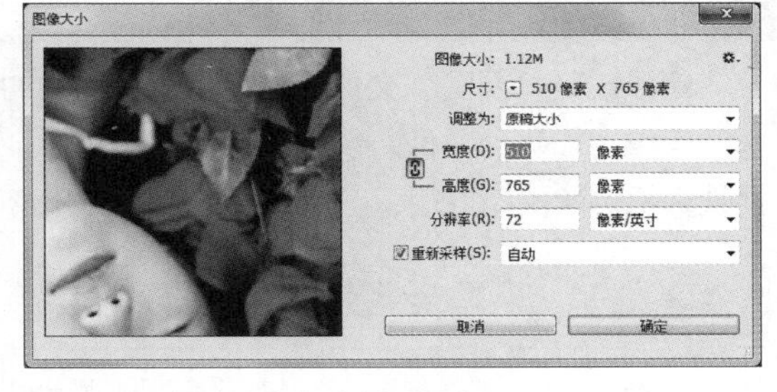

图2-6　“图像大小”对话框

“图像大小”对话框中各选项含义如下。

- “调整为”下拉列表框：该下拉列表框中提供了一些定义好的图像大小比例和标准的纸张大小比例，也可以载入预设大小或自定大小。
- “宽度”和“高度”数值框：通过在数值框中输入数值来改变图像大小。
- “限制长宽比”按钮：单击该按钮，“宽度”和“高度”将会被约束，当改变其中一项设置时，另一项也将按相同比例改变。
- “分辨率”数值框：在数值框中重设分辨率来改变图像大小。
- “重新采样”复选框和下拉列表框：默认为选中状态，在其下拉列表框中可选择采样模式。

2.3.2 调整画布大小

画布可以看成是图像的画板，设置的画布越大，其编辑的区域也就越广。默认画布与图像的大小相同，实际上画布的大小可以大于图像，以方便进行其他内容的添加和编辑。其调整方法为：

选择【图像】/【画布大小】命令，打开“画布大小”对话框，在其中可以修改画布的“宽度”和“高度”参数，如图2-7所示。

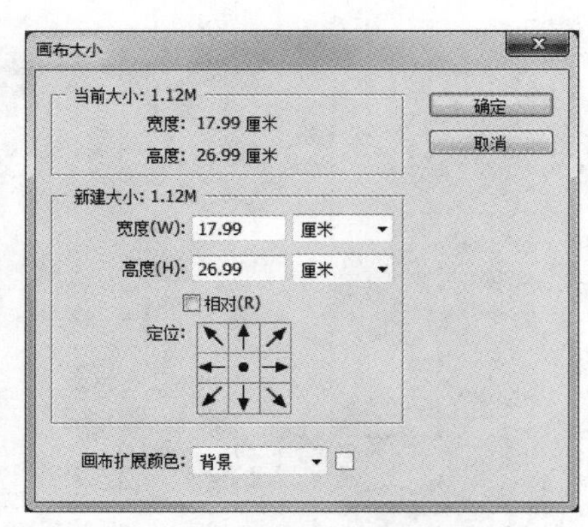

图2-7 “画布大小”对话框

“画布大小”对话框中各选项含义如下。

- “当前大小”栏：显示当前图像画布的实际大小。
- “新建大小”栏：设置调整后图像的“宽度”和“高度”，默认为当前大小。如果设定的“宽度”和“高度”大于图像的尺寸，Photoshop则会在原图像的基础上增大画布面积；反之，则减小画布面积。
- “相对”复选框：单击选中该复选框，则“新建大小”栏中的“宽度”和“高度”表示的是在原画布的基础上增大或减小的尺寸（而非调整后的画布尺寸），正值表示增大尺寸，负值表示减小尺寸。
- “定位”选项：单击不同的方格，可指示当前图像在新画布上的位置。
- “画布扩展颜色”栏：在其后的下拉列表中可选择扩展画布后填充的预设颜色；也可单击下拉列表后的颜色块，在打开的“拾色器”对话框中自定义画布颜色。

2.4 图像基本操作

新建或是打开图像文件后，除了进行简单的图像和画布调整外，还可以快速对图像进行一些基本的操作，如移动图像、复制图像、清除图像、裁剪图像、变换图像、旋转图像等。下面将先通过课堂案例讲解操作方法，在对基础知识进行介绍。

2.4.1 课堂案例——制作装饰画

案例目标：“装饰画”主要用于展现照片或是图片效果，使装饰空间更加美观。首先打开“荷花.jpg”图像文件，在其中对装饰画进行旋转和裁剪等操作。然后打开“装饰画背景.jpg”将处理后的图片拖到背景中，调整位置和大小，使整个装饰画更加美观，完成后的参考效果如图2-8所示。

知识要点：移动图像；旋转图像；裁剪图像；变换图像。

素材位置：素材\第2章

效果文件：效果\第2章\装饰画.psd

图2-8 装饰画效果

其具体操作步骤如下。

STEP 01 打开“荷花.jpg”图像文件，选择【图像】/【图像旋转】命令，在打开的子菜单中选择“90度（逆时针）”命令，如图2-9所示。

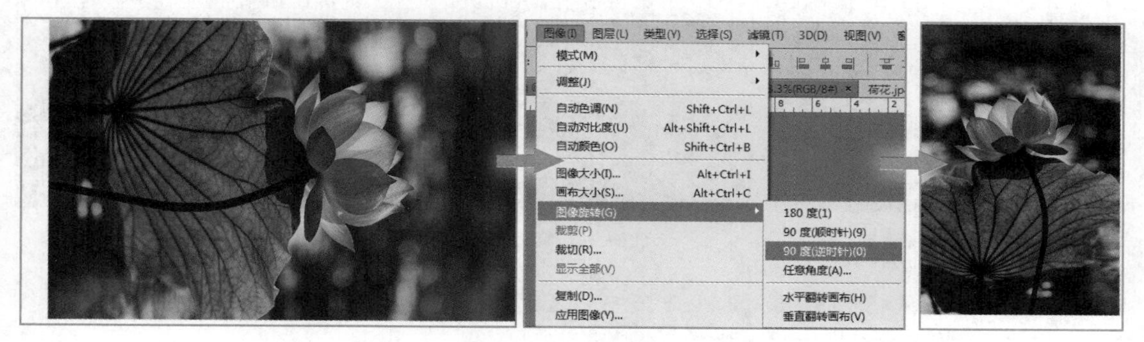

图2-9　旋转图像

STEP 02 在工具箱中选择裁剪工具，单击图像，此时图像周围将出现黑色的网格线和不同的控制点，将鼠标指针移动到图像下方中间的控制点，当其呈形状时，向上拖曳鼠标，剪切荷花图像中的白色区域，此时被裁剪的区域将呈灰色显示，如图2-10所示。

STEP 03 使用相同的方法，对右侧白色区域和上方的空白区域进行裁剪，完成后双击鼠标，退出裁剪状态如图2-11所示。

STEP 04 打开“装饰画背景.jpg”图像文件，按【Ctrl+R】组合键，打开标尺，在画框的周围添加参考线，如图2-12所示。

图2-10　裁剪下半部分

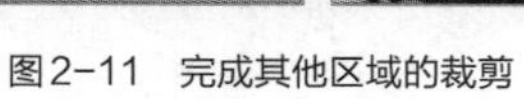

图2-11　完成其他区域的裁剪

图2-12　添加参考线

STEP 05 选择“荷花.jpg”图像窗口，切换窗口。在工具箱中选择移动工具，将其移动到“装饰画背景.jpg”图像窗口中，如图2-13所示。

STEP 06 按【Ctrl+T】组合键，图像四周将显示定界框、中心点和控制点，将鼠标指针移动到图像右下角的控制点上，按住【Shift】键不放并向下拖曳图像，直到图像完全与左右两侧的参考线所构成的区域重合，完成后按【Enter】键确认变换，如图2-14所示。

STEP 07 此时可发现下方区域超出了参考线，选择多边形套索工具，沿着需要删除部分的参考线绘制选区，如图2-15所示。

图2-13　移动图片

图2-14　调整图像

图2-15　框选多余区域

STEP 08 完成绘制后，按【Delete】键，删除路径框选的多余部分，如图2-16所示。关于多边形套索工具的具体使用方法将在第3章进行讲解。

STEP 09 打开“图层”面板，在图层混合模式下拉列表中选择“正片叠底”选项，如图2-17所示。

STEP 10 清除参考线，此时可发现图像已经完全与画框重合，保存图像并查看完成后的效果，如图2-18所示。

图2-16　删除多余部分

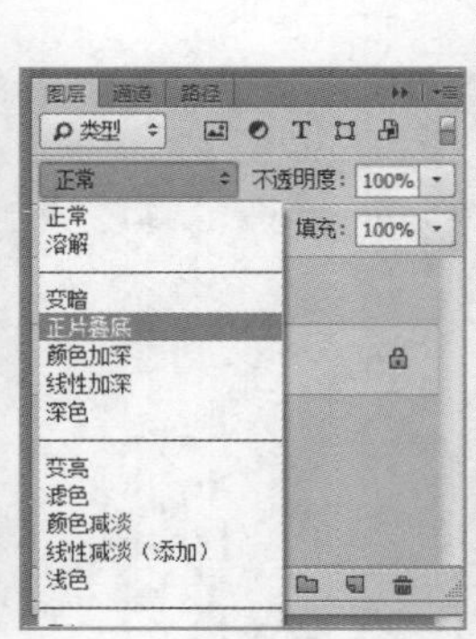

图2-17　设置图层混合模式

图2-18　查看完成后的效果

2.4.2　移动图像

使用移动工具可移动图层或选区中的图像，还可将其他图像文件中的图像移动到当前文件中。下面对常见的3种移动图像的操作进行介绍。

- 移动同一文档的图像：在“图层”面板中选择需要移动的图像所在的图层，在图像编辑区使用移动工具，单击鼠标左键并拖曳，即可将该图层中的图像移动到不同位置，如图2-19所示。

图2-19　移动同一文档的图像

- 移动选区内的图像：若创建了选区，选择移动工具，将鼠标指针移至选区内，按住鼠标左键不放并拖曳，即可移动所选对象的位置，如图2-20所示；按住【Alt】键拖曳可移动并复制图像，如图2-21所示。

图2-20　移动选区内的图像

图2-21　复制移动的图像

- 移动图像到不同文档中：若打开两个或多个文档，选择移动工具，将鼠标指针移至一个图像中，按住鼠标左键不放并将其拖曳到另一个文档的标题栏，切换到该文档，继续拖曳到该文档的画面中再释放鼠标左键，即可将图像拖入该文档，如图2-22所示。

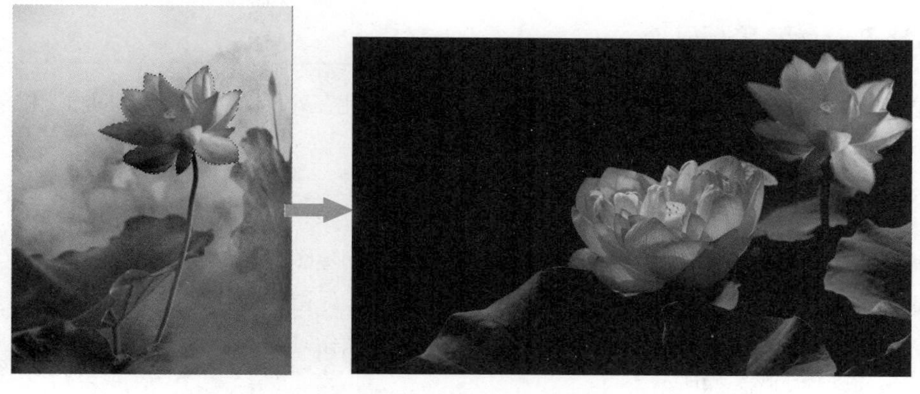

图2-22　移动不同文档中的图像

2.4.3 复制与粘贴图像

复制与粘贴图像指为整个图像或选择的部分区域创建副本，然后将图像粘贴到另一处或另一个图像文件中。使用选区工具选择要复制的图形，然后选择【编辑】/【拷贝】命令，再切换到要粘贴图像的文件或图层中，选择【编辑】/【粘贴】命令即可。

2.4.4 清除图像

在工具箱中选择选取工具，在图像中拖动鼠标绘制创建选区，指定清除的内容，然后单击【编辑】/【清除】命令或者按【Delete】键即可删除，删除后的图像会填入背景色，如图2-23所示。

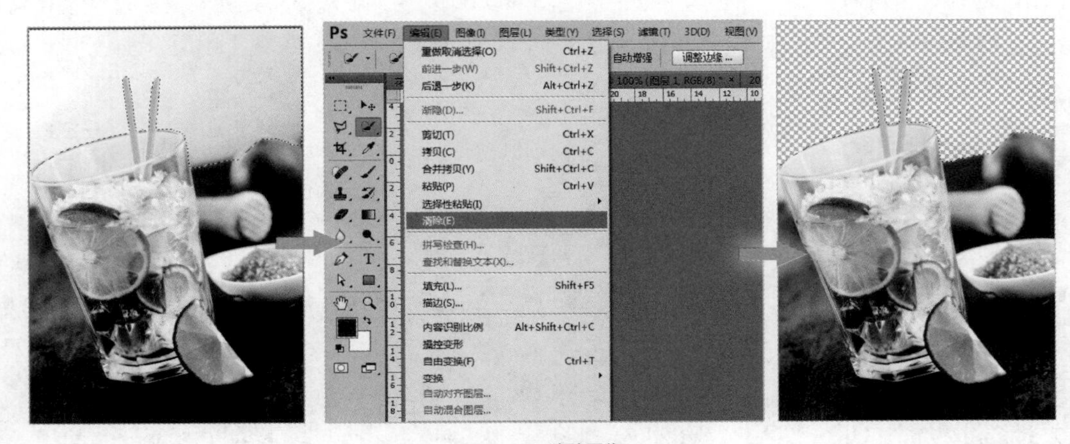

图2-23 清除图像

提示 选择【编辑】/【剪切】命令，也可以将图像从画面中剪切掉。“清除”命令与“剪切”命令的不同之处在于，“剪切”命令是将图像剪切后放入剪贴板中，当需要再次用到的时候，还可以进行粘贴；而“清除”命令则是将指定内容从图像中删除，不存在于剪切板中，也不能再次使用。

2.4.5 裁剪图像

Photoshop CC提供了对图像进行规则裁剪的功能，因此在处理图像时，用户可根据需要裁剪出像素大小符合要求的图像。

1. 裁剪工具

当仅需要图像的一部分时，可以使用裁剪工具来快速删除图像不需要的部分。使用该工具在图像中拖曳绘制一个矩形区域，矩形区域内部表示裁剪后图像保留的部分，矩形区域外部表示将被删除的部分。需要注意的是，裁剪工具的属性栏在执行裁剪操作时的前后显示状态不同。选择裁剪工具，工具属性栏如图2-24所示。

图2-24　裁剪工具属性栏

裁剪工具属性栏中相关选项的含义介绍如下。

- “原始比例”下拉列表：用于设置裁剪比例，选择“原始比例”选项可以自由调整裁剪框的大小。
- “宽度”和“高度”数值框：用于输入裁剪图像的宽度和高度的数值。
- “拉直”按钮：单击该按钮，可将图片中倾斜的内容拉直。
- “视图”按钮：默认显示为“三等分”，用于设置裁剪的参考线，帮助用户进行合理构图。
- “设置”按钮：单击该按钮，在打开的下拉列表框中单击选中“使用经典模式”复选框将使用以前版本的裁剪工具；单击选中“启用裁剪屏蔽”复选框，裁剪区域外将被颜色选项中设置的颜色覆盖。
- “删除裁剪的像素”复选框：默认状态下，裁剪掉的图像保留在文件中，使用移动工具可使隐藏的部分显示出来，如果要彻底删除裁剪的图像，需要选中“删除裁剪的像素”复选框。

选择裁剪工具后，将鼠标指针移到图像窗口中，按住鼠标左键拖曳，框选出需保留的图像区域。在保留区域四周有一个定界框，拖曳定界框上的控制点可调整裁剪区域的大小，双击鼠标左键即可完成裁剪操作，如图2-25所示。

图2-25　裁剪图像

提示　除了“原始比例”这种裁剪方法外，还包括比例、宽×高×分辨率、前面的图像等栏的裁剪模式，在其下方显示了对应的比例，只需在对应的栏中选择需要的裁剪模式即可。

2. 透视裁剪工具

透视裁剪工具可以解决由于拍摄不当造成的透视畸形的问题，选择透视裁剪工具后，工具属性栏如图2-26所示。

图2-26　透视裁剪工具属性栏

透视裁剪工具属性栏中相关选项的含义介绍如下。

- “W/H”数值框：用于输入图像的宽度值和高度值，可以按照设定的尺寸裁剪图像。
- “分辨率”数值框：用于输入裁剪图像的分辨率，裁剪图像后，图像的分辨率自动调整为设置的大小，在实际操作中应尽量将分别率值设置为高的值。
- 前面的图像按钮：单击该按钮，“W/H”数值框、“分辨率”数值框中显示当前文档的尺寸和分辨率。如果打开了两个文档，则将显示另一文档的尺寸和分辨率。
- 清除按钮：单击该按钮，可清除“W/H”数值框、“分辨率”数值框中的数据。
- “显示网格”复选框：单击选中该复选框将显示网格线，撤销选中则隐藏网格线。

使用透视裁剪工具调整透视畸形照片的方法为：按住裁剪工具不放，在弹出的下拉列表中选择透视裁剪工具，框选需要裁剪的区域，拖曳定界框上的控制点可调整裁剪区域的大小，双击鼠标左键即可完成裁剪操作，如图2-27所示。

图2-27　使用透视裁剪工具裁剪图像

2.4.6　变换图像

变换图像是编辑处理图像经常使用的操作，它可以使图像产生缩放、旋转、斜切、扭曲、透视、变形和翻转等效果。下面分别进行介绍。

- 缩放图像：选择【编辑】/【变换】/【缩放】命令，显示定界框，将鼠标指针移至定界框右下角的控制点上，当其变成形状时，按住鼠标左键不放并拖曳，可放大或缩小图像，在缩小图像的同时按住【Shift】键，可保持图像的比例不变，如图2-28所示。
- 旋转图像：选择【编辑】/【变换】/【旋转】命令，将鼠标指针移至定界框的任意一角上，当其变为形状时，按住鼠标左键不放并拖曳可旋转图像，如图2-29所示。
- 斜切图像：选择【编辑】/【变换】/【斜切】命令，将鼠标指针移至定界框的任意一角上，当其变为形状时，按住鼠标左键不放并拖曳可斜切图像，如图2-30所示。

图2-28　缩放图像　　图2-29　旋转图像

- 扭曲图像：在编辑图像时，为了增添景深效果，常需要对图像进行扭曲操作。选择【编辑】/【变换】/【扭曲】命令，将鼠标指针移至定界框的任意一角上，当其变为▶形状时，按住鼠标左键不放并拖曳可扭曲图像，如图2-31所示。

图2-30　斜切图像　　图2-31　扭曲图像

- 透视图像：选择【编辑】/【变换】/【透视】命令，将鼠标指针移至定界框的任意一角上，当鼠标指针变为▶形状时，按住鼠标左键不放并拖曳可改变图像的透视关系，如图2-32所示。
- 变形图像：选择【编辑】/【变换】/【变形】命令，图像中将出现由9个调整方格组成的调整区域，在其中按住鼠标左键不放并拖曳可变形图像。按住每个端点中的控制杆进行拖曳，还可以调整图像变形效果，如图2-33所示。

图2-32　透视图像　　图2-33　变形图像

- 翻转图像：在图像编辑过程中，如果需要使用对称的图像，可以对图像进行翻转。选择【编辑】/【变换】命令，在打开的子菜单中选择“水平翻转”或“垂直翻转”命令。

2.4.7 旋转图像

旋转图像是指调整图像的显示方向，在2.4.6变换图像中讲解了任意变换图像旋转角度的方法，如果需要旋转的图像是一些特殊的角度，或者明确知道旋转的最终角度，可使用“图像旋转”命令来实现。选择【图像】/【图像旋转】命令，在打开的子菜单中选择相应命令即可完成，旋转后的图像可满足用户的特殊要求。

图像旋转各调整命令的作用如下。

- 180度：选择该命令可将整个图像旋转180°。
- 90度（顺时针）：选择该命令可将整个图像顺时针旋转90°。
- 90度（逆时针）：选择该命令可将整个图像逆时针旋转90°。
- 任意角度：选择该命令，将打开“旋转画布”对话框，在“角度”文本框中输入将要旋转的角度，范围为-359.99~359.99，旋转的方向由“顺时针”和“逆时针”单选项决定。
- 水平翻转画布：选择该选项可水平翻转画布，如图2-34所示。
- 垂直翻转画布：选择该选项可垂直翻转画布，如图2-35所示。

图2-34 水平翻转画布

图2-35 垂直翻转画布

提示 在文件中置入较大的文件，或使用移动工具将一个较大的图像拖入到较小的文档中时，由于画布较小，无法完全显示出图像，此时可选择【图像】/【显示全部】命令，Photoshop CC将自动扩大画布，显示出全部图像。

课堂练习——裁剪并调整风景图像

本练习打开“素材\第2章\课堂练习\风景.jpg”图像，对图像中多余的区域进行裁剪，使整个画面更加完整，完成后将图像进行旋转，其最终效果如图2-36所示（效果\第2章\风景.jpg）。

图2-36 裁剪并调整风景图像效果

2.5 填充颜色

绘制图像时，若都是些简单的线条，将显得整个画面单调、无趣，此时可对这些图像填充颜色，使整个画面变得更加多彩。下面将先以课堂案例的形式讲解填充颜色的操作方法，再对填充颜色的各个命令进行介绍。

2.5.1 课堂案例——填充花朵图像

案例目标：当图像绘制完成后，只会简单显示图像的线条，此时还需要对图像填充不同的颜色，使画面更加美观。下面尝试填充一个花朵图像，主要在“向日葵.jpg”图像基础上，通过设置前景色并利用“颜色”面板为图像填充颜色。制作该案例的关键是在“拾色器”对话框中设置颜色，然后对图像进行颜色填充，完成后的参考效果如图2-37所示。

知识要点：设置填充颜色。

素材位置：素材\第2章\向日葵.jpg

效果文件：效果\第2章\向日葵.jpg

视频教学
填充花朵图像

图2-37 填充花朵图像效果

具体操作步骤如下。

STEP 01 启动Photoshop CC，打开“向日葵.jpg”图像，如图2-38所示，单击工具箱中的“设置前景色”按钮■。

STEP 02 打开“拾色器（前景色）”对话框，在“#”文本框中输入“ffe506”，再单击 确定 按钮，如图2-39所示。

图2-38 打开素材

图2-39 设置颜色

STEP 03 返回图像窗口，在工具箱中选择油漆桶工具，将鼠标移动到花瓣上，当鼠标变为形状时单击鼠标，填充前景色，并查看填充后的效果。再用相同的方法，为其他花瓣填充颜色，如图2-40所示。

STEP 04 设置前景色为“#e09305”，并在工具属性栏中设置“容差”为“20”，在图像编辑区的花心处单击鼠标填充前景色，如图2-41所示。

图2-40 填充花瓣颜色

图2-41 填充花心颜色

STEP 05 设置前景色为“#973707”，在花盘上单击鼠标填充花盘的颜色；设置前景色为“#b8ce24”，填充叶子的颜色；设置前景色为“#0a8a1f”，填充树丛的颜色，效果如图2-42所示。

STEP 06 设置前景色为“#ff005a”，填充瓢虫的颜色；设置前景色为“#eb2c47”，填充花骨朵儿的颜色，如图2-43所示。

STEP 07 设置背景色为“#d8e1e3”，使用相同的方法为背景填充颜色，并查看填充后的效果，如图2-44所示。

图2-42 填充花盘和叶子

图2-43 填充其他部分

图2-44 填充背景颜色

2.5.2 设置前景色和背景色

系统默认背景色为白色。在图像处理过程中通常要对颜色进行处理，为了更快速地设置前景色和背景色，工具箱提供了用于颜色设置的前景色和背景色按钮。单击“切换前景色和背景色”按钮，可以使前景色和背景色互换；单击“默认前景色和背景色”按钮，可将前景色和背景色恢复为默认的黑色和白色，如图2-45所示。

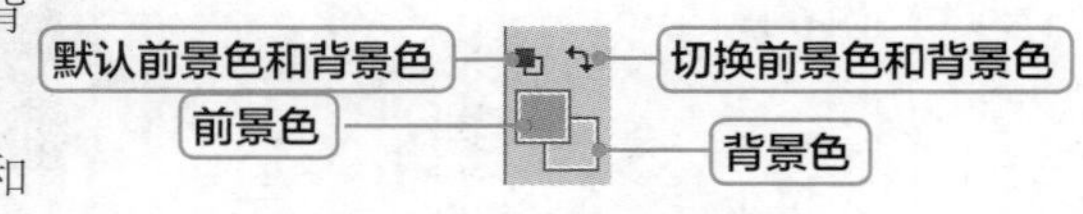

图2-45 设置前景色按钮

提示 按【Alt+Delete】组合键可以填充前景色，按【Ctrl+Delete】组合键可以填充背景色，按【D】键可以恢复到默认的前景色和背景色。

2.5.3 使用“颜色”面板设置颜色

选择【窗口】/【颜色】命令或按【F6】键即可打开“颜色”面板，单击需要设置前景色或背景色的图标，拖曳右边的R、G、B这3个滑块或直接在右侧的数值框中分别输入颜色值，即可设置需要的前、背景色颜色，如图2-46所示。

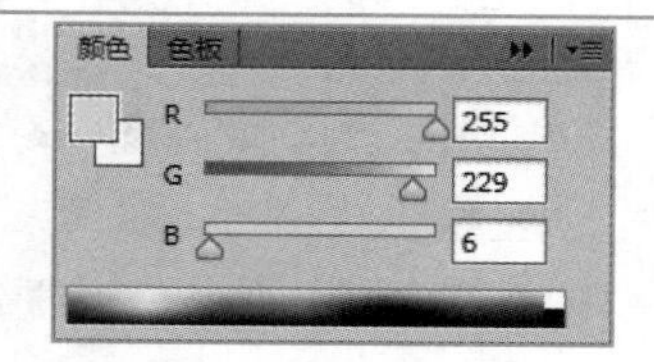

图2-46 “颜色”面板

2.5.4 使用“拾色器”对话框设置颜色

通过“拾色器”对话框可以根据用户的需要随意设置前景色和背景色。

单击工具箱下方的前景色或背景色图标，即可打开“拾色器”对话框。在对话框中拖曳颜色带上的三角滑块，可以改变左侧主颜色框中的颜色范围。单击颜色区域，即可选择需要的颜色，吸取后的颜色值将显示在右侧对应的选项中；也可直接在右侧的颜色数值文本框中输入对应的颜色值，在左侧颜色列表中将自动选中相应的颜色，设置完成后单击 确定 按钮即可，如图2-47所示。

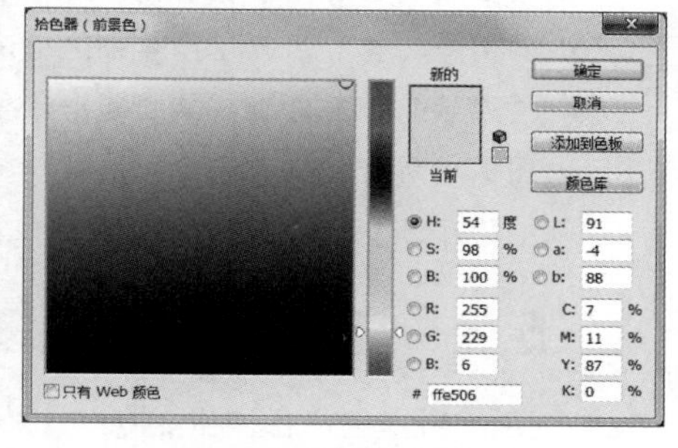

图2-47 “拾色器”对话框

2.5.5 使用吸管工具设置颜色

吸管工具可以在图像中吸取样本颜色，并将吸取的颜色显示在前景色/背景色的色标中。选择工具箱中的吸管工具，在图像中单击，单击处的图像颜色将成为前景色。

在图像中移动鼠标指针的同时，“信息”面板中也将显示指针相对应的像素点的色彩信息，选择【窗口】/【信息】命令，可打开“信息”面板，如图2-48所示。

图2-48 “信息”面板

提示 “信息”面板可以用于显示当前位置的色彩信息，并根据当前使用的工具显示其他信息。使用工具箱中的任何一种工具在图像上移动指针，“信息”面板都会显示当前指针下的色彩信息。

2.5.6 使用油漆桶工具填充颜色

油漆桶工具主要用于在图像中填充前景色或图案。若已创建选区，填充区域为该选区；若没有创建选区，则填充与鼠标单击处颜色相近的封闭区域。在渐变工具上单击鼠标右键，在弹出的下拉列表中选择油漆桶工具，此时工具属性栏中如图2-49所示。

图2-49 油漆桶工具属性栏

油漆桶工具属性栏中各选项的含义如下。

- 前景按钮：用于设置填充内容，包括“前景色”和“图案”两种方式。
- “模式”下拉列表框：用于设置填充内容的混合模式，将“模式”设置为“颜色”，则填充颜色时不会破坏图像原有的阴影和细节。
- “不透明度”下拉列表框：用于设置填充内容的不透明度。
- “容差”数值框：用于定义填充像素的颜色像素程度。低容差，将填充颜色值范围内与鼠标单击点位置的像素非常相似的像素；高容差，则填充更大范围内的像素。
- “消除锯齿”复选框：单击选中该复选框，将平滑填充选区的边缘。
- “连续的”复选框：单击选中该复选框，将填充鼠标单击处相邻的像素；撤销选中，可填充图像中所有相似的像素。
- “所有图层”复选框：单击选中该复选框，将填充所有可见图层；撤销选中，则填充当前图层。

2.5.7 使用渐变工具填充颜色

渐变工具可以创建各种渐变填充效果。单击工具箱中的渐变工具，此时工具属性栏如图2-50所示。

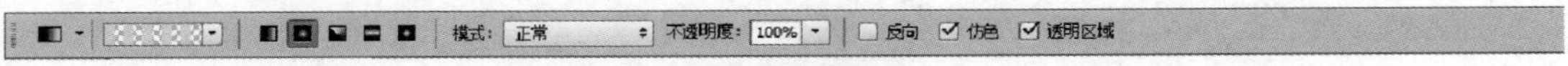

图2-50 渐变工具属性栏

渐变工具属性栏中各选项的含义如下。

- “渐变编辑器”下拉列表框：单击其右侧的按钮将打开“渐变工具”面板，其中提供了16种颜色渐变模式供用户选择。单击面板右侧的按钮，在打开的下拉列表中可以选择其他渐变集。若直接单击则可打开“渐变编辑器”对话框。
- “线性渐变”按钮：从起点（单击位置）到终点以直线方向进行颜色的渐变。
- “径向渐变”按钮：从起点到终点以圆形图案沿半径方向进行颜色的渐变。
- “角度渐变”按钮：围绕起点按顺时针方向进行颜色的渐变。
- “对称渐变”按钮：在起点两侧进行对称颜色的渐变。
- “菱形渐变”按钮：从起点向外侧以菱形方式进行颜色的渐变。
- “模式”下拉列表框：用于设置填充的渐变颜色与它下面的图像进行混合的方式，各选项与图层的混合模式作用相同。
- “不透明度”下拉列表框：用于设置渐变颜色的透明程度。
- “反向”复选框：单击选中该复选框后产生的渐变颜色将与设置的渐变顺序相反。
- “仿色”复选框：单击选中该复选框可使用递色法来表现中间色调，使渐变更加平滑。
- “透明区域”复选框：单击选中该复选框可在下拉列表框中设置透明的颜色段。

创建和填充渐变色的方法为：在工具箱中选择渐变工具，在工具属性栏中单击“渐变编辑器”下拉列表框，打开“渐变编辑器”对话框，在“预设”栏中可设置渐变效果，单击起始滑块，再单击“颜色”色块。打开“拾色器（色标颜色）”对话框，在其中设置需要渐变的颜色，完成后依次单击 确定 按钮。完成后在需要填充渐变的区域进行拖动，即可完成渐变填充，如图2-51所示。

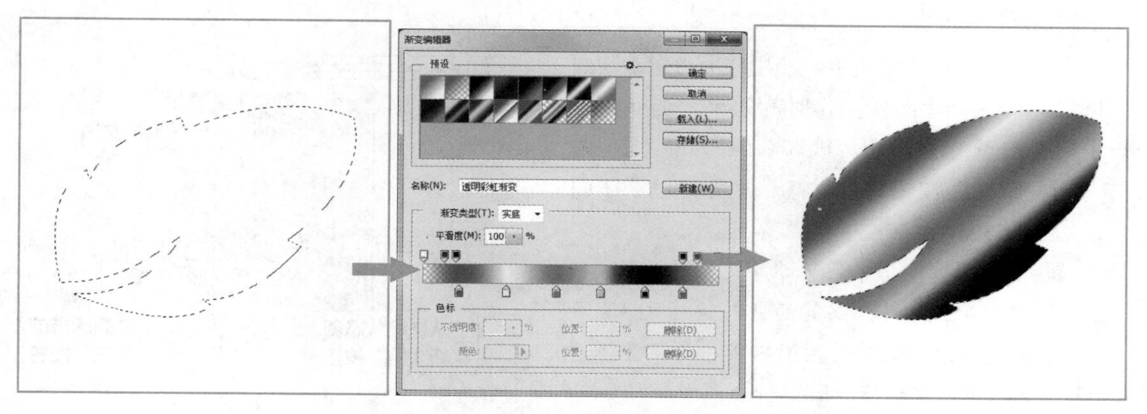

图2-51　填充渐变效果

课堂练习——填充卡通人物颜色

本练习将打开“素材\第2章\课堂练习\吃瓜效果.psd”图像中的各个区域进行颜色的填充，在填充时先使用快速填充工具选择各个区域，再分别设置颜色，完成后保存图像即可，如图2-52所示（效果\第2章\吃瓜效果.psd）。

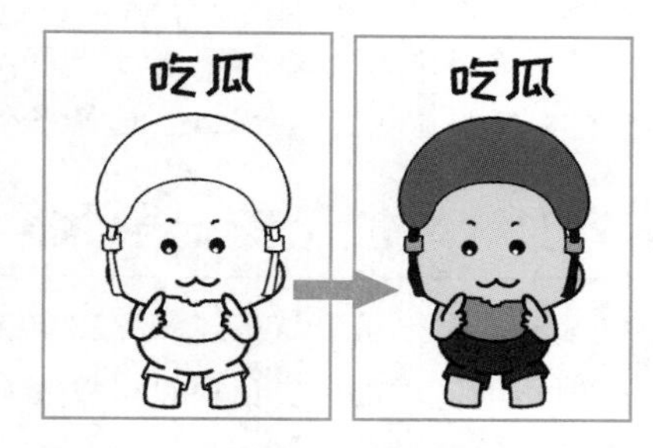

图2-52　填充效果

2.6 撤销与重做操作

在Photoshop CC中若对已编辑的效果不满意，还可通过撤销操作重新编辑图像。若要重复某些操作，可通过相应的快捷键或组合键实现。

2.6.1 使用撤销与重做命令

在编辑和处理图像的过程中，发现操作失误后应立即撤销错误操作，然后重新操作。在Photoshop CC中主要可以通过下面两种方法来撤销错误操作。

- 按【Ctrl+Z】组合键可以撤销最近一次进行的操作，再次按【Ctrl+Z】组合键又可以重做被撤销的操作；每按一次【Ctrl+Alt+Z】组合键就可以向前撤销一步操作，每按一次【Ctrl+Shift+Z】组合键就可以向后重做一步操作。
- 选择【编辑】/【还原】命令可以撤销最近一次进行的操作，撤销后选择【编辑】/【重做】

命令又可恢复该步操作，每选择一次【编辑】/【后退一步】命令就可以向前撤销一步操作，每选择一次【编辑】/【前进一步】命令就可以向后重做一步操作。

2.6.2 使用“历史记录”面板

在Photoshop CC中还可以使用“历史记录”面板恢复图像在某个阶段操作时的效果。选择【窗口】/【历史记录】命令，或在右侧的面板组中单击“历史记录”按钮即可打开“历史记录”面板，如图2-53所示。

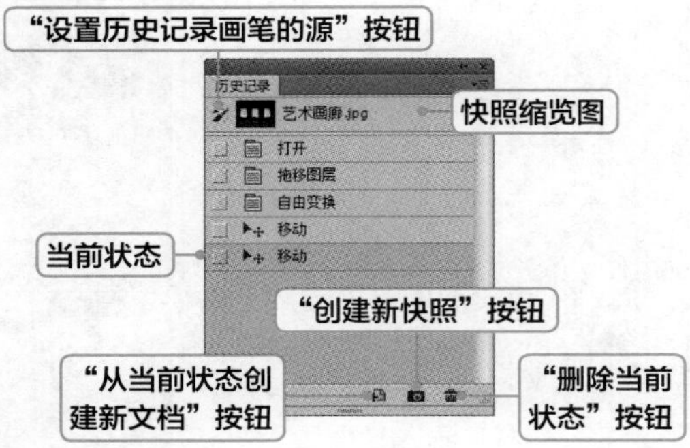

图2-53 “历史记录”面板

“历史记录”面板中各选项含义如下。

- “设置历史记录画笔的源”按钮：使用历史记录画笔时，该图标所在的位置将作为历史画笔的源图像。
- 快照缩览图：被记录为快照的图像状态。
- 当前状态：将图像恢复到该命令的编辑状态。
- “从当前状态创建新文档”按钮：基于当前操作步骤中图像的状态创建一个新的文件。
- “创建新快照”按钮：基于当前的图像状态创建新快照。
- “删除当前状态”按钮：选择一个操作步骤，单击该按钮可将该步骤及后面的操作删除。

2.6.3 增加历史记录保存数量

“历史记录”面板默认只能保存20步操作，若执行了许多相同的操作，则没有办法保留前面的操作，此时可通过增加历史记录保存数量的方法来解决该问题。其方法为：选择【编辑】/【首选项】/【性能】命令，打开“首选项”对话框，如图2-54所示。在“历史记录状态”的数值框中可设置历史记录的保存数量。需注意将历史记录保存数量设置得越多，占用的内存也越多。

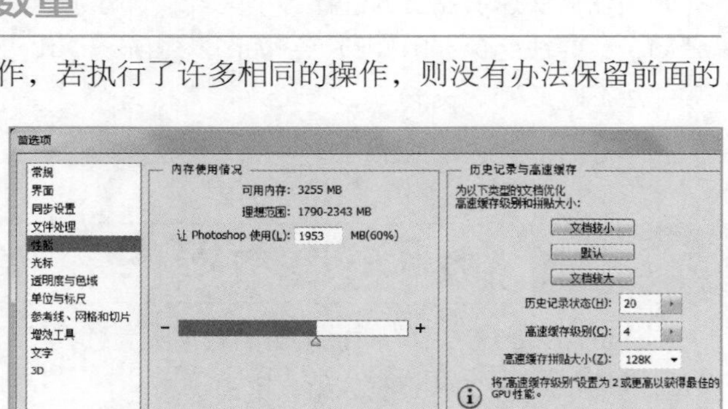

图2-54 “首选项”对话框

2.7 上机实训——制作手机壳促销页面

2.7.1 实训要求

本实训将对“图样.jpg”图像中的文字更改颜色，再在手机壳上添加图样效果，使整个画面更加美观。

2.7.2 实训分析

手机壳不但能使手机的外观更加漂亮，还能掩盖手机的缺陷，使手机更加美观。本实训将打开“图样.jpg”图像，为图样的不同部分填充不同的颜色，最后打开“手机壳促销页面.jpg”图像，将“图样”图像移动到手机壳图像中，在手机壳上添加图案，本实训的参考效果如图2-55所示。

视频教学
制作手机壳促销页面

素材所在位置： 素材\第2章\手机壳促销页面\

效果所在位置： 效果\第2章\手机壳促销页面.psd

图2-55 制作手机壳促销页面

2.7.3 操作思路

在掌握了Photoshop CC的基本操作后，便可开始本练习的设计与制作。根据前面的实训分析，本实训的操作思路如图2-56所示。

① 填充卡通驴和G、A字母　② 填充I字母　③ 填充E字母　④ 移动图像

图2-56 操作思路

【步骤提示】

STEP 01 打开“图样.jpg”图像文件，选择油漆桶工具，在工具属性栏中设置填充模式为“前景”。

STEP 02 在“颜色”面板中设置前景色为“#80c269”。

STEP 03 使用鼠标在卡通驴和G、A字母上单击填充绿色。

STEP 04 使用相同的方法填充其他字母和图形，颜色分别为“#fff100”和“#c463ff”。

STEP 05 打开“手机壳促销页面.jpg”图像文件，使用移动工具将“图样”图像移动到其中，并通过自由变换操作调整到合适大小，然后在“图层”面板设置图层混合模式为“线性加深”，保存文件即可。

2.8 课后练习

1. 练习1——*制作剪影海报*

根据提供的素材文件制作一张海报，主要涉及移动图像、复制与粘贴图像、调整图像大小等操作，完成后的参考效果如图2-57所示。

素材所在位置：素材\第2章\课后练习\

效果所在位置：效果\第2章\课后练习\剪影海报.jpg

图2-57 剪影海报

2. 练习2——*制作女鞋海报*

本练习将打开“女鞋海报背景.jpg”图像，为其创建选区，再使用“填充”命令，为其中的白色和黑色矩形填充不一样的颜色，使其与背景更加匹配，完成后添加文字素材，使海报更加完整，完成后的参考效果如图2-58所示。

素材所在位置：素材\第2章\女鞋海报\

效果所在位置：效果\第2章\女鞋海报.psd

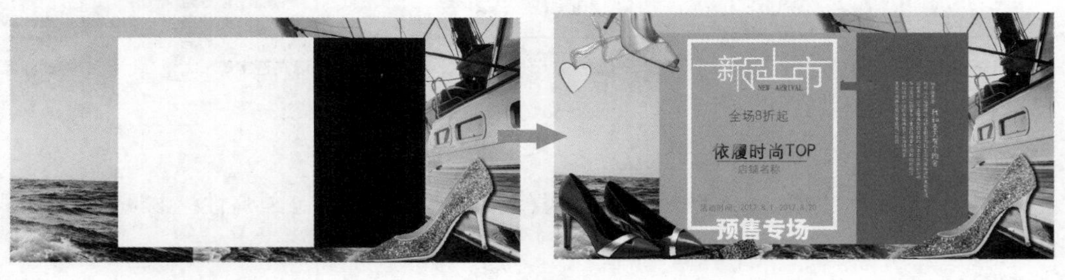

图2-58 女鞋海报

CHAPTER 3

第3章 创建并编辑选区

在Photoshop CC中，选区是图像处理的基础。通过创建和编辑选区可以实现图片的抠取和美化。本章将详细讲解Photoshop CC创建并编辑选区的功能，对各个选区工具的使用方法和使用技巧进行详细的说明。读者通过本章的学习能够熟练掌握选区的操作技巧，并可运用Photoshop CC的选区功能制作具有不同效果的图像。

课堂学习目标

- 掌握创建选区的方法
- 掌握编辑选区的方法

课堂案例展示

CD光盘封面　　墙壁中的手效果

3.1 创建选区

使用Photoshop CC进行图像处理时，为了方便操作可先创建选区，这样图像编辑操作将只对选区内的图像区域有效。在Photoshop CC中创建选区一般通过各种选区工具来完成，比如选框工具、套索工具、快速选择工具、描边工具、反向选区等，下面将先通过课堂案例讲解这些工具的使用方法，再对基础知识分别进行讲解。

3.1.1 课堂案例——设计画册版式

案例目标： 画册板式主要应用于画册设计中内页的版面排版。本例将新建名为“画册版式”的图像文件，使用多边形套索工具创建不规则的几何选区，以此裁剪素材图片，形成风格独特的画册版式，完成后的参考效果如图3-1所示。

知识要点： 多边形套索工具；反向选区。

素材位置： 素材\第3章\画册风景\

效果文件： 效果\第3章\画册版式.psd

图3-1　画册板式效果

视频教学
设计画册版式

其具体操作步骤如下。

STEP 01 新建大小为794像素×1077像素，名称为“画册版式.psd”的图像文件，将前景色设置为“#dedace”，按【Alt+Delete】组合键将对背景填充颜色，为了使后期制作的效果更加美观，可在图像中添加参考线，将鼠标移动到标尺上拖动鼠标创建需要的参考线，如图3-2所示。

STEP 02 打开“秋景1.jpg”素材文件，将其拖动到“画册版式.psd”图像文件中，调整素材的大小与位置。选择多边形套索工具，在素材所在图层上单击鼠标绘制选区，最后单击起点，即可完成不规则选区的绘制，如图3-3所示。

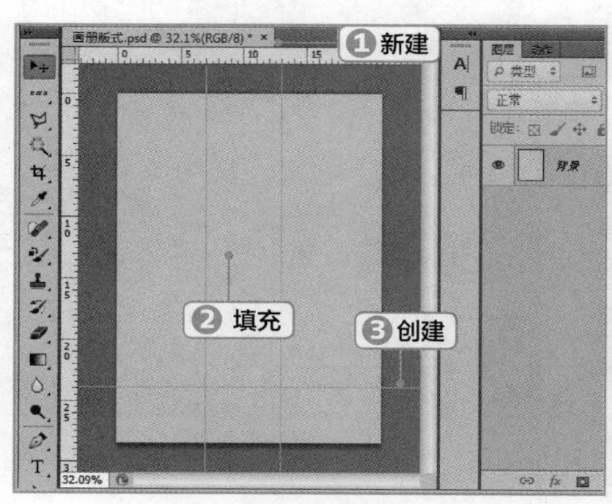

图3-2　填充前景色

图3-3　添加素材并创建选区

提示 在使用多边形套索工具创建选区时，按【Shift】键可以在水平方向、垂直方向或45° 方向上绘制直线。

STEP 03 保持选区的选择状态，按【Ctrl+Shift+I】组合键反选选区，再按【Delete】键删除选区中的图像，如图3-4所示。

STEP 04 继续添加“秋景2~4.jpg”素材文件，然后使用多边形套索工具创建选区，使用相同的方法裁剪其他素材图片，如图3-5所示。

STEP 05 添加“文字.psd”素材文件中的文本，并调整位置与大小，保存文件，完成画册版式制作的效果，如图3-6所示。

图3-4 删除多余区域

图3-5 制作其他图片区域

图3-6 查看完成后的效果

提示 默认情况下，使用选区工具绘制选区时，一次只能绘制一个选区。若在工具属性栏中单击“添加到选区”按钮，可一次性在图像上绘制多个选区。

3.1.2 课堂案例——制作CD光盘封面

案例目标：CD光盘封面是在CD光盘制作好后针对光盘中的内容来设计的封面。使用Photoshop CC设计光盘封面前需要先利用选区工具来创建选区，并填充渐变颜色，再添加封面图片，并对封面图片进行反向操作，完成后的参考效果如图3-7所示。

视频教学
制作CD光盘封面

知识要点：椭圆选框工具；渐变工具；描边选区；矩形选框工具；反向选区；套索工具组。

素材位置：素材\第3章\光盘背景.jpg、CD光盘封面.jpg

效果文件：效果\第3章\CD光盘封面.psd

图3-7　查看完成后的效果

其具体操作步骤如下。

STEP 01 启动Photoshop CC，选择【文件】/【新建】命令或按【Ctrl+N】组合键，打开“新建”对话框，在“名称”文本框中输入图像名称“CD光盘封面”，在“宽度”或“高度”下拉列表框中选择“厘米”选项，在“宽度”和“高度”文本框中都输入“12.6”，单击 确定 按钮，如图3-8所示。

STEP 02 按【Ctrl+R】组合键显示参考线，分别从左侧和上侧的标尺上拖出两条参考线，两条参考线相交的位置即为光盘圆心，如图3-9所示。

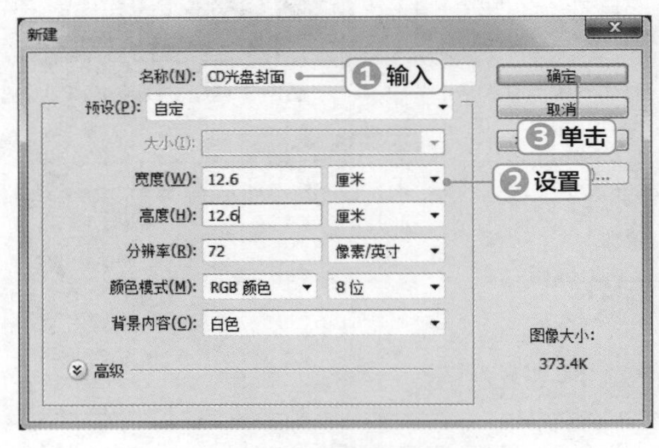

图3-8　新建图像文件

图3-9　添加参考线

STEP 03 在工具箱中的矩形选框工具上单击鼠标右键，在弹出的面板中选择椭圆选框工具，在工具属性栏的“样式”下拉列表框中选择“固定大小”选项，在“宽度”和“高度”的文本框中都输入“11.5厘米”，如图3-10所示。

STEP 04 按住【Alt】键，在图像区域的参考线交叉处单击，即可完成圆形选区的创建，按【Ctrl+J】组合键复制背景图层，如图3-11所示。

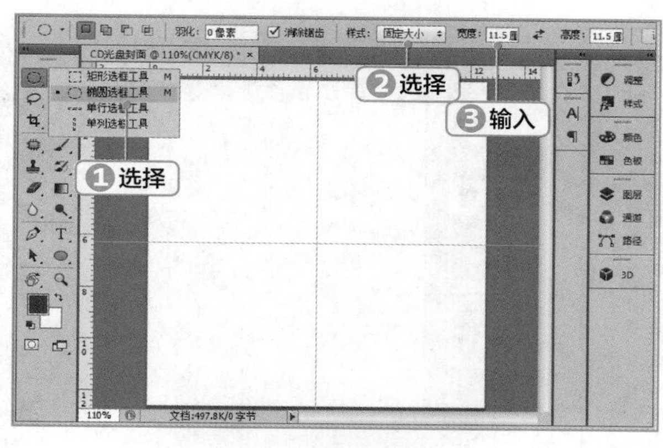

图3-10　选择椭圆选框工具

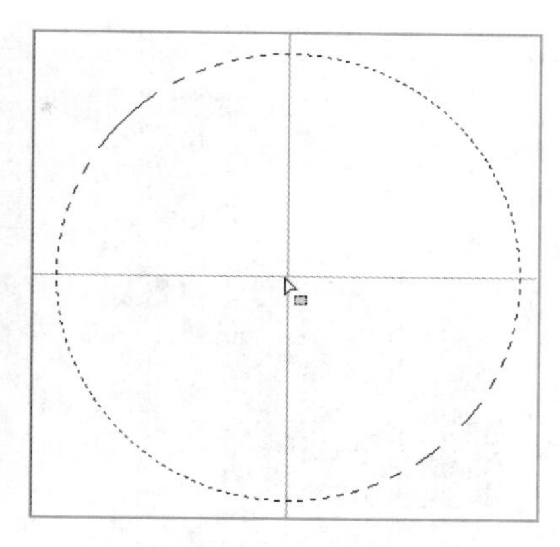

图3-11　绘制圆形选区

技巧 在图像窗口中按住【Alt】键的同时拖曳鼠标，可以从中心创建选区；按住【Shift】键的同时拖曳鼠标，可以绘制正圆形选区。

STEP 05 在“图层”面板中按住【Ctrl】键单击“图层1”的缩略图，载入选区，在工具箱中选择渐变工具，在工具属性栏中单击“渐变编辑器”下拉列表框，打开“渐变编辑器”对话框，如图3-12所示。

STEP 06 在“预设”栏中选择“黑，白渐变”选项，在颜色条上单击左下侧的“色标”滑块，单击“色标”栏的“颜色”色块，如图3-13所示。

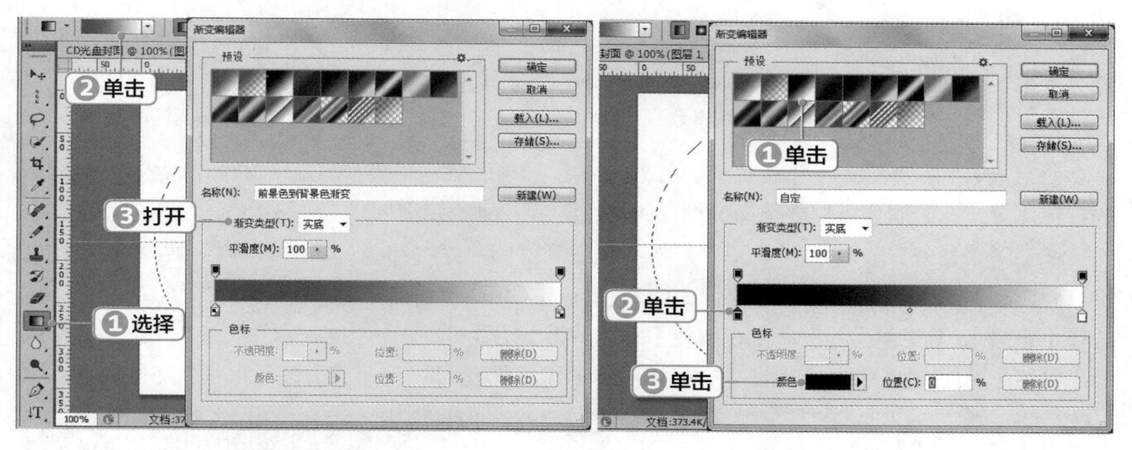

图3-12　选择渐变工具

图3-13　设置渐变参数

STEP 07 打开“拾色器（色标颜色）”对话框，在其中设置颜色为“#cac8c8”，单击 确定 按钮，返回“渐变编辑器”对话框，单击 确定 按钮，完成渐变颜色的设置。设置的渐变颜色将默认显示在“预设”栏中，如图3-14所示。

STEP 08 在工具属性栏中单击“径向渐变”按钮，设置径向渐变，然后单击选中“反向”复选框，使渐变颜色反向，在图像中心向边缘拖曳鼠标，进行渐变填充，并查看填充渐变后的效果，如图3-15所示。

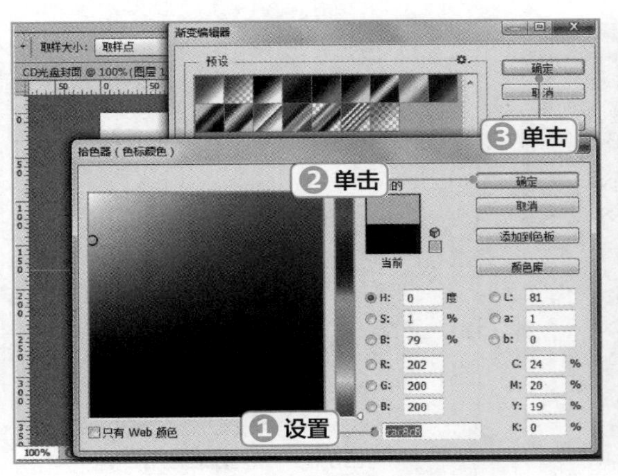

图3-14　设置渐变颜色

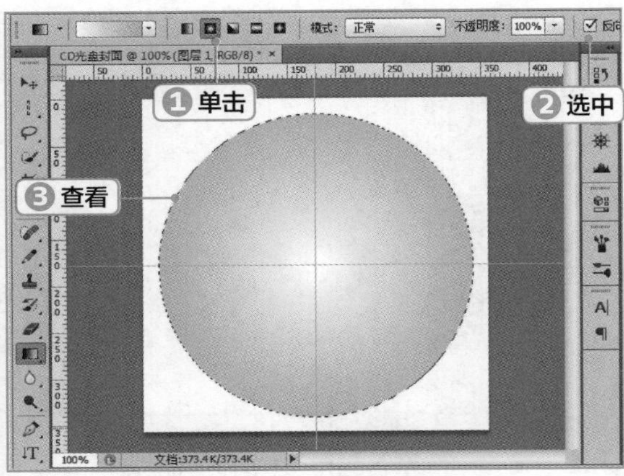

图3-15　添加渐变效果

STEP 09 按【Ctrl+;】组合键取消参考线，选择【编辑】/【描边】命令，打开“描边”对话框，设置“宽度”为“2像素”，设置“颜色”为“#b0aeae”，单击 确定 按钮，如图3-16所示。

STEP 10 选择【选择】/【取消选择】命令，或按【Ctrl+D】组合键取消选区，查看描边效果，如图3-17所示。

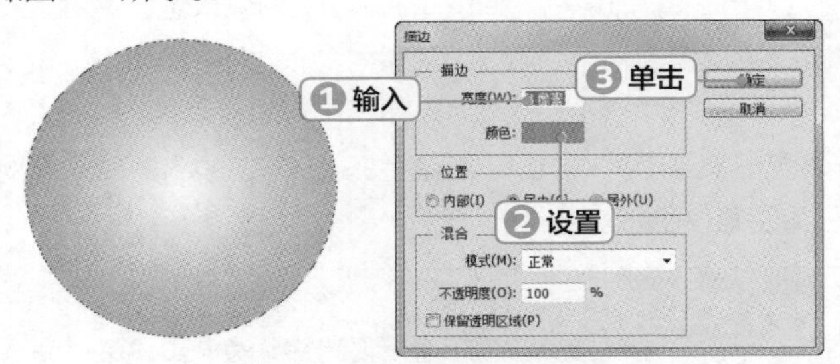

图3-16　设置描边参数

图3-17　查看描边效果

STEP 11 按【Ctrl+O】组合键，打开“打开”对话框，在“查找范围”下拉列表中选择文件的打开位置，在中间列表框中选择需打开的文件，单击 打开(O) 按钮，如图3-18所示。

STEP 12 选择打开的背景图片，将其拖曳到“CD光盘封面”文件中，调整其大小至页面大小。将图层2拖动到图层1下方，选择图层2，按住【Ctrl】键单击“图层1”的缩略图，载入选区，选择【选择】/【变换选区】命令，按住【Shift+Alt】组合键，保持中心点不变，向中心拖动选区，等比例缩小选区，如图3-19所示，完成后再次将图层2拖动到图层1上方，使后期操作更加方便。

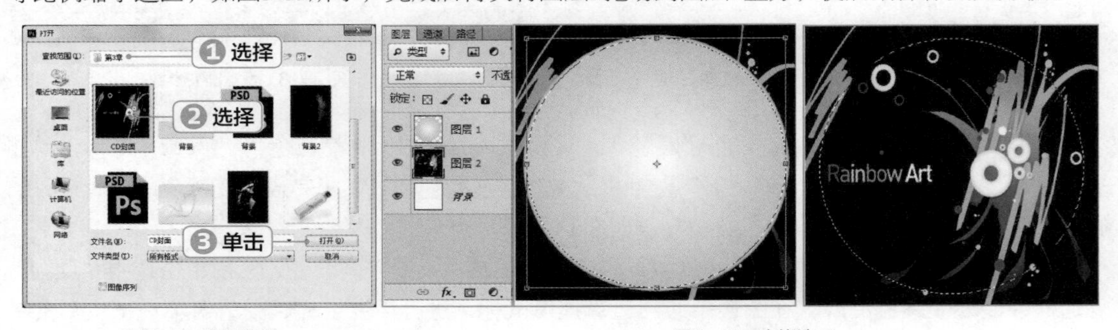

图3-18　打开文件　　　　图3-19　变换选区

STEP 13 选择【选择】/【反向】命令，或按【Ctrl+Shift+I】组合键，将选区反向选择，如图3-20所示。

STEP 14 按【Delete】键删除反向的选区，即可查看删除多余区域后的效果，按【Ctrl+D】组合键取消选区后效果如图3-21所示。

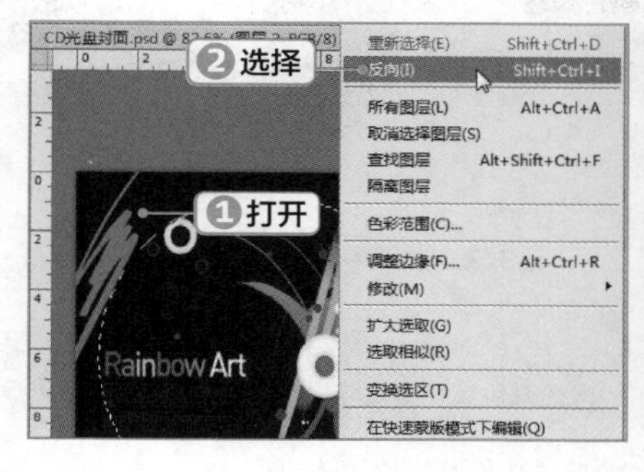

图3-20 将选区反向选择

图3-21 删除多余区域

STEP 15 新建图层3，在“图层”面板中按住【Ctrl】键单击“图层2”的缩略图，载入中间的内圆选区。选择【选择】/【变换选区】命令，按住【Shift+Alt】组合键，保持中心点不变，向中心拖动选区，等比例缩小选区，如图3-22所示。

STEP 16 选择【编辑】/【描边】命令，打开“描边”对话框，设置“宽度”为“4像素”，设置“颜色”为“#b0aeae”，单击 确定 按钮，返回图像编辑窗口可查看描边后的效果，如图3-23所示。选择【选择】/【取消选择】命令或按【Ctrl+D】组合键取消选区。

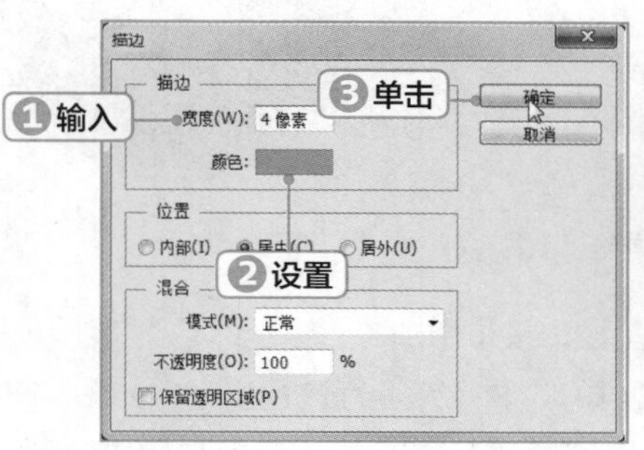

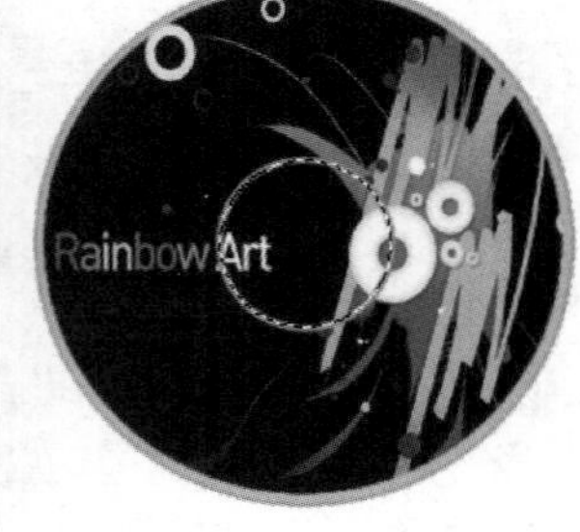

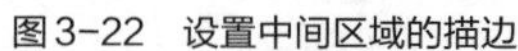

图3-22 设置中间区域的描边

图3-23 取消选区

STEP 17 单击“背景”图层前的眼睛图标，隐藏背景，按【Ctrl+Shift+Alt+E】组合键盖印可见图层，得到“图层4”图层，选择“图层4”图层，在“图层”面板中按住【Ctrl】键单击“图层2”的缩略图，载入中间的内圆选区。选择【选择】/【变换选区】命令，按住【Shift+Alt】组合键，保持中心点不变，向中心拖动选区，等比例缩小选区，按【Delete】键删除“图层4”中的部分图像，隐藏其他图层。查看光盘图像效果，如图3-24所示。

STEP 18 保持选区的选择状态，选择【编辑】/【描边】命令，打开“描边”对话框，设置“宽度”为“2像素”，设置“颜色”为“#b0aeae”，单击 确定 按钮，然后按【Ctrl+D】组合键取消选区。查看描边效果，如图3-25所示。

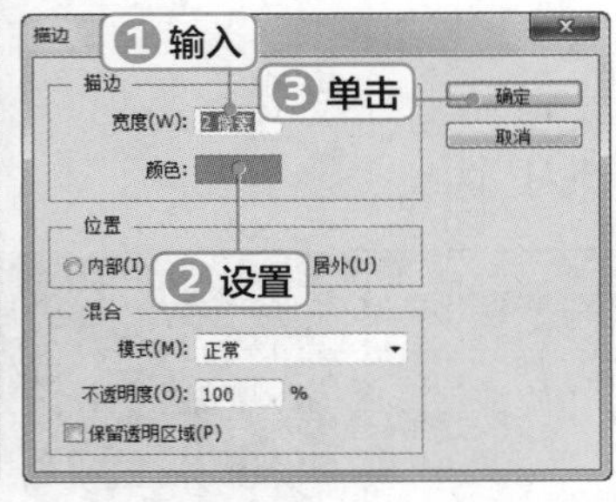

图3-24　删除图层4中的部分图像

图3-25　描边中间区域

STEP 19 双击“图层4”打开“图层样式”对话框，单击选中“投影”复选框，设置“不透明度、距离、扩展、大小”的数值分别为“87、5、5、9”，单击 确定 按钮，如图3-26所示。

STEP 20 新建大小为1500像素×825像素，名称为“CD光盘设计”的图像文件，将绘制完成后的光盘拖动到图像左侧，调整图像大小。新建图层，选择矩形选框工具，绘制两个相同高度的矩形选区，分别填充颜色为“#929090” “#e0e0e0”，添加“CD封面.jpg”素材文件中的CD封面图像，调整大小，并对齐矩形选区，如图3-27所示。

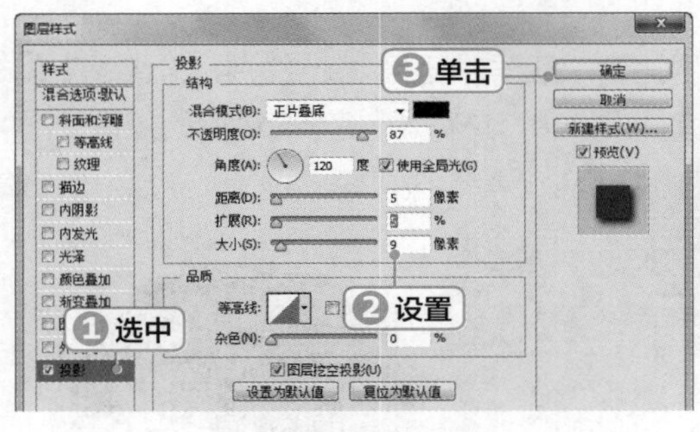

图3-26　设置投影参数

图3-27　绘制CD包装盒

STEP 21 选择CD封面图像，按【Ctrl+T】组合键，在其上单击鼠标右键，在弹出的快捷菜单中选择“透视”命令，拖动右侧的控制点，进行透视变形，如图3-28所示。

STEP 22 选择包装盒所在的多个图层，按【Ctrl+E】组合键合并图层，按住【Alt】键拖动光盘图层右侧的图层样式图标到包装盒所在的图层上，复制图层样式到包装盒，如图3-29所示。

图3-28　透视变形效果

图3-29　合并图层并复制图层样式到包装盒

STEP 23 添加“光盘背景.jpg”素材文件中的图像，在“图层”面板中移动该图层到背景图层上方和光盘图层下方，按【Ctrl+T】组合键，拖动图像控制点，调整图像大小和位置，再使用画笔工具在光盘下方绘制阴影效果，完成后保存文件，完成本例的制作。完成后的效果如图3-30所示。

图3-30 查看完成后的效果

3.1.3 创建几何选区

几何选区是在实际操作中使用最多的工具之一，本节主要介绍如何创建规则的几何选区。创建选区需要使用选框工具，包括矩形选框工具、椭圆选框工具、单行选框工具、单列选框工具。将鼠标指针移动到工具箱的“矩形选框工具”按钮上，单击鼠标右键或按住鼠标左键不放，打开该工具组，在其中选择需要的工具即可。选择选框工具后，将显示图3-31所示的矩形选框工具属性栏。

图3-31 矩形选框工具属性栏

矩形选框工具属性栏中各选项含义介绍如下。

- 按钮组：用于控制选区的创建方式，单击不同的按钮将以不同的方式创建选区。表示创建新选区，表示添加到选区，表示从选区减去，表示与选区交叉。
- “羽化”数值框：通过设置不同的像素实现不同的羽化效果。取值范围为0~255像素，数值越大，像素化的过渡边界越宽，柔化效果也越明显。
- “消除锯齿”复选框：用于消除选区边缘锯齿，只有椭圆选框工具可以使用该选项。
- “样式”下拉列表框：在其下拉列表中可以设置选框的比例或尺寸，有“正常”“固定比例”“固定大小”3个选项。选择“固定比例”或“固定大小”时可激活“宽度”和“高度”文本框。
- 调整边缘... 按钮：创建选区后单击该按钮，可以在打开的“调整边缘”对话框中定义边缘的半径、对比度、羽化等，可以对选区进行收缩和扩充操作；另外还可以设置多种视图模式，如洋葱皮、叠加和图层等。

1. 矩形选框工具

要创建矩形选区，应先在工具箱中选择矩形选框工具，然后将鼠标指针移动到图像窗口中，按住鼠标左键拖曳即可创建矩形选区，如图3-32所示。在创建矩形选区时按住【Shift】键，则可创建正方形选区，如图3-33所示。

图3-32　创建矩形选区

图3-33　创建正方形选区

2. 椭圆选框工具

在工具箱中选择椭圆选框工具，然后在图像上按住鼠标左键不放并拖曳，即可创建椭圆形选区，如图3-34所示。在创建椭圆形选区时按住【Shift】键进行拖动，可以创建圆形选区，如图3-35所示。

图3-34　创建椭圆形选区

图3-35　创建圆形选区

3. 单行、单列选框工具

当用户在Photoshop CC中绘制表格的多条平行线或制作网格线时，使用单行选框工具和单列选框工具会十分方便。在工具箱中选择单行选框工具或单列选框工具，在图像上单击鼠标左键，即可创建出一个宽度为1像素的行或列选区，如图3-36和图3-37所示。

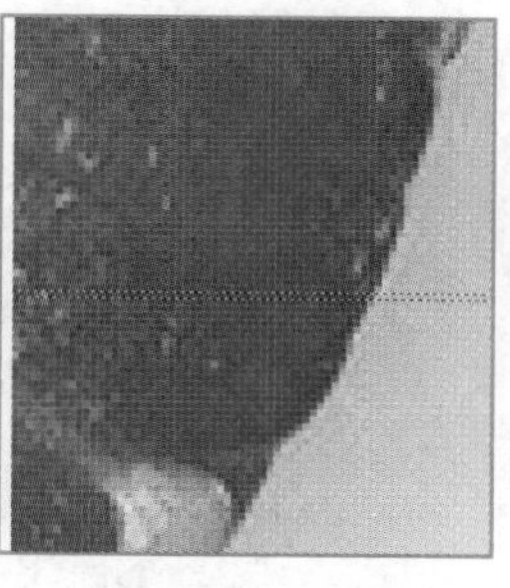

图3-36　创建单行选区

图3-37　创建单列选区

3.1.4　创建不规则选区

套索工具组可以用于创建不规则选区。套索工具组主要包括套索工具、多边形套索工具、磁性套索工具。套索工具组的打开方法与矩形选框工具组的打开方法一致。

1. 套索工具

套索工具主要用于创建不规则选区。选择套索工具后，在图像中按住鼠标左键不放并拖曳，完成选择后释放鼠标，绘制的套索线将自动闭合成为选区，如图3-38所示。

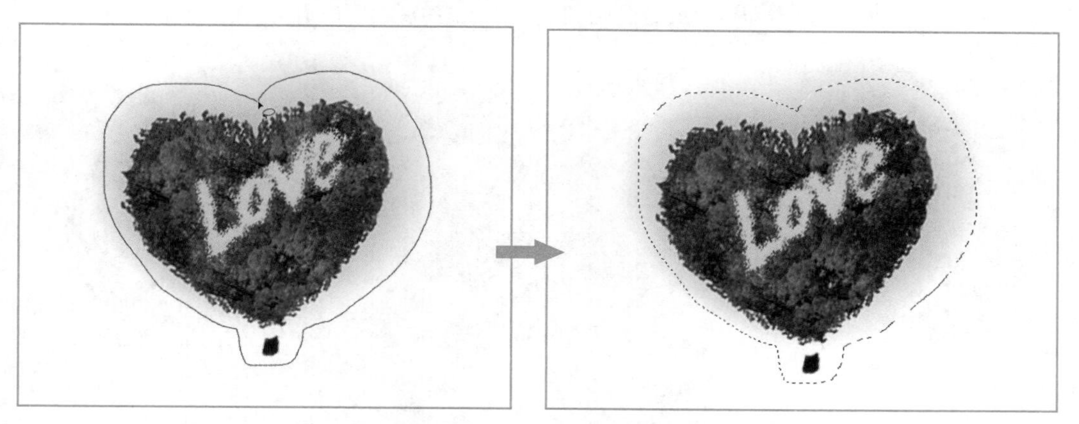

图3-38　使用套索工具创建选区

2. 多边形套索工具

多边形套索工具主要用于边界多为直线或边界曲折的复杂图形的选择。在工具箱中选择多边形套索工具，先在图像中单击创建选区的起始点，然后沿着需要选取的图像区域移动鼠标指针，并在多边形的转折点处单击，作为多边形的一个顶点。当回到起始点时，鼠标指针右下角将出现一个小圆圈，即生成最终的选区，如图3-39所示。

提示　在使用多边形套索工具选择图像时，按【Shift】键，可按水平、垂直、45°方向创建线段；按【Delete】键，可删除最近创建的一条线段。

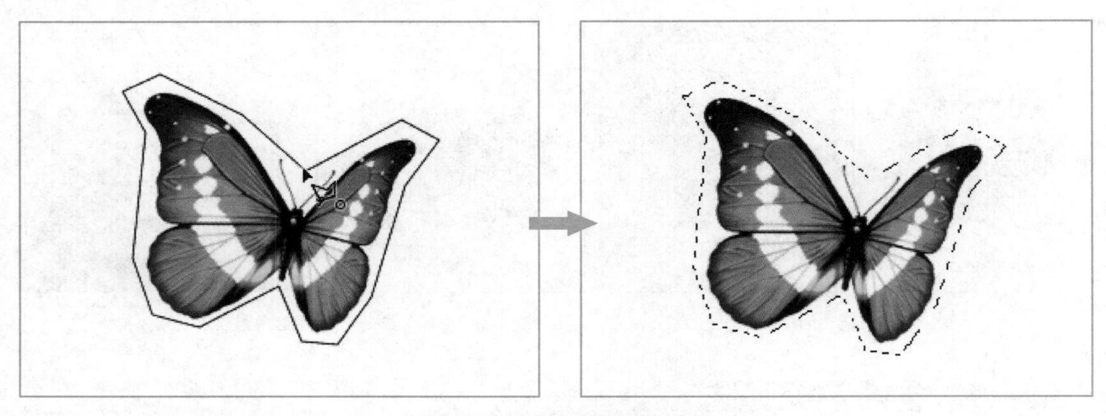

图3-39 使用多边形套索工具创建选区

3. 磁性套索工具

磁性套索工具适用于沿图像颜色反差较大的区域创建选区。在工具箱中选择磁性套索工具后，按住鼠标左键不放，沿图像的轮廓拖曳，系统自动捕捉图像中对比度较大的图像边界并自动产生节点，当到达起始点时单击即可完成选区的创建，如图3-40所示。

图3-40 使用磁性套索工具创建选区

提示 在使用磁性套索工具创建选区的过程中，可能会由于鼠标指针移动不恰当而产生多余的节点，此时可按【Backspace】键或【Delete】键删除最近创建的磁性节点，然后从删除节点处继续绘制选区即可。

3.1.5 创建颜色选区

在Photoshop CC中，使用魔棒工具与快速选择工具可以快速、高效地创建颜色选区，因此设计师在广告设计前期喜欢将人物、产品等素材放在比较单一的背景色中，以方便后期对素材进行抠取和编辑。

1. 魔棒工具

魔棒工具用于选择图像中颜色相似的区域。在工具箱中选择魔棒工具，然后在图像中的某点上单击，即可将该图像附近颜色相同或相似的区域选取出来。魔棒工具的工具属性栏如图3-41所示。

图3-41 魔棒工具的工具属性栏

魔棒工具属性栏中各主要选项含义如下。

- “容差”数值框：用于设置选择颜色的范围，值越大，颜色区域越广。图3-42所示分别是容差值为5和容差值为25时的效果。
- “连续”复选框：单击选中该复选框，则只选择与单击点相连的同色区域；撤销选中该复选框，整幅图像中符合要求的色域将全部被选中，如图3-43所示。
- “对所有图层取样”复选框：当单击选中该复选框并在任意一个图层上应用魔棒工具时，所有图层上与单击处颜色相似的地方都会被选中。

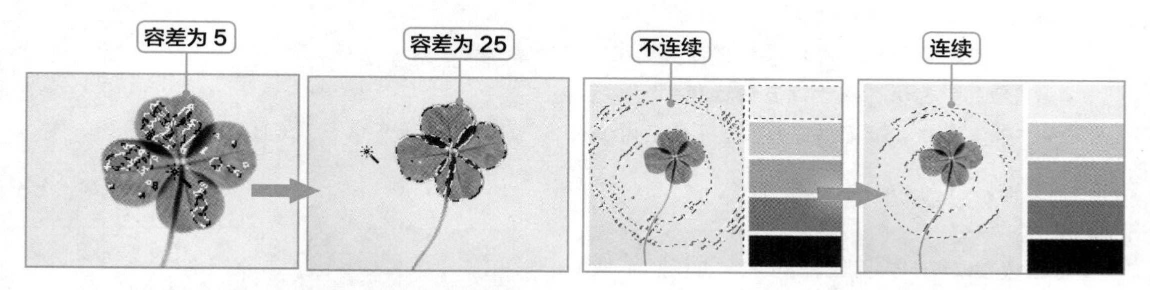

图3-42 不同容差值的对比效果

图3-43 取消选中与选中“连续”复选框的对比效果

2. 快速选择工具

快速选择工具是魔棒工具的快捷版本，可以不用任何快捷键，尤其在快速选择颜色差异大的图像时会非常地直观和快捷。其属性栏中包含新选区、添加到选区、从选区减去这3种模式。使用时按住鼠标左键不放拖曳选择区域即可，如图3-44所示。

图3-44 快速创建选区

3.1.6 描边选区

“描边”命令用于选择的区域边界线上，用前景色进行笔画式的描边。先在图像中创建选区，如图3-45所示，然后选择【编辑】/【描边】命令，打开“描边”对话框，设置描边宽度、颜色和位置，如图3-46所示。单击 确定 按钮得到选区描边效果，如图3-47所示。

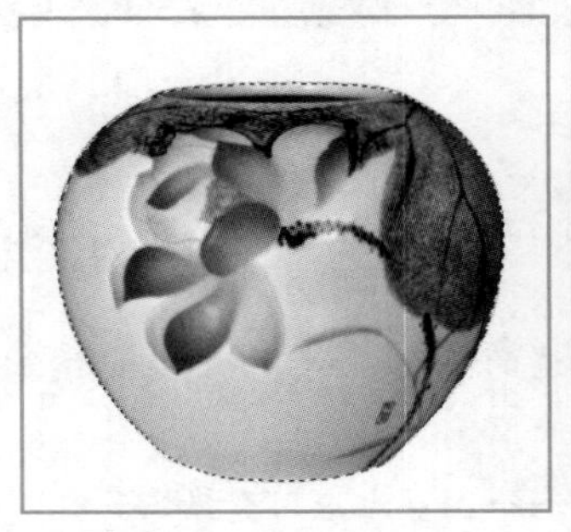

图3-45 创建选区

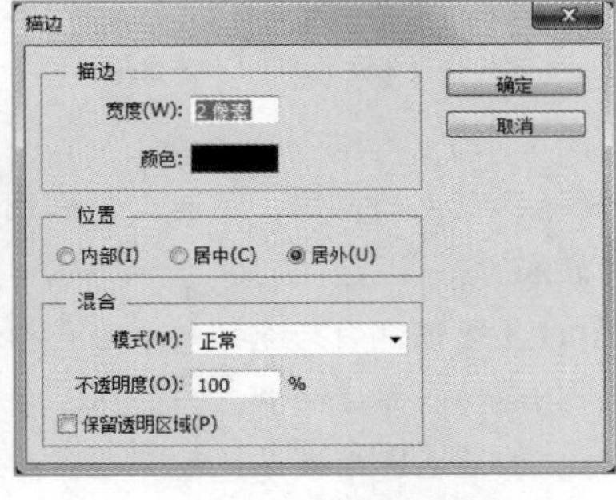

图3-46 设置描边参数

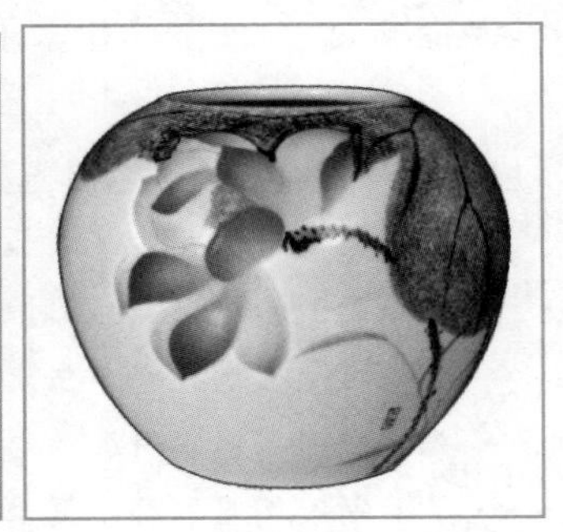

图3-47 描边效果

“描边”对话框中相关选项含义如下。

- “宽度”数值框：可以设置描边的宽度，以像素点为单位。
- “颜色”色块：用于设置描边颜色。
- “位置”栏：设置描边的位置是选区内（内部）、选区上（居中）、选区外（居外）。

3.1.7 反选选区

反选选区是指为选区外的部分创建选区，常用于抠图操作。创建反选选区的常用方法有两种：一种是保持当前选区的选择状态，选择【选择】/【反向】命令；另一种是直接按【Ctrl+Shift+I】组合键。图3-48所示为创建选区并反选选区后按【Ctrl+J】组合键得到的效果。左图为背景创建的选区，右图为反选选区后的效果。

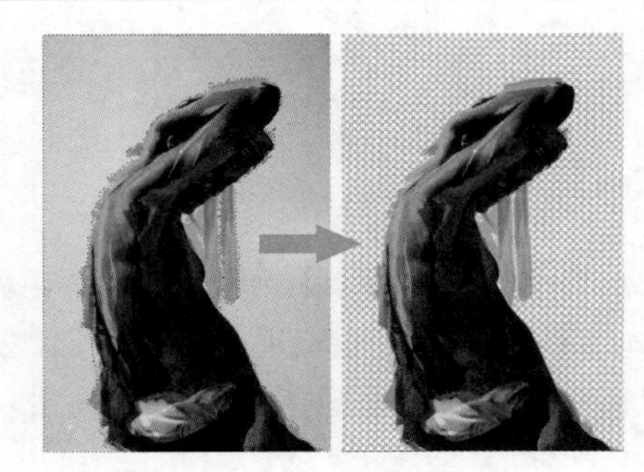

图3-48 反选选区

疑难解答 | 在完成选区创建后，如何对边界进行修改？

当完成选区的创建后，如果需要在选区的中间区域再次创建选区并且使两个路径形成选区的状态。选择【选择】/【修改】/【边界】命令，打开“边界选区”对话框，在“宽度”数值框中输入数值，单击 确定 按钮即可在原选区边缘的基础上向内创建出边界选区，如图3-49所示。

图3-49 边界选区

课堂练习——制作儿童海报

本练习将在“素材\第3章\儿童海报.jpg”图像文件中添加素材，使用套索工具在文字下方绘制并填充不规则选区，并设置选区的模糊程度，参考效果如图3-50所示（效果\第3章\儿童海报.psd）。

图3-50 儿童海报效果

3.2 编辑选区

用户可根据需要对使用选区工具创建的选区进行编辑操作，如移动与变换选区，以及平滑与羽化选区、扩展与收缩选区，以及存储与载入选区。

3.2.1 课堂案例——制作墙壁中的手特效

案例目标：“墙壁中的手”特效是一种广告展示效果，该效果主要将“手”图像中的内容移动到“墙壁”图像中，并为图像中的手形创建选区，通过对选区进行羽化、旋转等操作，使选区内容融合于图像，最后将文字以选区的形式载入图像中，增加图像的立体效果，完成后的参考效果如图3-51所示。

知识要点：羽化选区；旋转选区；载入图像；平滑选区；移动选区；变换选区；填充选区；磁性套索工具。

素材位置：素材\第3章\墙壁中的手\

效果文件：效果\第3章\墙壁中的手.psd

视频教学
制作墙壁中的手特效

图3-51 墙壁中的手效果

其具体操作步骤如下。

STEP 01 打开“手.jpg”图像，在“图层”面板的“背景”图层上双击鼠标左键，打开“新建图层”对话框，保持图层中的默认设置不变，单击 确定 按钮，如图3-52所示。

STEP 02 在工具箱中选择快速选择工具，在图像中的手边缘拖曳鼠标创建选区，然后按【Ctrl+Shift+I】组合键反选选区，再按【Delete】组合键将多余区域删除，如图3-53所示。

图3-52 新建图层

图3-53 创建选区

提示 这里的新建图层操作是将“背景”图层转换为一般图层，以便在进行清除选区内容的操作时，使选区中的内容变为透明。

STEP 03 再次按【Ctrl+Shift+I】组合键反选选区，选择【选择】/【修改】/【平滑】命令，打开“平滑选区”对话框，在“取样半径”数值框中输入“1”，单击 确定 按钮，返回图像编辑窗口即可查看图像的过渡部分已经变得平滑，如图3-54所示。

STEP 04 按【Shift+F6】组合键，打开“羽化选区”对话框，在“羽化半径”数值框输入“3”，单击 确定 按钮，返回图像编辑窗口即可查看图像的边缘已经羽化，如图3-55所示。

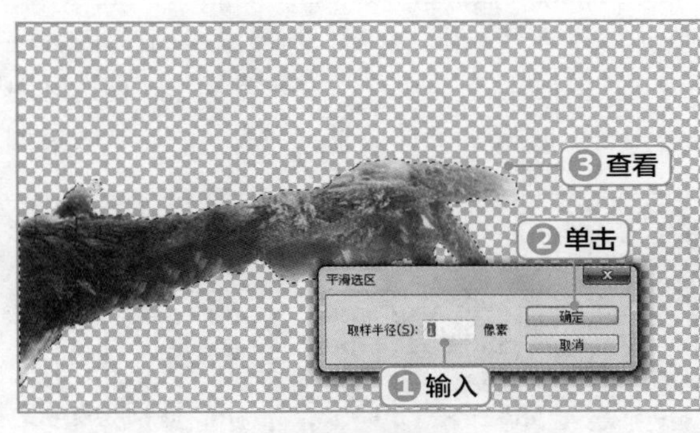

图3-54 平滑选区

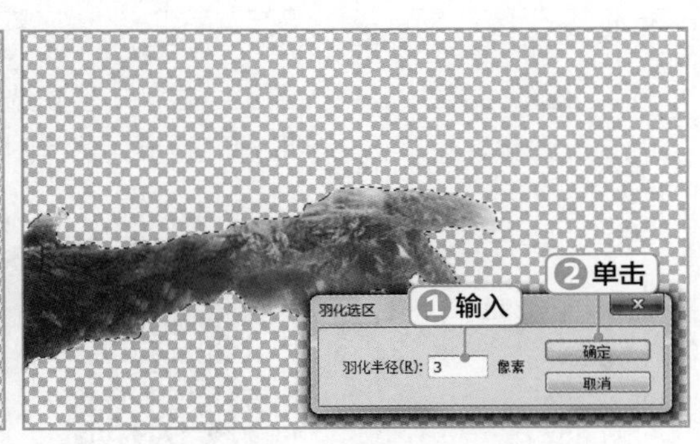

图3-55 羽化选区

提示 羽化半径的值越大，选区边缘将越平滑。在设置时，需要根据选区与被框选部分的间隙，进行调整选择一个合适的值。

STEP 05 选择移动工具，将鼠标指针移动到“手”选区范围内，鼠标指针将变为形状，按住鼠标左键不放并向上拖曳，可移动选区的位置。在拖曳过程中，按住【Shift】键不放可使选区沿水平、垂直或45°斜线方向移动，如图3-56所示。

STEP 06 按【Ctrl+T】组合键进入自由变换状态，手的选区周围将出现一个矩形控制框，将鼠标移至控制框上任意一个控制点上，当鼠标指针变为形状时拖曳鼠标调整选区大小，如图3-57所示。

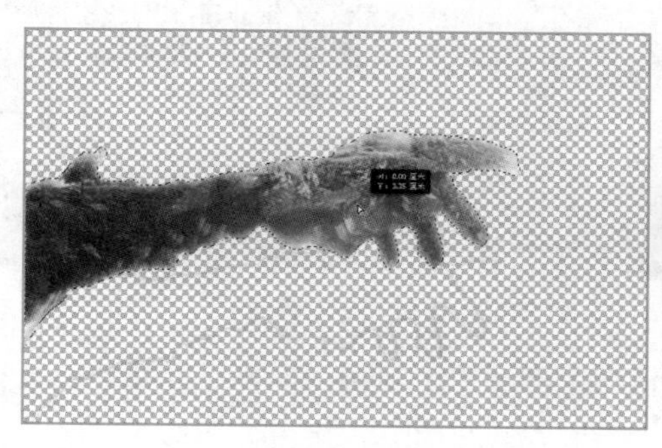

图3-56 移动选区

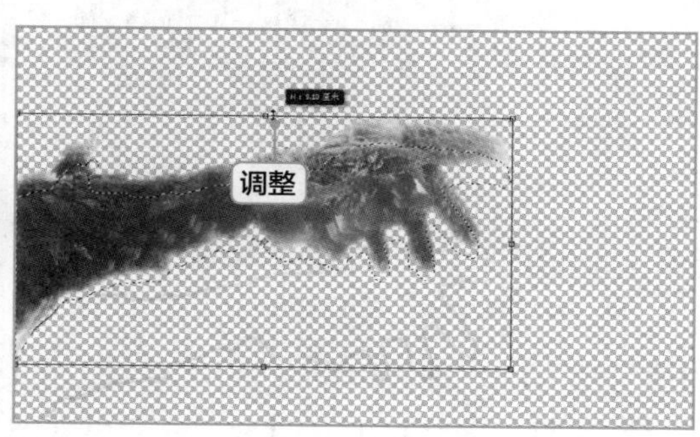

图3-57 变换选区

STEP 07 将鼠标移动到右上角的控制点上，按住【Shift】键不放，放大图像，将鼠标指针移至右上角控制点附近，当其变为形状后，拖曳鼠标将图像按逆时针方向旋转，完成后按【Enter】键即可，如图3-58所示。

STEP 08 打开“墙壁.jpg”图像文件，在工具箱中选择魔棒工具，将鼠标移动到图像中间的黑色部分，单击鼠标选择中间的黑色区域，如图3-59所示。

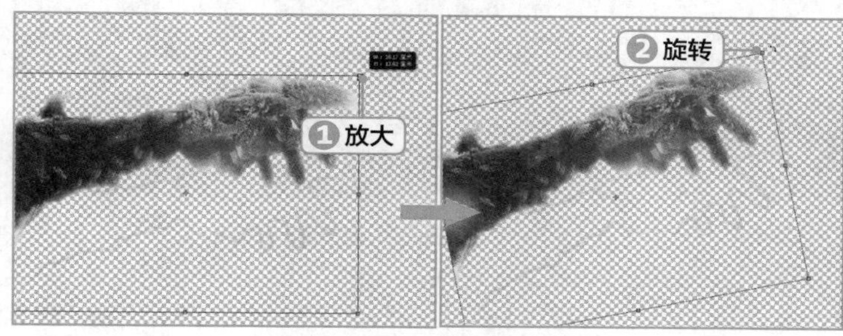

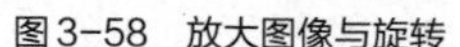

图3-58 放大图像与旋转

图3-59 选择黑色区域

疑难解答 | 变换选区与变换的区别?

变换选区只是针对选区进行变换，对图像没有影响；而变换主要是针对图像进行变换，在变换时不仅变换选区，还变换整个图像。

STEP 09 选择【选择】/【选取相似】命令，此时查看到所有黑色区域已被选中，如图3-60所示。

STEP 10 在“图层”面板的“背景”图层上双击鼠标左键，打开“新建图层”对话框，保持图层中的设置不变，单击 确定 按钮，如图3-61所示。

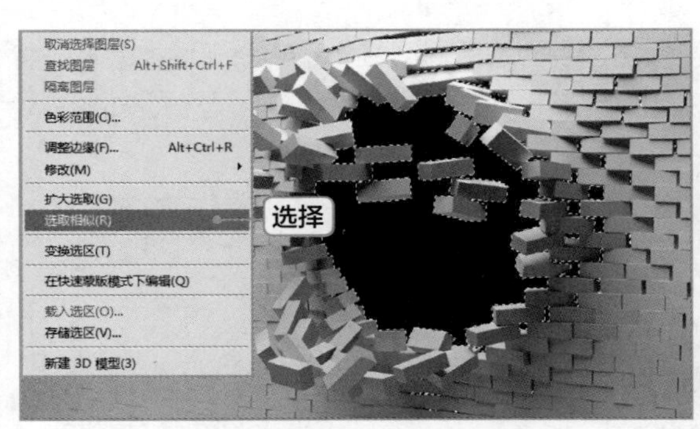

图3-60　选择“选取相似”命令

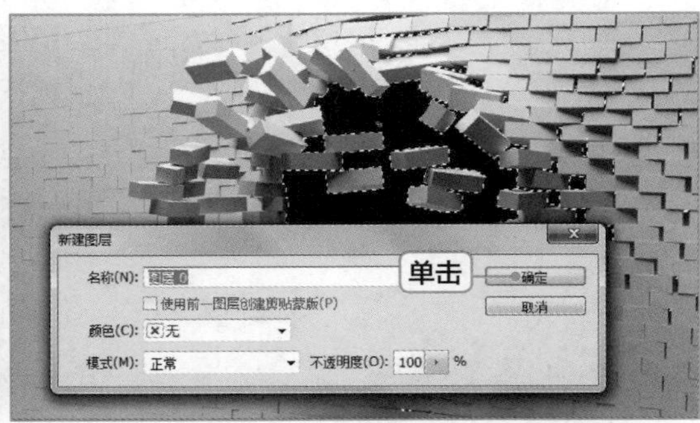

图3-61　新建图层

STEP 11　返回图像编辑窗口，按【Delete】键删除选区中的黑色背景，使选区中的内容变为透明，然后按【Ctrl+D】组合键取消选区，如图3-62所示。

STEP 12　切换到“手.jpg”图像窗口，选择移动工具，将鼠标移动到图像上，将其拖曳到“墙壁.jpg”图像中，在“图层”面板中将“图层1”拖曳到“图层0”的下方，如图3-63所示。

图3-62　删除背景

图3-63　移动图像与图层

STEP 13　选择移动后的图像，按【↑】、【↓】、【←】和【→】方向键移动图像，查看移动后的效果，如图3-64所示。

STEP 14　按【Ctrl+T】组合键，对“图层1”图像进行放大和旋转。完成后按【Enter】键确认变换，然后调整图像位置，如图3-65所示。

图3-64　使用键盘移动图像的位置

图3-65　移动并放大图像

提示 在调整图像位置时，注意手与手要重合，不然将出现两只手，影响美观。

STEP 15 打开“文字.jpg”图像，在工具箱中选择魔棒工具，移动鼠标到图像编辑窗口中，单击窗口中的白色区域，创建选区，选择【选择】/【反向】命令反选选区，创建文字选区，如图3-66所示。

STEP 16 选择【选择】/【存储选区】命令，打开“存储选区”对话框，在“文档”下拉列表框中选择存储选区的目标文档为“文字.jpg”，在“通道”下拉列表框中选择存储的通道为“新建”，在“名称”文本框中输入选区的名称为“文字”，单击 确定 按钮，如图3-67所示。

图3-66 创建文字选区

图3-67 存储选区

STEP 17 切换到“墙壁.jpg”图像窗口，新建图层，选择【选择】/【载入选区】命令，打开“载入选区”对话框，在“文档”下拉列表框中选择选区所在的文档为“文字.jpg”，在“通道”下拉列表框中选择需要载入的选区为“文字”，单击 确定 按钮载入选区，如图3-68所示。

STEP 18 选择【选择】/【变换选区】命令，将鼠标指针移动到选区上，当其变为形状时，拖曳鼠标调整文字选区到背景的左上方，完成后继续将鼠标指针移动到控制柄上，当鼠标变为形状时，旋转文字选区，如图3-69所示。

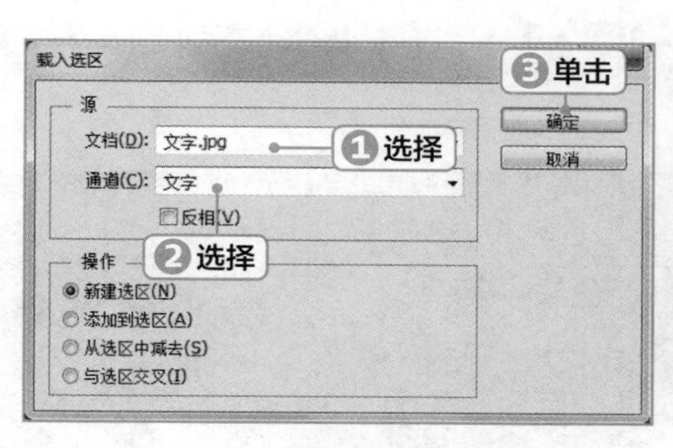

图3-68 载入选区

图3-69 拖曳并旋转选区

STEP 19 选择【编辑】/【填充】命令，打开“填充”对话框，在“使用”下拉列表框中选择“50%灰色”选项，单击 确定 按钮填充选区，如图3-70所示。

STEP 20 按【Ctrl+J】组合键，复制文字图层，再将前景色设置为“#666869”，将文字载入图层，并按【Alt+Delete】组合键填充前景色。

STEP 21 查看填充颜色后的效果，并将其以“墙壁中的手.psd”为名进行保存，完成图片的制作，如图3-71所示。

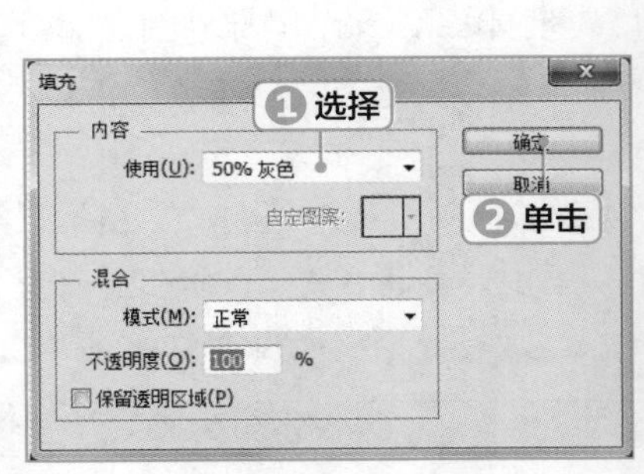

图3-70 填充选区

图3-71 完成后的效果

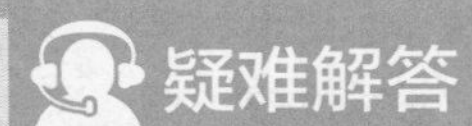

疑难解答 | 如何显示与隐藏选区?

需要查看图片整体效果时，可按【Ctrl+H】组合键隐藏选区。当再次按【Ctrl+H】组合键时，可重新显示选区。

3.2.2 调整选区的基本方法

通过案例发现除了可直接创建选区，还可对创建后的选区进行编辑，使整个选区过渡得更加自然、美观。下面将对调整选区的基本方法进行介绍，本节主要介绍移动选区和变换选区。

1. 移动选区

在图像中创建选区后，选择任意选区创建工具，然后将鼠标指针移动到选区内，按住鼠标左键不放并拖曳，即可移动选区的位置。使用【→】、【←】、【↑】、【↓】方向键可以进行微移，如图3-72所示。

图3-72 移动选区后的图像效果

2. 变换选区

使用矩形或椭圆选框工具往往不能一次性准确地框选需要的范围，此时可使用“变换选区”命令对选区进行自由变形，不会影响选区中的图像。绘制好选区后，选择【选择】/【变换选区】命令，或是按【Ctrl+Shift+T】组合键即可进入变换状态，选区的边框上将出现8个控制点。

当鼠标指针在选区内时，将变为▶形状，按住鼠标左键不放并拖曳可移动选区。将鼠标指针移到控制点上，按住鼠标左键不放并拖曳控制点可调整选区中的图像内容，如调整大小、旋转和斜切等，其方法与变换图像操作相同。完成后按【Enter】键确定操作，按【Esc】键可以取消操作，取消后选区后将恢复到调整前的状态，如图3-73所示。

图3-73 变换选区

3.2.3 平滑与羽化选区

调整选区常常是针对创建选区后，调整选区的大小和位置，但若是选区本身存在不够平滑的情况，还需要使用平滑和羽化选区来解决。通过该方法可使绘制的路径更加平滑，使完成后的效果过渡得更加美观。

1. 平滑选区

平滑选区能让创建的选区范围变得连续而平滑，选择【选择】/【修改】/【平滑】命令，打开“平滑选区”对话框，在“取样半径”数值框中输入数值，单击确定按钮即可完成选区的平滑处理，如图3-74所示。

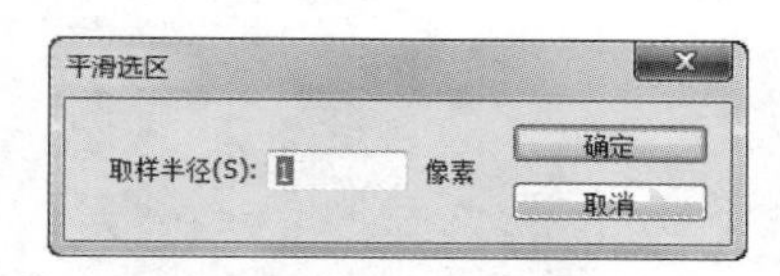

图3-74 平滑选区

2. 羽化选区

羽化是图像处理中常用到的一种效果。羽化效果可以在选区和背景之间创建一条模糊的过渡边缘，使选区产生“晕开”的效果。选择【选择】/【修改】/【羽化】命令，或按【Shift+F6】组合键打开“羽化选区”对话框，在“羽化半径”数值框中输入数值，单击 确定 按钮即可完成选区的羽化。其中羽化半径值越大，得到的选区边缘越平滑，如图3-75所示。

图3-75 羽化选区

3.2.4 扩展与收缩选区

在创建选区后若是对选区的大小不满意，可以通过扩展和收缩选区的方法来进行调整，不需要重新创建选区。选择【选择】/【修改】/【扩展】命令，打开“扩展选区”对话框。在“扩展量”数值框中输入数值，单击 确定 按钮可将选区扩大，如图3-76所示。

图3-76 扩展选区

选择【选择】/【修改】/【收缩】命令，打开“收缩选区”对话框。在“收缩量”数值框中输入数值，单击 确定 按钮可将选区缩小，如图3-77所示。

图3-77 收缩选区

3.2.5 存储和载入选区

对于调整后需要长期使用的选区，除了每次都进行选区的绘制，还可先将选区存储起来，下次需要使用时直接载入存储的选区即可。这样不但节省了绘制选区的时间，而且避免了每次创建选区的差异化。

1. 存储选区

选择【选择】/【存储选区】命令或在选区上单击鼠标右键，在弹出的快捷菜单中选择“存储选区”命令，打开“存储选区”对话框，如图3-78所示。

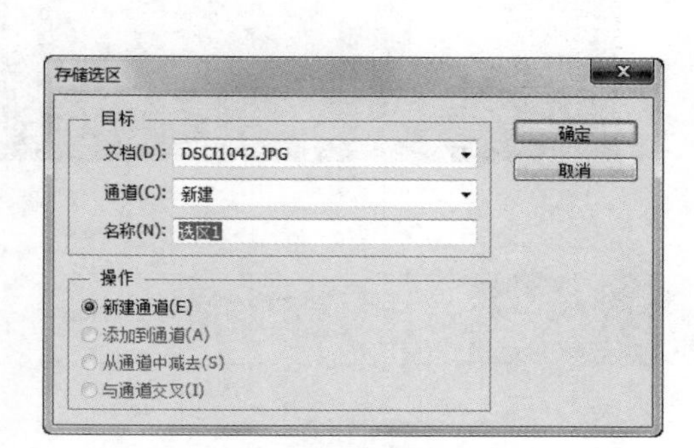

图3-78 储存选区

“存储选区”对话框中相关参数含义如下。

- “文档”下拉列表框：用于选择在当前文档创建新的Alpha通道还是创建新的文档，并将选区存储为新的Alpha通道。
- “通道”下拉列表框：用于设置保存选区的通道，在其下拉列表中显示了所有的Alpha通道和“新建”选项。
- “操作”栏：用于选择通道的处理方式，包括“新建通道”“添加到通道”“从通道中减去”和“与通道交叉”4个选项。

2. 载入选区

若需要对已经存储的选区再次使用，可选择【选择】/【载入选区】命令，打开“载入选区”对话框，在该对话框中进行设置可将已存储的选区载入图像中，如图3-79所示。

“载入选区”对话框中相关选项作用如下。

- “文档”下拉列表框：用于选择载入已存储的选区图像。
- “通道”下拉列表框：用于选择已存储的选区通道。
- “反向”复选框：选中该复选框，可以反向选择存储的选区。
- “操作”栏：若当前图像中已包含选区，在该选项栏中可设置如何合并载入选区。

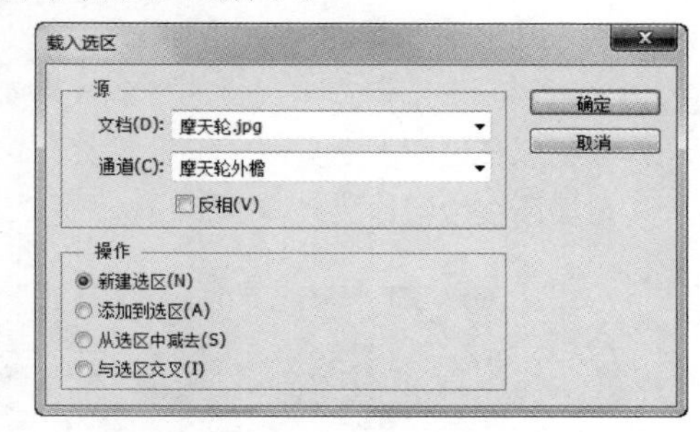

图3-79 载入选区

课堂练习——制作光晕效果

本练习将打开“素材\第3章\光晕效果\人物.jpg”图像，为背景创建选区，然后使用“边界”命令编辑选区，存储并载入选区，最后设置图层混合模式，并删除背景素材中多余的区域，从而制作人物边缘的光晕效果。参考效果如图3-80所示（效果\第3章\光晕效果.psd）。

图3-80　光晕效果

3.3　上机实训 —— 制作店铺横幅广告

3.3.1　实训要求

本实训要求为闹钟网店制作一个横幅广告。该店铺主要销售各类挂钟、座钟，要求画面干净整洁，店铺整体装修偏向文艺清爽风格。在制作广告时不但要展现闹钟这款产品，还要添加文字，使文字和内容完整的结合，整个画面要求美观、温馨。

3.3.2　实训分析

制作店铺横幅广告时需要注意横幅广告的尺寸和分辨率，现在常见的网店横幅广告是满屏，尺寸一般为1920像素×600像素。另外，一定要选择高精度的素材，否则会因图像的可编辑程度低而降低整体效果。本实训主要涉及创建选区、编辑选区等知识，本实训的参考效果如图3-81所示。

视频教学
制作店铺横幅广告

素材所在位置： 素材\第3章\上机实训\

效果所在位置： 效果\第3章\店铺横幅广告.psd

图3-81　店铺横幅广告效果图

3.3.3　操作思路

在掌握了一定的选区操作知识后，便可开始本实训的设计与制作。根据实训要求，本实训的操作思路如图3-82所示。

① 打开素材

② 组合图像

③ 制作阴影效果

④ 添加文本素材

图3-82 操作思路

【步骤提示】

STEP 01 新建一个1920像素×600像素的图像文件，填充为黑色，打开“房间.psd”图像文件，在其中利用多边形套索工具和磁性套索工具等为床、桌子、闹钟图像创建图像选区。

STEP 02 将选择的图像复制到新建的图像文件中，通过自由变换调整到合适的大小和位置，选择“背景”图层。

STEP 03 打开“背景.jpg”图像，将其移动到新建的图像文件中，然后单击“图层”面板底部的“创建新图层”按钮新建图层，在闹钟位置创建一个矩形选区并填充为灰色，自由变换选区，然后羽化选区。

STEP 04 使用相同的方法为床和桌子图像创建选区，使其呈现靠墙的阴影效果。

STEP 05 单击“图层”面板底部的“创建新图层”按钮新建图层，设置前景色为白色，使用渐变工具，设置前景色的透明参数，然后在右上角进行渐变色填充，制作光照效果。

STEP 06 完成后将“房间.psd”图像文件中的“文字”图层复制到图像中，并调整到合适位置即可。

3.4 课后练习

1. 练习1——合成漂流瓶效果图

本练习将把“漂流瓶.jpg”和“背景.psd”图像合成为一个新图像。合成图像时首先要创建选区，然后对选区进行编辑，合成效果如图3-83所示。

素材所在位置： 素材\第3章\漂流瓶.jpg、背景.psd

效果所在位置： 效果\第3章\漂流瓶效果图.psd

图3-83 漂流瓶效果图

2. 练习 2——*制作玫瑰花园艺术效果*

本练习将打开“玫瑰花园.jpg”图像，创建选区并使用“羽化”命令羽化选区，删除部分图像，最后添加素材，合成特殊效果的图片，完成后的参考效果如图3-84所示。

素材所在位置：素材\第3章\玫瑰花园.jpg、背景2.jpg

效果所在位置：效果\第3章\玫瑰花园.psd

图3-84　玫瑰花园效果

CHAPTER 4

第4章 创建并编辑图层

简单来说图层可以看作是一张独立的透明胶片，其中每一张胶片上都会绘制图像的一部分内容，将所有胶片按顺序叠加起来观察，便可以看到完整的图像。图层的创建和编辑是编辑与处理图像中必不可少的操作。本章将详细讲解Photoshop CC中图层的使用方法，包括图层的管理、图层和不透明度的设置、图层样式的使用等。读者通过本章的学习能够熟悉图层的相关知识，并能使用图层进行简单的图像合成制作。

课堂学习目标

- 掌握图层的编辑与管理方法
- 掌握图层的调整方法

课堂案例展示

草莓城堡

颓废海报

汽车宣传海报

4.1 图层的编辑与管理

使用Photoshop CC对多个不同的对象进行处理时，需要在不同的图层中实现。默认情况下，Photoshop CC只有“背景”图层，此时需要设计者自行创建图层。完成创建后还需要对单个图层进行编辑与管理，使图层能够满足制作的需要。下面先以课堂案例的形式讲解图层的编辑与使用方法，再依次对基础知识进行讲解。

4.1.1 课堂案例——合成草莓城堡

案例目标：“草莓城堡”由不同的场景组合而成，其中包括白云、草莓、飞鸟和城堡等内容。为了完美组合“草莓城堡”中的各个对象，需要先创建图层，再将图层依次叠加，使其合成一个整体，最后将其以组的形式展现，对相关图层进行链接，完成后的参考效果如图4-1所示。

知识要点：创建图层；复制与删除图层；合并与盖印图层；移动图层；对齐与分布图层；链接图层；锁定、显示与隐藏图层。

素材位置：素材\第4章\草莓城堡\

效果文件：效果\第4章\草莓城堡.psd

视频教学
合成草莓城堡

图4-1 查看完成后的效果

其具体操作步骤如下。

STEP 01 打开“白云.jpg”素材文件，然后将其存储为“草莓城堡.psd”文件，如图4-2所示。

STEP 02 在“图层”面板底部单击“创建新图层”按钮，新建“图层1”，在工具箱中选择渐变工具，在工具属性栏中单击“渐变编辑器”下拉列表框，打开“渐变编辑器”对话框，如图4-3所示。

图4-2 打开素材文件

图4-3 创建新图层

提示 在创建图层时，按住【Ctrl】键单击“创建新图层”按钮，可在当前图层下方新建一个图层。

STEP 03 在渐变条左下侧单击滑块，然后在“色标”栏的“颜色”色块上单击，打开“拾色器（色标颜色）”对话框，设置颜色为“深绿色（#478211）”，单击 确定 按钮，如图4-4所示。

STEP 04 在渐变条下方需要的位置单击，添加色块，利用相同的方法设置颜色为“黄色（#f5f9b5）”，设置渐变条下方右侧的色块颜色为“蓝色（#4d95ba）”，单击 确定 按钮，如图4-5所示。

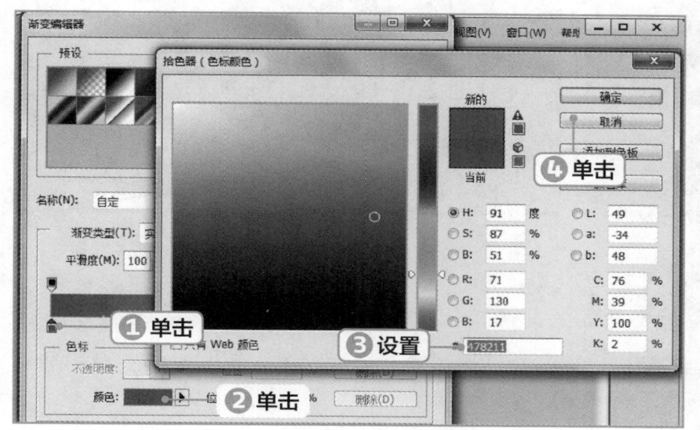

图4-4 设置渐变颜色

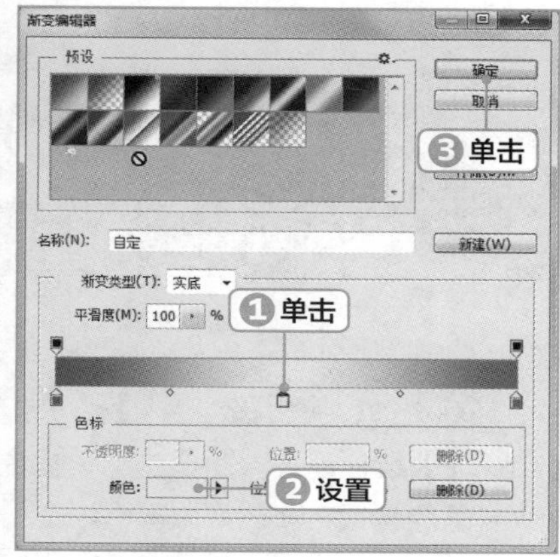

图4-5 设置其他渐变颜色

STEP 05 在新建的图层上由下向上拖曳鼠标，渐变填充“图层1”，在“混合模式”下拉列表框中选择“强光”选项，返回图像编辑窗口，查看添加混合模式后的渐变效果，如图4-6所示。

STEP 06 选择【图层】/【新建】/【图层】命令，或按【Ctrl+Shift+N】组合键打开“新建图层”对话框。在“名称”文本框中输入“深绿”文本，在“颜色”下拉列表中选择“绿色”选项，单击 确定 按钮，即可新建一个透明的普通图层，如图4-7所示。

图4-6 设置混合模式

图4-7 使用“创建新图层”对话框创建新图层

STEP 07 再次选择渐变工具，设置渐变样式为“由黑色到透明”样式，在图像中从右下向左上拖曳鼠标渐变填充图层，并设置图层混合模式为“叠加”，查看添加样式后的效果，如图4-8所示。

STEP 08 打开“草莓.jpg”素材文件，选择魔法棒工具，选取草莓的背景图像，并按【Ctrl+Shift+I】组合键反选“草莓”图像，如图4-9所示。

图4-8 继续添加叠加效果

图4-9 抠取“草莓”图像

STEP 09 使用移动工具将“草莓”选区拖曳到“草莓城堡.psd”图像中，生成图层2，按【Ctrl+T】组合键进入变换状态，按住【Shift】键调整图像大小，然后调整图像的方向，并将其放置到合适的位置，如图4-10所示。

STEP 10 打开“草莓阴影.psd”素材文件，使用移动工具将其拖曳到“草莓城堡.psd”图像中，按【Ctrl+T】组合键进入变换状态，按住【Shift】键调整图像大小，并将其放置到合适的位置，如图4-11所示。

图4-10 调整草莓图像大小

图4-11 调整草莓阴影大小

STEP 11 在“图层”面板中选择“草莓阴影”图层，按住鼠标左键不放，将其拖曳到“图层2”的下方，调整图层位置，此时可发现草莓阴影已在草莓的下方，如图4-12所示。

STEP 12 打开“石板.jpg”素材文件，选择矩形选框工具，在工具属性栏中设置“羽化”为“20像素”，在石板的小石子区域绘制矩形选框，如图4-13所示。

STEP 13 使用移动工具将石板移动到草莓城堡中，生成图层3，按【Ctrl+T】组合键，将图像调整到合适位置，如图4-14所示。

STEP 14 在打开的“图层”面板中选择“图层2”，选择【图层】/【重命名图层】命令或在图层名称上双击鼠标左键，此时所选图层名称将呈可编辑状态，在其中输入新名称“草莓”，如图4-15所示。

图4-12　选择图层调整阴影位置

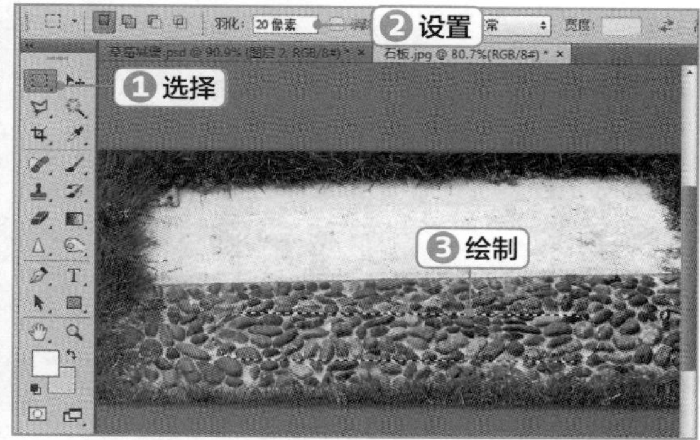

图4-13　添加“石板”素材文件

图4-14　调整石板位置

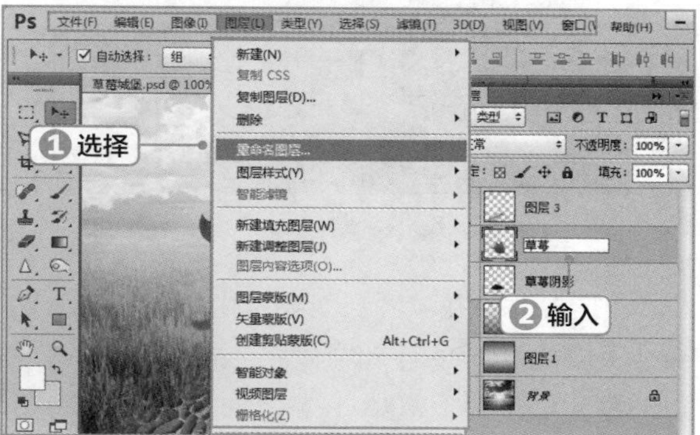

图4-15　重命名图层

STEP 15 在打开的“图层”面板中选择“图层3”，在图层名称上双击鼠标左键，此时图层名称将变为可编辑状态，在其中输入新名称“石子路”，如图4-16所示。

STEP 16 打开“城堡.psd”素材文件，使用移动工具将其拖曳到“草莓城堡.psd”图像中，按【Ctrl+T】组合键调整图像大小，并将其放置到合适的位置，如图4-17所示。

图4-16　双击重命名图层

图4-17　添加“城堡”素材文件

STEP 17 使用相同的方法，打开“飞鸟.psd”“飞鸟1.psd”“叶子.psd”素材文件，使用移动工具分别将对应的图像拖曳到“草莓城堡.psd”图像中，按【Ctrl+T】组合键调整图像大小，并将其放置到合适的位置，如图4-18所示。

STEP 18 选择“飞鸟.psd”所在的图层，在图层名称上双击鼠标左键，此时图层名称将变为可编辑状态，在其中输入新名称“飞鸟1”。使用相同的方法，将其他图层分别命名为“绿草”“飞鸟2”“城堡装饰”，如图4-19所示。

图4-18 添加其他素材文件

图4-19 为图层命名

STEP 19 在“图层”面板中选择“石子路”图层，选择【图层】/【排列】/【后移一层】命令，或按【Ctrl+[】组合键将其向下移动两个图层，使其位于草莓阴影的下方，返回图像编辑窗口，即可发现“石子路”在“草莓”的下方显示，如图4-20所示。

STEP 20 选择“飞鸟1”图层，按住鼠标左键不放，将其拖曳到“草莓阴影”图层的下方，调整图层位置。使用相同的方法，将“飞鸟2”和“绿草”图层分别拖曳到“飞鸟1”和“石子路”图层下方，如图4-21所示。

图4-20 使用命令移动图层

图4-21 使用拖曳鼠标的方法移动图层

STEP 21 选择【图层】/【新建】/【组】命令，打开“新建组”对话框，在“名称”文本框中输入组名称“草莓城堡”，其他设置保持默认，单击 确定 按钮，即可完成新建组操作，如图4-22所示。

STEP 22 按住【Ctrl】键不放，分别选择“城堡装饰”“草莓”“草莓阴影”图层，按住鼠标左键不放，向上拖曳到“草莓城堡”文件夹上，将图层添加到新组中，此时会发现所选图层在“草莓城堡”文件夹的下方显示，如图4-23所示。

图4-22 使用命令新建组

图4-23 将图层拖曳到新建组中

STEP 23 在“图层”面板下方单击“创建新组”按钮，新建文件夹“组1”，双击文件夹名称，使其呈可编辑状态，在其中输入“草莓城堡辅助图层”，选择需要移动到该文件中的图层，这里选择“石子路”“绿草”，按住鼠标左键不放，将其拖曳到“草莓城堡辅助图层”文件夹中，如图4-24所示。

STEP 24 在“图层”面板中选择“飞鸟1”图层，选择【图层】/【复制图层】命令，打开“复制图层”对话框，单击 确定 按钮，如图4-25所示。

图4-24 使用按钮新建文件夹

图4-25 通过命令复制图层

STEP 25 在工具箱中选择移动工具，将鼠标指针移动到图像编辑窗口的“飞鸟1”上，按住鼠标左键进行拖曳，即可看到复制的图层与原图层分离，按【Ctrl+T】组合键调整复制图层的大小和旋转角度，如图4-26所示。

STEP 26 继续选择“飞鸟1”图层，在图层上按住鼠标左键不放，将其向下拖曳到面板底部的“创建新图层”按钮上，释放鼠标即可新建一个图层，其默认名称为所选图层的副本图层，如图4-27所示。

图4-26 调整复制图层的位置

图4-27 通过按钮复制图层

STEP 27 通过自由变换，调整复制图层的大小和位置，将鼠标指针移动到图像编辑窗口的“飞鸟2”上，按住【Alt】键并拖曳鼠标，复制“飞鸟2”图层，再次通过自由变换调整复制图像的大小和位置，即可完成复制操作，如图4-28所示。

STEP 28 按住【Shift】键选择“飞鸟1”所有的3个图层，在“图层”面板底部单击“链接”按钮，即可将所选图层链接效果，如图4-29所示。

图4-28 调整复制图层的位置

图4-29 通过按钮链接图层

STEP 29 按住【Shift】键选择包含“飞鸟2”的两个图层，单击鼠标右键，在弹出的快捷菜单中选择“链接图层”命令，即可对选择的图层进行链接，如图4-30所示。

STEP 30 在“图层”面板中选择“草莓城堡”图层组，在图层组上单击“锁定全部”按钮，图层组将被全部锁定，不能再对其进行任何操作。展开图层组，可发现图层组中的所有图层也全部被锁定，如图4-31所示。

提示 在“图层”面板中单击“锁定透明像素”按钮，可以使图层的透明区域受到保护，从而达到限制图像的编辑范围的目的。

图4-30　通过命令链接图层

图4-31　锁定图层组

STEP 31　按住【Shift】键选择“飞鸟1”所在的3个图层，在图层上单击“锁定位置”按钮，此时，将不能对图层位置进行移动，如图4-32所示。

STEP 32　按住【Ctrl】键分别选择“深绿”和“背景”图层，在图层上单击鼠标右键，在弹出的快捷菜单中选择“合并图层”命令，如图4-33所示。

STEP 33　返回“图层”面板，可发现“深绿”图层已被合并，而对应的“背景”图层颜色变深。按【Ctrl+S】组合键对图像进行保存操作，即可查看完成后的效果，如图4-34所示。

图4-32　锁定位置

图4-33　合并图层

图4-34　查看完成后的效果

4.1.2　新建图层

新建图层时，首先要新建或打开一个图像文件，然后通过“图层”面板快速创建，也可以通过菜单命令进行新建。在Photoshop CC中可新建多种图层，下面讲解新建图层的常用方法。

1. 新建普通图层

新建普通图层指在当前图像文件中创建新的空白图层，新建的图层将位于当前图层的最上方。用户可通过以下两种方法进行创建。

- 选择【图层】/【新建图层】命令，打开“新建图层”对话框，在其中设置图层的名称、颜色、模式、不透明度，然后单击 确定 按钮即可新建图层。

● 单击“图层”面板底部的“创建新图层”按钮 即可新建一个普通图层。

2. 新建文字图层

当用户在图像中输入文字后，“图层”面板中将自动新建一个相应的文字图层。新建文字图层的方法是在工具箱的文字工具组中选择一种文字工具。在图像中单击定位插入点，输入文字后即可得到一个文字图层，如图4-35所示。

3. 新建填充图层

Photoshop CC中有3种填充图层，分别是纯色、渐变、图案。选择【图层】/【新建填充图层】命令，在打开的子菜单中可选择新建的图层类型命令，图4-36所示为创建纯色填充图层，并设置不透明度后的效果。

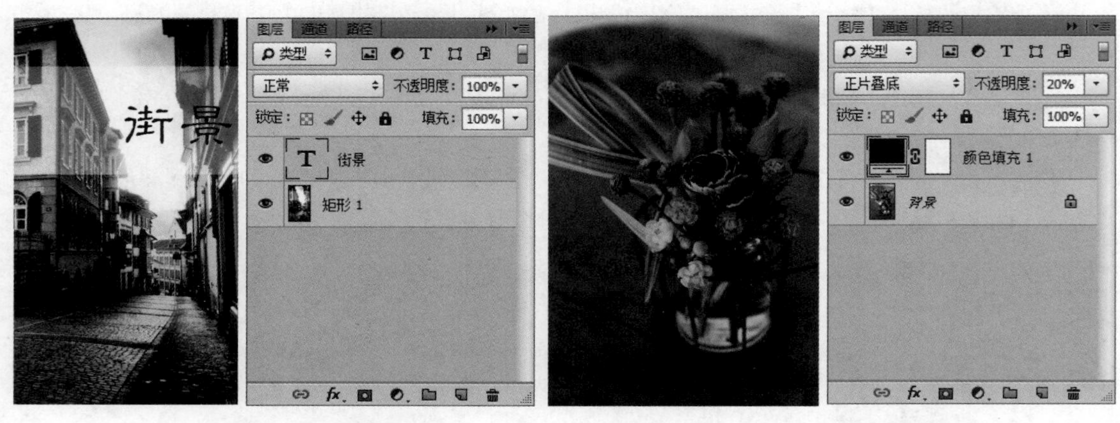

图4-35　新建文字图层　　　　图4-36　新建填充图层

提示 若在图像中创建了选区，选择【图层】/【新建】/【通过拷贝的图层】命令，或按【Ctrl+J】组合键，可将选区内的图像复制到一个新的图层中，原图层中的内容保持不变；若没有创建选区，则执行该命令时会将当前图层中的全部内容复制到新图层中。

4. 新建形状图层

在工具箱的形状工具组中选择一种形状工具。在工具属性栏中默认为“形状”模式，然后在图像中绘制形状，此时“图层”面板中将自动新建一个形状图层。图4-37所示为使用矩形工具绘制图形后创建的形状图层。

5. 新建调整图层

调整图层主要是用于精确调整图层的颜色。通过色彩命令调整颜色时，一次只能调整一个图层，而通过新建调整图层则可同时对多个图层上的图像进行调整。

在新建调整图层的过程中还可以根据需要对图像进行色调或色彩调整，同时在创建后也可随时修改及调整，而不用担心损坏原来的图像。其具体操作为：选择【图层】/【新建调整图层】命令，在打开的子菜单中选择一个调整命令，如选择“色阶”命令，在打开的“新建图层”对话框中设置调整参数，单击 确定 按钮，如图4-38所示。

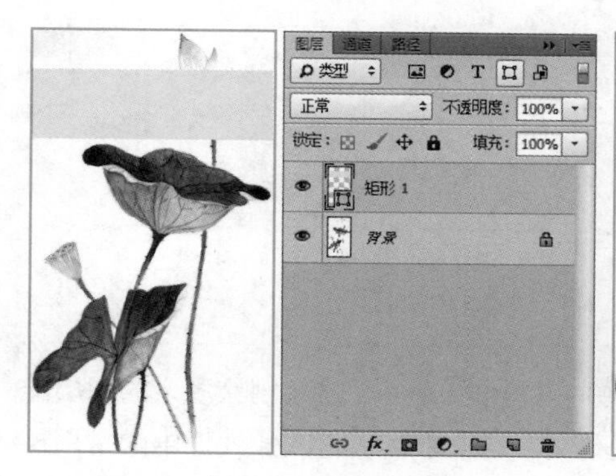

图4-37　新建形状图层

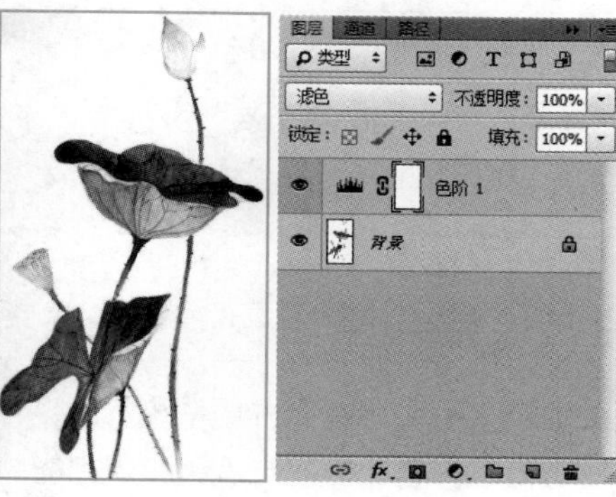

图4-38　新建调整图层

提示 调整图层类似于图层蒙版，由调整缩略图和图层蒙版缩略图组成。调整缩略图由于创建调整图层时选择的色调或色彩命令不一样而显示出不同的图像效果；图层蒙版随调整图层的创建而创建，默认情况下填充为白色，即表示调整图层对图像中的所有区域起作用；调整图层名称会随着创建调整图层时选择的调整命令来显示，如当创建的调整图层是用来调整图像的色彩平衡时，则名称为“色彩平衡1”。

4.1.3　复制与删除图层

复制图层就是为已存在的图层创建图层副本。删除图层就是将不需要使用的图层删除，删除图层后该图层中的图像也被删除。

1. 复制图层

复制图层主要有以下3种方法。

- 通过拖动复制：在“图层”面板中选择需要复制的图层，按住鼠标左键不放将其拖曳到“图层”面板底部的“创建新图层”按钮上，释放鼠标，即可在该图层上复制一个图层副本。
- 通过菜单命令复制：选择需要复制的图层，选择【图层】/【复制图层】命令，打开“复制图层”对话框，在“为”文本框中输入图层名称并设置相关选项，单击 确定 按钮即可复制图层。
- 通过快捷键复制：选择需要复制的图层，在其上单击鼠标右键，在弹出的快捷菜单中选择“复制图层”命令，打开“复制图层”对话框，在其中进行相应的设置即可。

2. 删除图层

删除图层有以下两种方法。

- 通过命令删除：在“图层”面板中选择要删除的图层，选择【图层】/【删除】/【图层】命令，或在要删除的图层上单击鼠标右键，在弹出的快捷菜单中选择“删除图层”命令。

- 通过按钮删除：在“图层”面板中选择要删除的图层，单击“图层”面板底部的“删除图层”按钮。

提示 选择要复制的图层，按【Ctrl+J】组合键也可进行复制。注意，若图像区域创建了选区，则直接复制选区中的图像生成新图层。另外，在“图层”面板中选择要删除的图层，按【Delete】键也可快速删除图层。

4.1.4 合并与盖印图层

图层数量以及图层样式的使用都会占用系统资源，合并相同属性的图层或者删除多余的图层能减小文件的大小，同时便于管理。合并与盖印图层都能减小文件的大小，也是图像处理中的常用操作方法。

1. 合并图层

合并图层就是将两个或两个以上的图层合并到一个图层上。较复杂的图像处理完成后，一般都会产生大量的图层，从而使图像文件变大，系统处理速度变慢。这时可根据需要对图层进行合并，以减少图层的数量。合并图层的操作主要有以下几种方法。

- 合并图层：在“图层”面板中选择两个或两个以上要合并的图层，选择【图层】/【合并图层】命令，或按【Ctrl+E】组合键即可。
- 合并可见图层：选择【图层】/【合并可见图层】命令或按【Shift+Ctrl+E】组合键即可，该操作不合并隐藏的图层。
- 拼合图像：选择【图层】/【拼合图像】命令，可将“图层”面板中所有可见图层合并，并打开对话框询问是否丢弃隐藏的图层，同时以白色填充所有透明区域。

2. 盖印图层

盖印图层是比较特殊的图层合并方法，可将多个图层的内容合并到一个新的图层中，同时保留原来的图层不变。盖印图层的操作主要有以下几种方法。

- 向下盖印：选择一个图层，按【Ctrl+Alt+E】组合键，可将该图层盖印到下面的图层中，原图层保持不变。
- 盖印多个图层：选择多个图层，按【Ctrl+Alt+E】组合键，可将选择的图层盖印到一个新的图层中，原图层中的内容保持不变。
- 盖印可见图层：按【Shift+Ctrl+Alt+E】组合键，可将所有可见图层中的图像盖印到一个新的图层中，原图层保持不变。

4.1.5 对齐与分布图层

在Photoshop CC的图层调整过程中，可通过对齐与分布图层快速调整图层内容，以实现图像间的精确移动。

1. 对齐图层

若要将多个图层中的图像内容对齐，可按【Shift】键，也可以在“图层”面板中选择多个图层，然后选择【图层】/【对齐】命令，在子菜单中选择相应的对齐命令进行对齐。如果所选图层与其他图层链接，则可以对齐与之链接的所有图层，如图4-39所示。

2. 分布图层

若要让更多的图层采用一定的规律均匀分布，可选择这些图层，然后选择【图层】/【分布】命令，在其子菜单中选择相应的分布命令，如图4-40所示。

图4-39　对齐图层

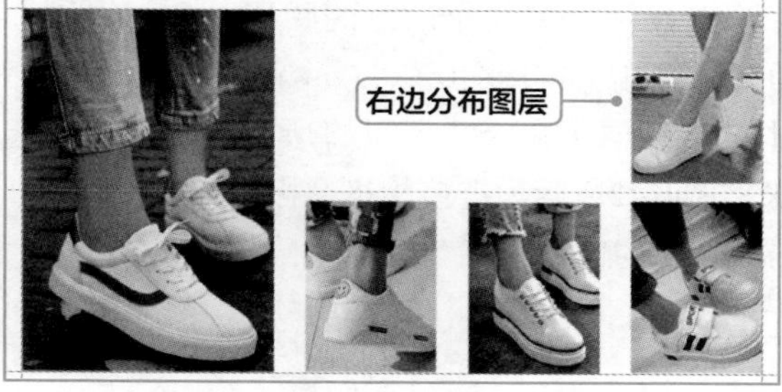

图4-40　分布图层

4.1.6　移动图层顺序

在“图层”面板中，图层是按创建的先后顺序堆叠在一起的，上面图层中的内容会遮盖下面图层中的内容。改变图层的排列顺序即为改变图层的堆叠顺序。改变图层排列顺序的方法是直接在“图层”面板中拖动图层；也可以选择要移动的图层，选择【图层】/【排列】命令，在打开的子菜单中选择需要的命令即可移动图层，如图4-41所示。

移动图层相关选项含义如下。

- 置为顶层：将当前选择的活动图层移动到最顶部。
- 前移一层：将当前选择的活动图层向上移动一层。
- 后移一层：将当前选择的活动图层向下移动一层。
- 置为底层：将当前选择的活动图层移动到最底部。

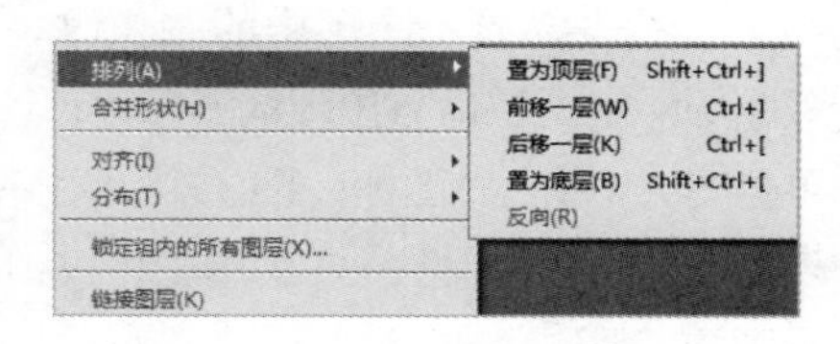

图4-41　移动图层顺序

4.1.7　锁定与链接图层

为了方便对图层中的对象进行管理，用户可以对图层进行锁定，以限制对某些图层的操作；如果想对多个图层进行相同的操作，如移动、缩放等，可以先对这些图层进行链接，再进行操作。下面分别对锁定与链接图层的方法进行介绍。

1. 锁定图层

Photoshop CC提供的锁定图层方式有锁定透明像素、锁定图像像素、锁定位置、锁定全部等。需要锁定时只需在“图层”面板中单击需要锁定的图层选项即可。

- 锁定透明像素：单击“锁定透明像素”按钮，用户只能对图层的图像区域进行编辑，而不能对透明区域进行编辑。
- 锁定图像像素：单击“锁定图像像素”按钮，用户只能对图像进行移动、变形等操作，而不能对图层使用画笔、橡皮擦、滤镜等工具。
- 锁定位置：单击“锁定位置”按钮，图层将不能被移动。将图像移动到指定位置并锁定图层位置后，可不用担心图像的位置发生改变。
- 锁定全部：单击“锁定全部”按钮，该图层的透明像素、图像像素、位置都将被锁定。

2. 链接图层

选择两个或两个以上的图层，在“图层”面板上单击“链接图层”按钮或选择【图层】/【链接图层】命令，即可将所选的图层链接起来。图4-42所示为链接相机图标与文字图层，并移动图层的位置。

图4-42 链接图层

> 提示 如果要取消图层间的链接，需要先选择所有的链接图层，然后单击“图层”面板底部的“链接图层”按钮；如果只想取消某一个图层与其他图层间的链接关系，只需选择该图层，再单击“图层”面板底部的“链接图层”按钮即可。

4.1.8 显示与隐藏图层

当不需要显示图层中的图像时，可以隐藏图层。当图层前方出现图标时，该图层为可见图层。单击该图标，此时该图标将变为，表示该图层不可见；再次单击按钮，可显示图层，图4-43所示为隐藏“小牛”图层的效果。

图4-43 隐藏图层

4.1.9 修改图层名称和颜色

在图层数量较多的文件中，可在“图层”面板中对各个图层重命名，或设置不同颜色来区别于其他图层，以便能快速找到所需图层。

- 修改图层名称：选择需要修改名称的图层，选择【图层】/【重命名图层】命令，或直接双击该图层的名称，使其呈可编辑状态，然后输入新的名称。
- 修改图层颜色：选择要修改颜色的图层，在图标上单击鼠标右键，在弹出的快捷菜单中选择一种颜色即可，该颜色的修改与编辑对实际图层将不产生影响。

4.1.10 图层组的使用

当图层的数量越来越多时，可创建图层组来进行管理，将同一属性的图层归类，从而方便、快速找到需要的图层。图层组以文件夹的形式显示，可以像普通图层一样执行移动、复制、链接等操作，下面将讲解图层组的创建与使用方法。

1. 新建图层组

选择【图层】/【新建】/【组】命令，打开“新建组”对话框，如图4-44所示。在该对话框中可以分别设置图层组的名称、颜色、模式、不透明度，单击确定按钮，即可在面板上创建一个空白的图层组。

在“图层”面板中单击面板底部的“创建新组”按钮，也可创建一个图层组，如图4-45所示。选择创建的图层组，单击面板底部的“创建新图层”按钮，可在该图层组中创建一个新图层，如图4-46所示。

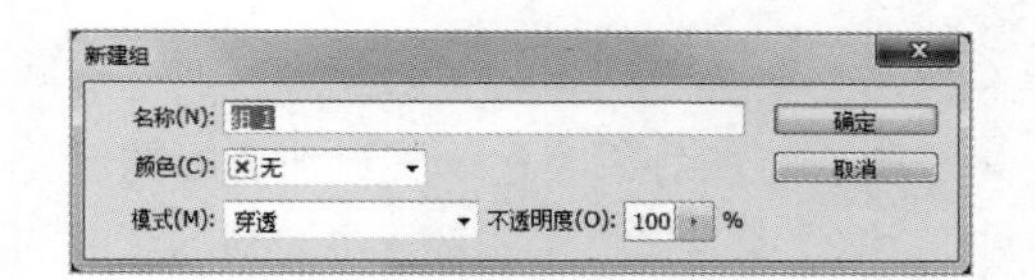

图4-44 “新建组”对话框

图4-45 创建新图层组

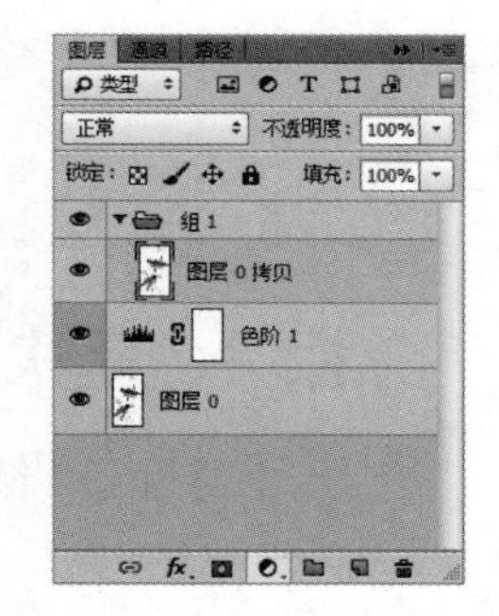

图4-46 在图层组中创建新图层

提示 图层组的默认模式为“穿透”，表示图层组不产生混合效果。若选择其他模式，则图层组中的图层将以该组的混合模式与下面的图层混合。

2. 从所选图层创建图层组

若要将多个图层创建在一个组内，可先选择这些图层，然后选择【图层】/【图层编组】命令，或按【Ctrl+G】组合键进行编组，效果如图4-47所示。编组后，可单击组前的三角图标展开或者收缩图层组。

图4-47 图层编组

提示 选择图层后，选择【图层】/【新建】/【从图层建立组】命令，打开“从图层新建组”对话框，在其中设置图层组的名称、颜色、模式等属性，可将其创建在设置特定属性的图层组内。

3. 创建嵌套结构的图层组

创建图层组后，在图层组内还可以继续创建新的图层组，这种多级结构的图层组称为嵌套图层组，如图4-48所示。

4. 将图层移入或移出图层组

将一个图层拖入另一个图层组，可将其添加到该图层组中，如图4-49所示。将一个图层拖出所在图层组，则可将其从该图层组中移出，如图4-50所示。

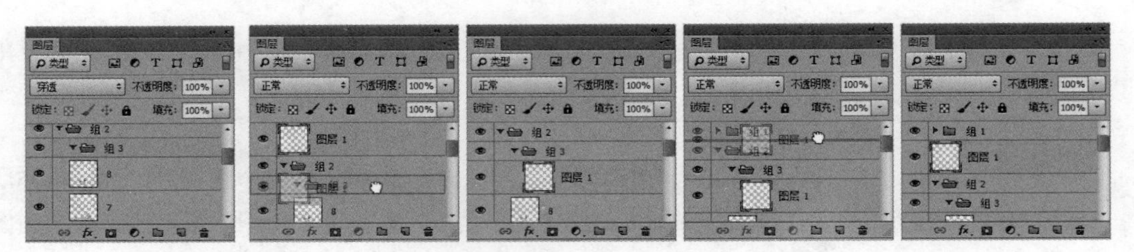

图4-48 嵌套图层组　　图4-49 移入图层组　　图4-50 移出图层组

提示 若要取消图层编组，可以选择该图层组，选择【图层】/【取消图层编组】命令，或按【Shift+Ctrl+G】组合键。

4.1.11 栅格化图层内容

若要使用绘画工具编辑文字图层、形状图层、矢量蒙版、智能对象等包含矢量数据的图层，需要先将其转换为位图，然后才能进行编辑。转换为位图的操作即为栅格化。选择需要栅格化的图层，选择【图层】/【栅格化】命令，在其子菜单中可选择栅格化图层选项，如图4-51所示。

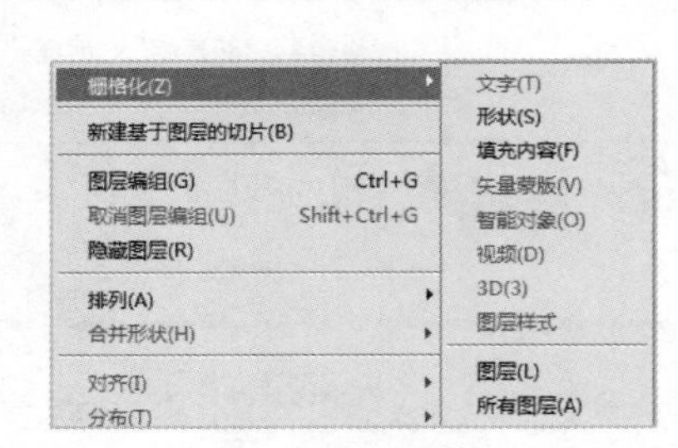

图4-51 栅格化图层命令

栅格化图层命令各项介绍如下。

- 文字：可栅格化文字图层，使文字变为光栅图像，即位图。栅格化以后，不能使用文字工具修改文字。
- 形状：可以栅格化形状图层。
- 填充内容：可以栅格化形状图层的填充内容，并基于形状创建矢量蒙版。
- 矢量蒙版：可以栅格化矢量蒙版，将其转换为图层蒙版。
- 智能对象：可栅格化智能对象，使其转换为像素。
- 视频：可栅格化视频图层，选择的图层将拼合到“时间轴”面板中所选的当前帧的图层中。
- 3D：可栅格化3D图层。
- 图层样式：可栅格化图层样式，将其应用到图层内容中。
- 图层：可栅格化当前选择的图层。
- 所有图层：可栅格化包含矢量数据、智能对象、生成数据的所有图层。

课堂练习——合成音乐节海报

“音乐海报”是海报中的一种，常用于演唱类节目的宣传。本练习将制作对学校音乐节进行宣传的音乐节海报，主要以简单的人物矢量图和图形体现海报风格，并通过音乐节标语和时间说明让海报内容更加完整。在制作时主要使用图层的编辑相关知识来完成，完成后的参考效果如图4-52所示。（效果\第4章\音乐节海报效果.psd）

图4-52　音乐节海报效果

4.2 图层的调整

图层的调整主要包括图层混合模式、不透明度和图层样式的调整。这些调整不仅可以让图像变得更加美观，还能增加图像的艺术效果。下面先通过课堂案例讲解图层的调整方法，再通过对知识点的单个讲解，让读者对图层的调整操作更得心应手。

4.2.1 课堂案例——制作颓废海报

案例目标：本案例要求制作一张风格颓废的海报，主要是新建“调整图层”图层，调整“世界末日.jpg”图像的颜色，然后使用“正片叠底”图层混合模式将其与“漏网.jpg”图像混合，以此制作颓废风格的图像，完成后的参考效果如图4-53所示。

视频教学
制作颓废海报

知识要点：图层混合模式；图层不透明度。

素材位置：素材\第4章\颓废海报\

效果文件：效果\第4章\颓废海报.psd

图4-53　查看完成后的效果

其具体操作步骤如下。

STEP 01 打开“世界末日.jpg”图像文件，如图4-54所示。

STEP 02 选择【窗口】/【调整】命令，打开“调整”面板，单击“色彩平衡”按钮，创建“色彩平衡”调整图层，如图4-55所示。

STEP 03 在打开的“色彩平衡”面板中，设置“青色、洋红、黄色”分别为“25、21、-44”，如图4-56所示。

图4-54　打开素材

图4-55　单击“色彩平衡”按钮

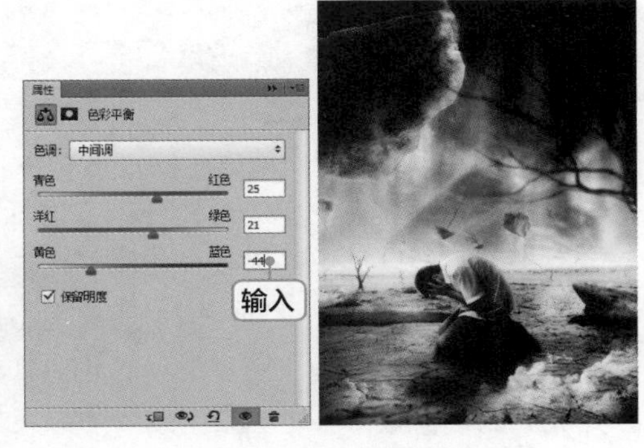

图4-56　设置色彩平衡参数

STEP 04 打开“漏网.jpg”图像文件，将图像拖动至“世界末日”图像中，选择“图层1”图层，按【Ctrl+T】组合键，拖动四周的控制点调整图像大小，使其覆盖整个“世界末日”图像，如图4-57所示。

STEP 05 在“图层”面板的图层混合模式下拉列表框中选择“正片叠底”选项，查看添加后的效果，如图4-58所示。

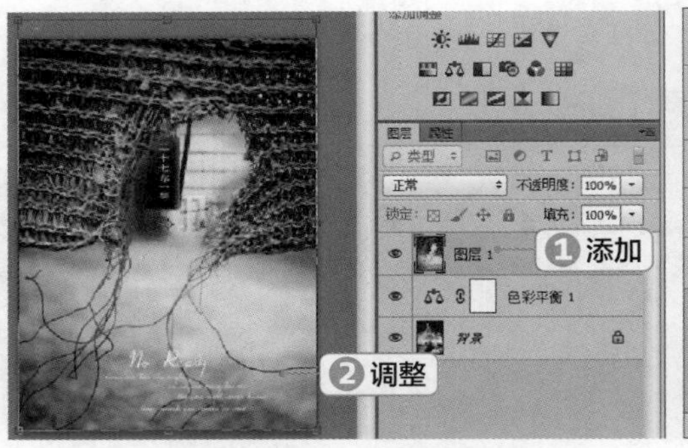

图4-57　添加素材并调整素材大小

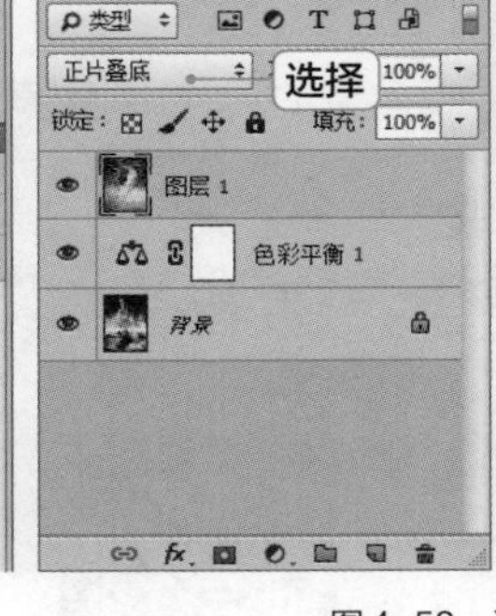

图4-58　设置图层混合模式

STEP 06 按【Ctrl+J】组合键，复制图层1，如图4-59所示。

STEP 07 在“图层”面板的图层混合模式下拉列表框中选择“叠加”选项，再设置不透明度为“30%”，保存图像查看完成后的效果，如图4-60所示。

图4-59　复制图层

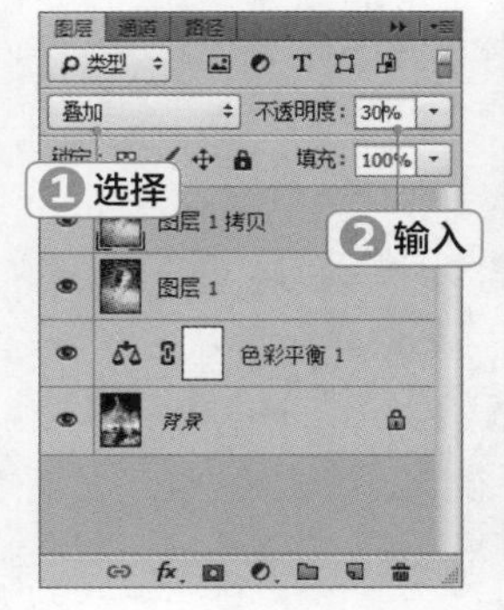

图4-60　设置图层叠加和不透明度

4.2.2 课堂案例—— 制作玻璃字

案例目标：在Photoshop CC中，通过为图层应用图层样式，可以制作一些丰富的图像效果。本案例将输入文本，并设置不同的图层样式，使输入的文字具有玻璃质感，完成后的参考效果如图4-61所示。

知识要点：输入文本；图层样式。

素材位置：素材\第4章\蜗牛.jpg

效果文件：效果\第4章\蜗牛字.psd

图4-61 查看完成后的效果

其具体操作步骤如下。

STEP 01 打开“蜗牛.jpg”图像文件，在工具箱中选择横排文字工具T，在工具属性栏中设置文本的字体格式为“华文琥珀、90点、浑厚、#6dfa48”，在蜗牛上方输入文本，如图4-62所示。

STEP 02 打开“图层样式”对话框，单击选中“斜面和浮雕”复选框，设置“样式、方法、深度、大小、软化”分别为“内斜面、平滑、100%、16像素、0像素”，单击选中“上”单选项，在“阴影”栏中设置“角度、高度、高光模式、不透明度、阴影模式”分别为“30度、30度、滤色、75%、正片叠底”，如图4-63所示。

图4-62 输入文字

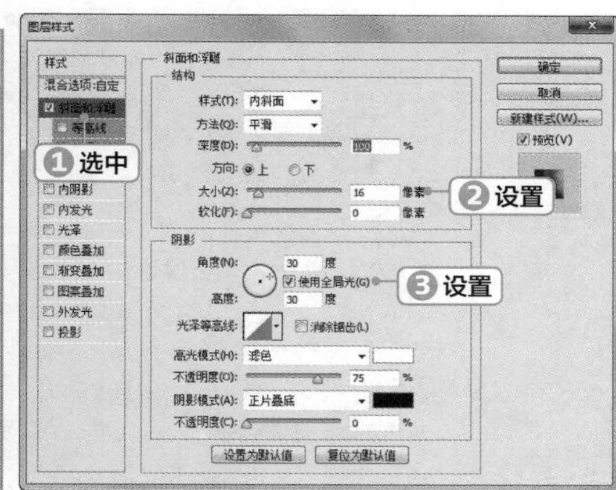

图4-63 设置斜面和浮雕参数

STEP 03 单击选中“等高线”复选框，在右侧的面板中单击“等高线”下拉列表框右侧的下拉按钮，在打开的下拉列表中选择“半圆”选项，设置范围为“50%”，如图4-64所示。

STEP 04 单击选中“内阴影”复选框，设置“混合模式、颜色、不透明度、角度、距离、阻塞、大小”分别为“正片叠底、#61b065、75%、30度、5像素、0%、16像素”，单击选中“使用全局光”复选框，如图4-65所示。

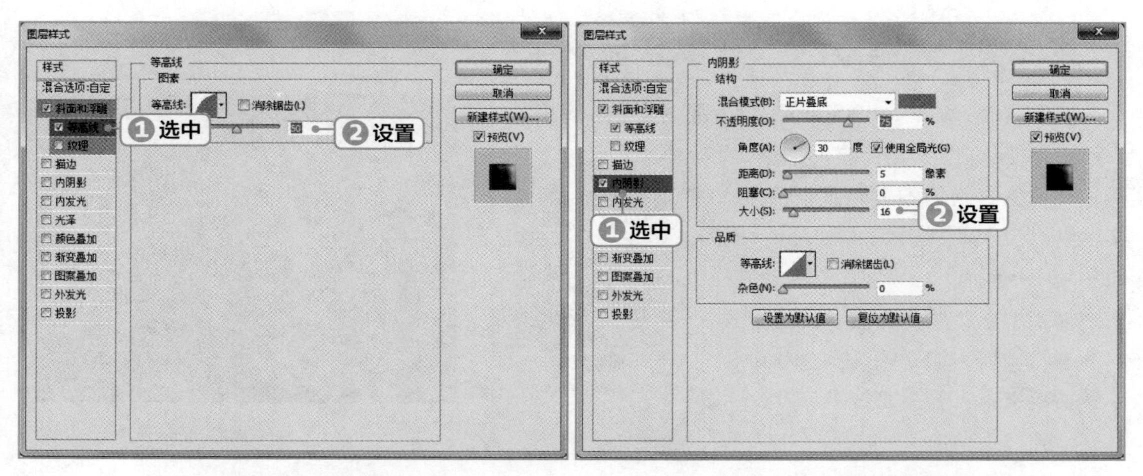

图4-64　设置等高线参数　　图4-65　设置内阴影参数

STEP 05 单击选中“内发光”复选框，设置“混合模式、不透明度、杂色、颜色、阻塞、大小、范围、抖动”分别为“正片叠底、50%、0%、#6ba668、10%、13像素、50%、0%”，单击选中“边缘”单选项，如图4-66所示。

STEP 06 单击选中“光泽”复选框，设置“混合模式、颜色、不透明度、角度、距离、大小”分别为“正片叠底、#63955f、50%、75度、43像素、50像素”，如图4-67所示。

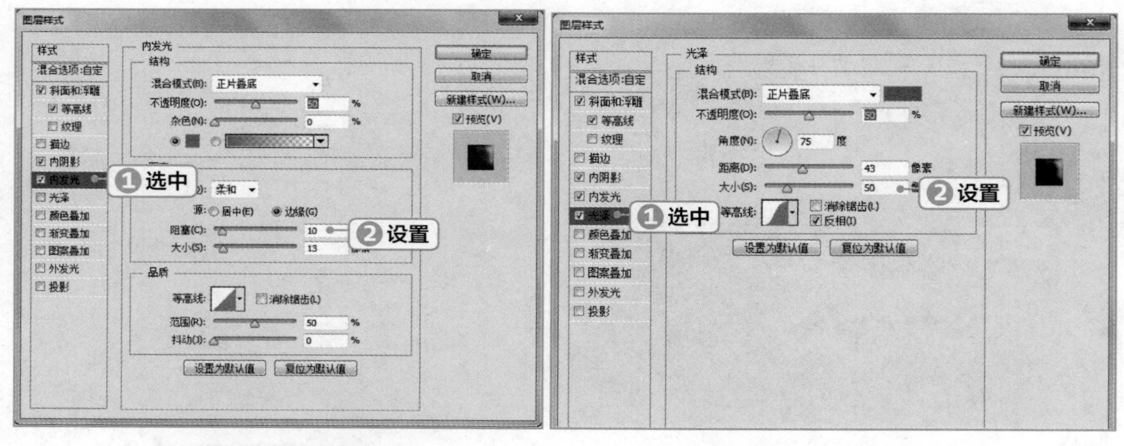

图4-66　设置内发光参数　　图4-67　设置光泽参数

STEP 07 单击选中“外发光”复选框，单击选中纯色单选项，设置“混合模式、不透明度、杂色、颜色、方法、扩展、大小、范围、抖动”分别为“滤色、50%、0%、#caeecc、柔和、15%、10像素、50%、0%”，如图4-68所示。

STEP 08 单击选中“投影”复选框，单击选中“使用全局光”复选框，设置“混合模式、颜色、不透明度、角度、距离、扩展、大小”分别为“正片叠底、#509b4c、75%、30度、5像素、0%、5像素”，如图4-69所示。

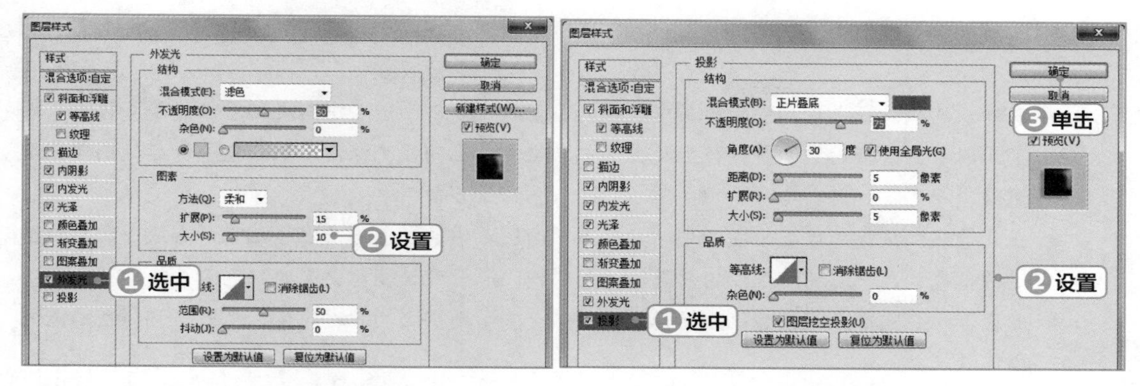

图4-68　设置外发光参数　　图4-69　设置投影参数

STEP 09 单击 确定 按钮，在“图层”面板中选择文字图层，可查看添加的图层样式，如图4-70所示。

STEP 10 在“混合模式”下拉列表中选择“正片叠底”选项，将背景图片与文本融合，使水珠显示在文字上面，保存文件，查看完成后的效果，如图4-71所示。

图4-70　查看设置后的效果　　图4-71　查看正片叠底后的效果

4.2.3 设置图层混合模式

图层混合模式是指对上面图层与下面图层的像素进行混合，从而得到一种新的图像效果。通常情况下，上层的像素会覆盖下层的像素。Photoshop CC提供了20多种不同的色彩混合模式，不同的色彩混合模式可以产生不同的效果。

单击“图层”面板中的 正常 按钮，在打开的下拉列表中即可选择需要的图层混合模式，如图4-72所示。下面分别介绍各种混合模式选项的作用。

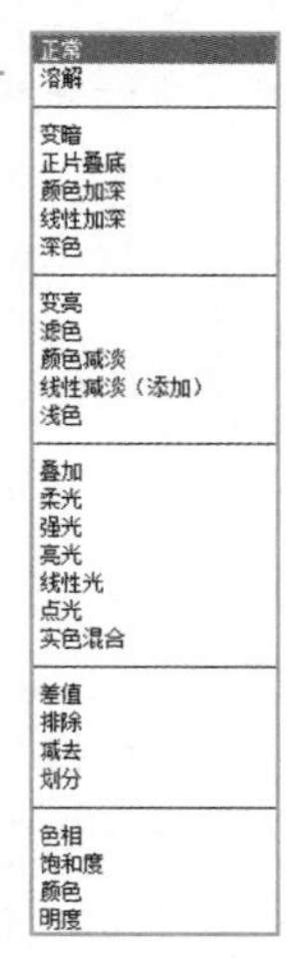

图4-72　图层混合模式

- 正常：系统默认的图层混合模式，未设置时均为此模式，上面图层中的图像完全遮盖下面图层上对应的区域。

- 溶解：如果上面图层中的图像具有柔和的半透明效果，选择该混合模式可生成像素点状效果。
- 变暗：选择该模式后，上面图层中较暗的像素将代替下面图层中与之相对应的较亮像素，而下面图层中较暗的像素将代替上面图层中与之相对应的较亮像素，从而使叠加后的图像区域变暗。
- 正片叠底：该模式对上面图层中的颜色与下面图层中的颜色进行混合相乘，形成一种光线透过两张叠加在一起的幻灯片的效果，从而得到比原来两种颜色更深的颜色效果。
- 颜色加深：选择该模式后，可增强上面图层与下面图层之间的对比度，从而得到颜色加深的图像效果。
- 线性加深：该模式将变暗所有通道的基色，并通过提高其他颜色的亮度来反映混合颜色。此模式对于白色将不产生任何变化。
- 深色：该模式与“变暗”模式相似。
- 变亮：该模式与“变暗”模式的作用刚好相反，将下面图层中比上面图层中更暗的颜色作为当前显示颜色。
- 滤色：该模式对上面图层与下面图层中相对应的较亮颜色进行合成，从而生成一种漂白增亮的图像效果。
- 颜色减淡：该模式将通过减小上、下图层中像素的对比度来提高图像的亮度。
- 线性减淡（添加）：该模式与“线性加深”模式的作用刚好相反，是通过加亮所有通道的基色，并通过降低其他颜色的亮度来反映混合颜色。此模式对于黑色将不产生任何变化。
- 浅色：该模式与“变亮”模式相似。
- 叠加：该模式根据下面图层的颜色，与上面图层中相对应的颜色进行相乘或覆盖，产生变亮或变暗的效果。
- 柔光：该模式根据下面图层中颜色的灰度值与对上面图层中相对应的颜色进行处理，高亮度的区域更亮，暗部区域更暗，从而产生一种柔和光线照射的效果，具体取决于混合色。此效果与发散的聚光灯照在图像上相似。如果混合色（光源）比50%灰色亮，则图像变亮，就像被减淡一样；如果混合色（光源）比50%灰色暗，则图像变暗，就像被加深一样。用纯黑色或纯白色绘画会产生明显较暗或较亮的区域，但不会产生纯黑色或纯白色。
- 强光：该模式与“柔光”模式类似，也是对下面图层中的灰度值与上面图层进行处理。不同的是产生的效果就像一束强光照射在图像上一样，具体取决于混合色。此效果与耀眼的聚光灯照在图像上相似。如果混合色（光源）比50%灰色亮，则图像变亮，就像过滤后的效果，这对于向图像添加高光非常有用；如果混合色（光源）比50%灰色暗，则图像变暗，就像复合后的效果，这对于向图像添加阴影非常有用。用纯黑色或纯白色绘画会产生纯黑色或纯白色。
- 亮光：该模式通过增加或减小上下图层中颜色的对比度来加深或减淡颜色，具体取决于混合色。如果混合色比50%灰色亮，则通过减小对比度使图像变亮；如果混合色比50%灰色暗，则通过增加对比度使图像变暗。

- 线性光：该模式将通过减小或增加上下图层中颜色的亮度来加深或减淡颜色，具体取决于混合色。如果混合色比50%灰色亮，则通过增加亮度使图像变亮；如果混合色比50%灰色暗，则通过减小亮度使图像变暗。
- 点光：该模式与“线性光”模式相似，是根据上面图层与下面图层的混合色来决定替换部分较暗或较亮像素的颜色。如果混合色（光源）比50%灰色亮，则替换比混合色暗的像素，而不改变比混合色亮的像素；如果混合色比50%灰色暗，则替换比混合色亮的像素，而不改变比混合色暗的像素，这对于向图像添加特殊效果非常有用。
- 实色混合：该模式是将混合颜色的红色、绿色、蓝色通道值添加到基色的RGB 值。如果通道的结果总和大于或等于255，则值为255；如果小于255，则值为0。因此，所有混合像素的红色、绿色、蓝色通道值要么是0，要么是255。这会将所有像素更改为原色：红色、绿色、蓝色、青色、黄色、洋红、白色和黑色。
- 差值：该模式对上面图层与下面图层中颜色的亮度值进行比较，将两者的差值作为结果颜色。当不透明度为100%时，白色将全部反转，而黑色保持不变。
- 排除：该模式由亮度决定是否从上面图层中减去部分颜色，得到的效果与“差值”模式相似，只是更柔和一些。
- 减去：该模式与“差值”模式相似。
- 划分：如果混色与基色相同则结果为白色，如果混色为白色则结果为原色，如果混色为黑色则结果为白色。
- 色相：该模式只是对上、下图层中颜色的色相进行相融，形成特殊的效果，但并不改变下面图层的亮度与饱和度。
- 饱和度：该模式只是对上、下图层中颜色的饱和度进行相融，形成特殊的效果，但并不改变下面图层的亮度与色相。
- 颜色：该模式只将上面图层中颜色的色相和饱和度融入下面图层中，并与下面图层中颜色的亮度值进行混合，但不改变其亮度。
- 明度：该模式与“颜色”模式相反，只将当前图层中颜色的亮度融入下面图层中，但不改变下面图层中颜色的色相和饱和度。

4.2.4 设置图层不透明度

通过设置图层的不透明度可以使图层产生透明或半透明效果，其方法为：在“图层”面板右上方的“不透明度”数值框中输入数值来进行设置，范围是0%～100%。

要设置某图层的不透明度，应先在“图层”面板中选择该图层，当图层的不透明度小于100%时，将显示该图层和下面图层的图像，不透明度值越小，就越透明；当不透明度值为0%时，该图层将不会显示，而完全显示其下面图层的内容。

图4-73所示为具有两个图层的图像，背景图层上面为一个名为“8”的图层。将“8”所在图层的不透明度分别设置为70%和40%时，效果分别如图4-74和图4-75所示。

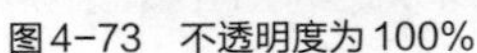

图4-73　不透明度为100%

图4-74　不透明度为70%

图4-75　不透明度为40%

4.2.5　设置图层样式

在Photoshop CC中，通过为图层应用图层样式，可以制作一些丰富的图像效果。如水晶、金属和纹理等效果，都可以通过为图层设置投影、发光和浮雕等图层样式来实现。下面讲解对图层应用图层样式的方法，以及各图层样式的特点。

1. 添加图层样式

Potoshop CC提供了10种图层样式效果，全部列举在“图层样式”对话框的“样式”栏中，样式名称前有复选框，当其为选中状态时表示该图层应用了该样式，取消选中可停用该样式。当用户单击样式名称时，将打开对应的设置面板，单击【确定】按钮即可完成图层样式的添加。

要添加图层样式，就需要先打开“图层样式”对话框，Photoshop CC为用户提供了多种打开“图层样式”对话框的方法，其具体介绍如下。

- 通过命令打开：选择【图层】/【图层样式】命令，在打开的子菜单中选择一种图像样式命令，Photoshop CC将打开“图层样式”对话框，并展开对应的设置面板。
- 通过按钮打开：在“图层”面板底部单击“添加图层样式”按钮fx，在打开的列表中选择需要创建的样式选项，即可打开“图层样式”对话框，并展开对应的设置面板。
- 通过双击图层打开：在需要添加图层样式的图层上双击，Photoshop CC将打开“图层样式”对话框。

2. 图层样式详解

Photoshop CC提供了多种图层样式，用户应用其中一种或多种样式后，就可以制作出光照、阴影、斜面、浮雕等特殊效果。

- 混合选项：混合选项图层样式可以控制图层与其下面的图层像素混合的方式。选择【图层】/【图层样式】命令，即可打开“图层样式”对话框，在其中可对整个图层的不透明度与混合模式进行详细设置，其中某些设置可以直接在“图层”面板上进行。
- 斜面和浮雕：使用“斜面和浮雕”效果可以为图层添加高光和阴影的效果，让图像看起来更加立体、生动。在其下方还包括“等高线”和“纹理”复选框，在其中可以为图层添加凹凸、起伏和纹理效果，图4-76所示为“斜面和浮雕”面板。

- 描边：使用“描边”效果可以使用颜色、渐变或图案等对图层边缘进行描边，其效果与“描边”命令类似。图4-77所示为“描边”面板。

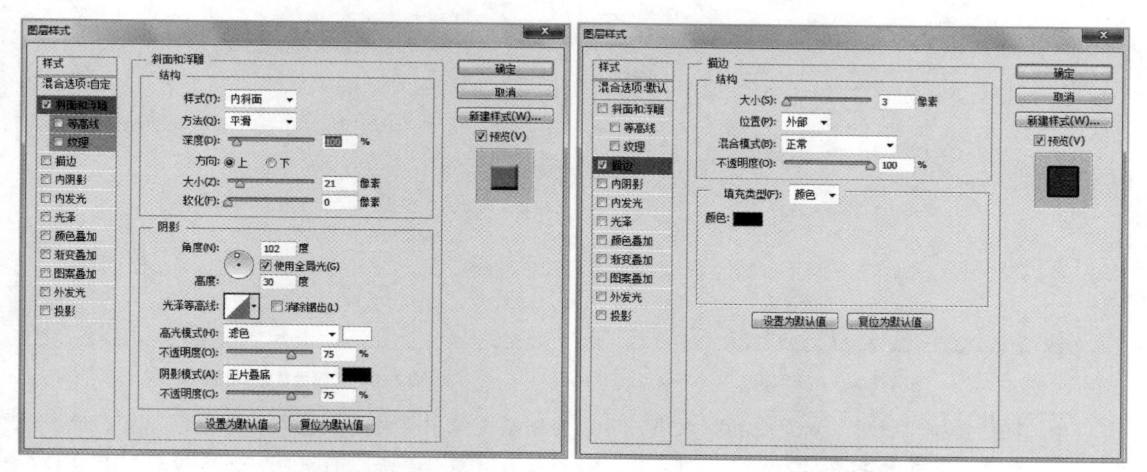

图4-76 “斜面和浮雕”面板　　图4-77 “描边”面板

- 内阴影：使用“内阴影”效果可以在图层内容的边缘内侧添加阴影效果，制作陷入的效果。图4-78所示为“内阴影”面板。
- 内发光：使用“内发光”效果可沿着图层内容的边缘内侧添加发光效果。图4-79所示为“内发光”面板，可预览设置内发光前后的效果。

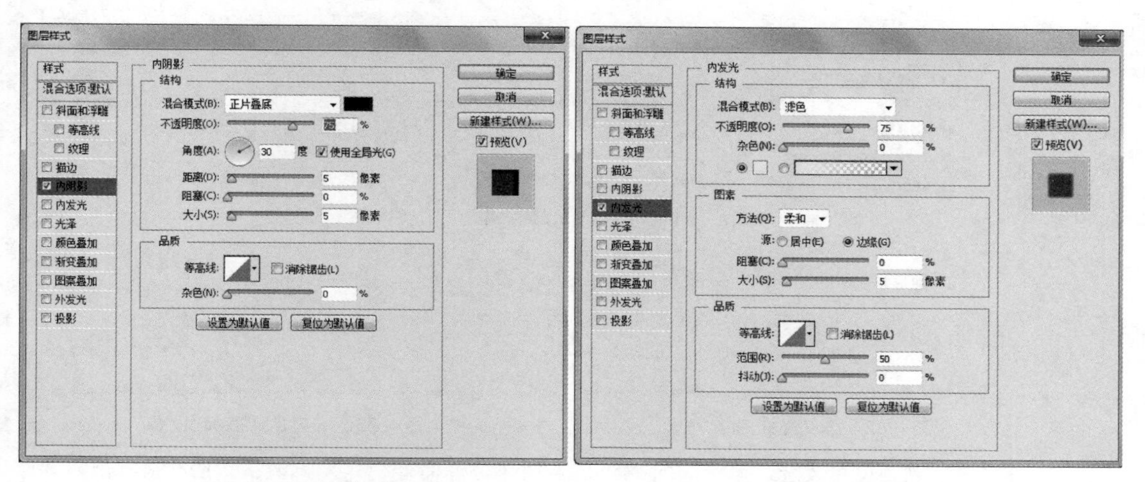

图4-78 “内阴影”面板　　图4-79 “内发光”面板

- 光泽：使用“光泽”效果可以为图层图像添加光滑而有内部阴影的效果，常用于模拟金属的光泽效果。图4-80所示为“光泽”面板。在“光泽”面板中用户可通过设置“等高线”选项来控制光泽的样式。
- 颜色叠加：使用“颜色叠加”效果可以为图层图像叠加自定的颜色，常用于更改图像的部分色彩。图4-81所示为“颜色叠加”面板。在“颜色叠加”面板中用户可以通过设置颜色、混合模式和不透明度，来控制颜色叠加的效果。

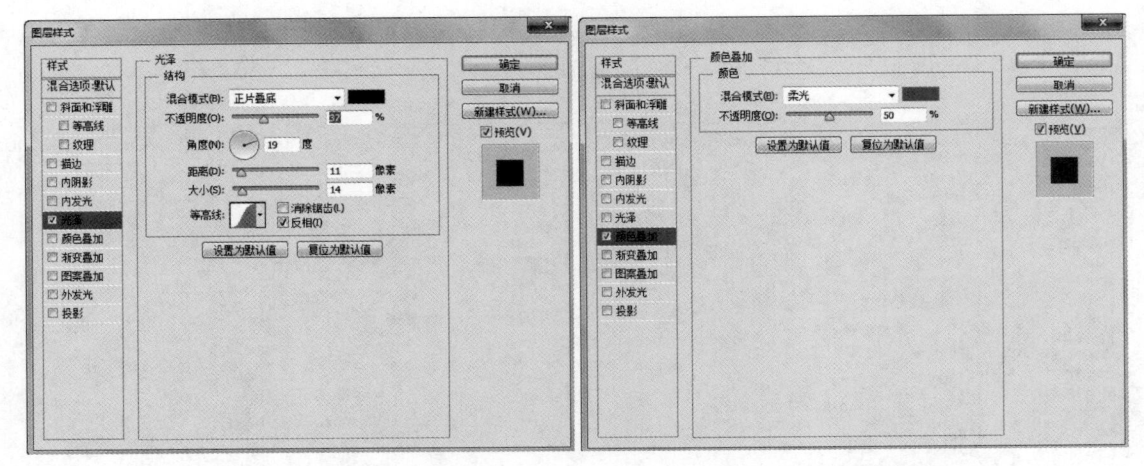

图4-80 “光泽”面板　　　　图4-81 “颜色叠加”面板

- 渐变叠加：使用“渐变叠加”效果，可以为图层图像中单纯的颜色添加渐变色，从而使图层图像颜色看起来更加丰富、丰满。图4-82所示为“渐变叠加”面板，可预览设置渐变叠加后的灯泡效果。
- 图案叠加：使用“图案叠加”效果，可以为图层图像添加指定的图案。图4-83所示为“图案叠加”面板，可预览设置图案叠加前后的效果。

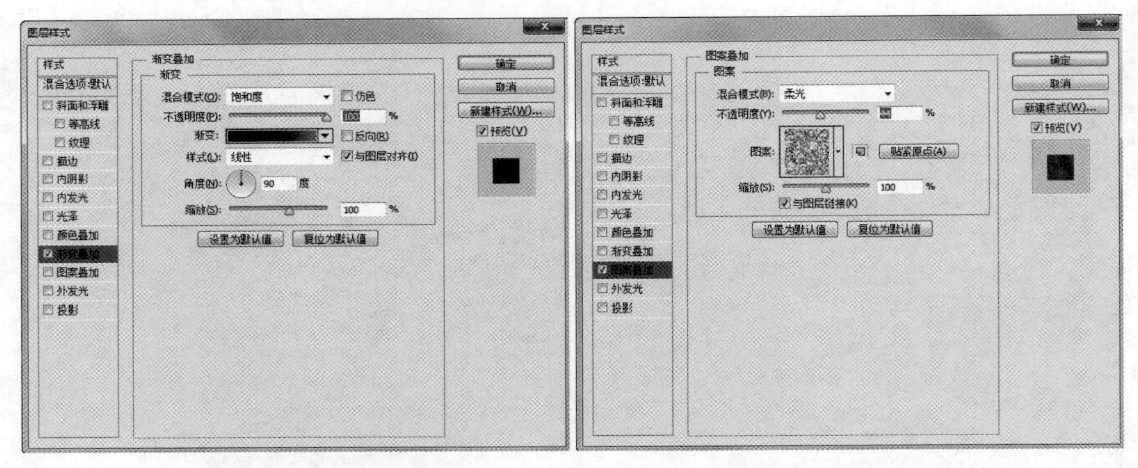

图4-82 “渐变叠加”面板　　　　图4-83 “图案叠加”面板

- 外发光：使用“外发光”效果，可以沿图层图像边缘向外创建发光效果。图4-84所示为“外发光”面板。设置“外发光”后，可调整发光范围的大小、发光颜色，以及混合方式等参数。
- 投影：使用“投影”效果可为图层图像添加投影效果，常用于增加图像立体感。图4-85所示为“投影”设置面板，在该面板中可设置投影的颜色、大小、角度等参数，设置完成后单击 确定 按钮可查看效果。

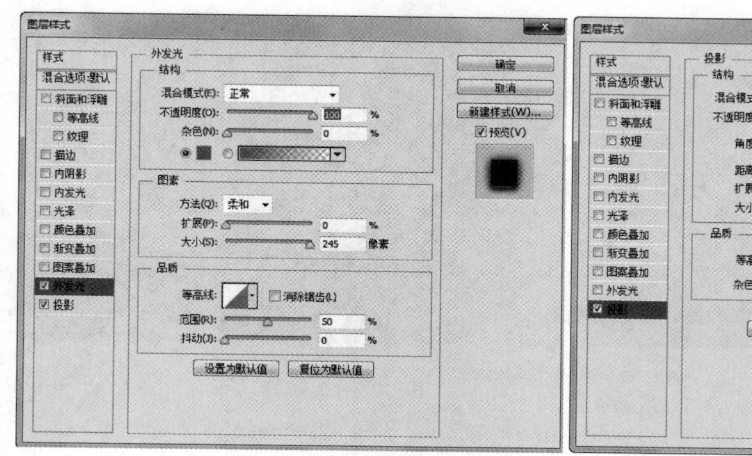

图4-84 “外发光”面板

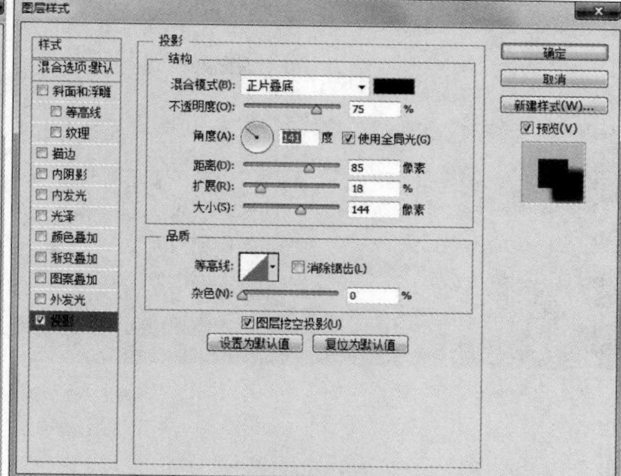

图4-85 “投影”面板

课堂练习——合成火中恶魔效果

本练习将打开“素材\第4章\火中恶魔\人物.jpg”图像，再分别添加火图像，分别使用图层混合模式、混合颜色、通道混合和挖空等功能调整火焰与文字，合成“火中恶魔”图像，完成后的参考效果如图4-86所示（素材\第4章\火中恶魔.psd）。

图4-86 查看完成后的效果

4.3 上机实训——合成汽车宣传广告

4.3.1 实训要求

本实训将制作汽车宣传广告，在制作时不但要通过图片展现汽车的高端、大气，还要通过文字展现宣传内容，使整个效果更加时尚、美观。

4.3.2 实训分析

汽车宣传广告主要是对热销汽车或是新品汽车进行宣传，该宣传可以展现到不同的区域，以便于将整个广告内容渗入到人们心中。本实训主要涉及图层的编辑、图层混合模式和图层样式等知识，本实训的参考效果如图4-87所示。

视频教学
合成汽车宣传广告

素材所在位置： 素材\第4章\汽车宣传广告\

效果所在位置： 效果\第4章\汽车宣传广告.psd

图4-87　汽车宣传广告效果

4.3.3　操作思路

用户在掌握了一定的创建、编辑图层的知识后，便可开始本实训的设计与制作。根据前面的实训要求，本实训的操作思路如图4-88所示。

①打开素材

②添加汽车图像

③添加文字元素

④调整图层模式

⑤添加光效

⑥添加其他元素

图4-88　操作思路

【步骤提示】

STEP 01　打开“背景.psd、汽车.psd”图像文件，将“汽车”图像拖动到背景中，调整位置和大小。

STEP 02　打开“文字.psd”图像文件，将文字拖动到汽车的上方。

STEP 03　打开“图层样式”对话框，单击选中“描边”复选框，设置描边的“大小、颜色”分别为“7、#352d2d”，单击 确定 按钮。

STEP 04　打开“图层”面板，设置图层混合模式为“强光”。

STEP 05　打开“光效.psd”图像文件，调整图像大小和位置；打开“图层”面板，设置图层混合模式为“叠加”。

STEP 06 打开“光点.psd”图像文件，调整光点的位置和大小。

STEP 07 打开“火焰.psd”图像文件，打开“图层”面板，设置图层混合模式为“滤色”，保存图像查看完成后的效果。

4.4 课后练习

1. 练习 1——*制作公益海报*

本练习将为图像添加色块，并为色块设置不透明度，形成图像分割的效果，最后添加文本，制作公益海报，完成后的参考效果如图4-89所示。

素材所在位置： 素材\第4章\公益海报.jpg

效果所在位置： 效果\第4章\公益海报.psd

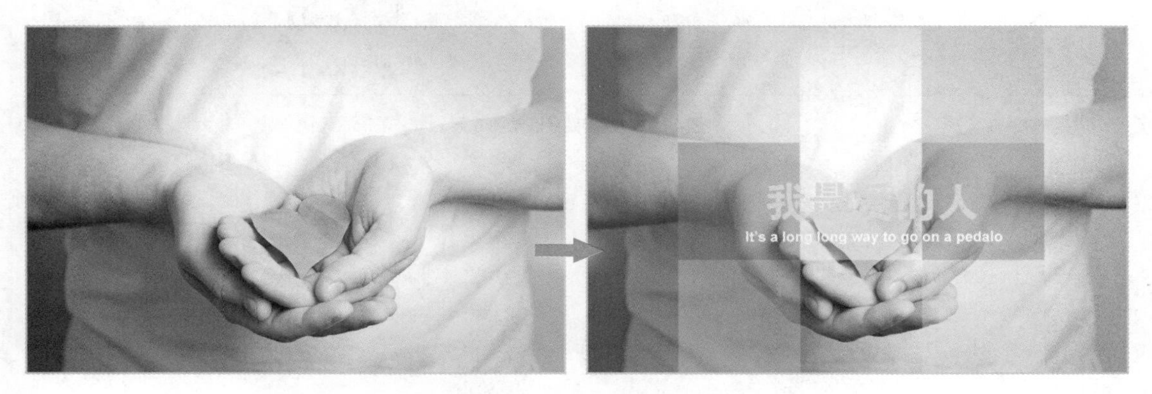

图4-89 公益海报效果

2. 练习 2——*制作彩条心效果*

本练习将打开“彩条心.jpg”图像，为图像中的心形建立选区；然后复制图像、为复制的图像设置图层样式；接着绘制图像、编辑图层混合模式，完成后的参考效果如图4-90所示。

素材所在位置： 素材\第4章\彩条心.jpg

效果所在位置： 效果\第4章\彩条心.psd

图4-90 彩条心效果

3. 练习 3——制作网店商品活动图

本练习将制作网店商品活动图，首先将提供的“茶杯.jpg”图像素材添加到活动图中，然后使用图层样式制作活动图效果，完成后的参考效果如图4-91所示。

素材所在位置：素材/第4章/茶杯.jpg、网店商品活动图.psd

效果所在位置：效果/第4章/网店商品活动图.psd

图4-91　网店商品活动图效果

CHAPTER 5

第5章 绘制图像并添加文字

Photoshop CC具有强大的功能，除了前面讲解的选区和图层的创建与编辑操作，还可在其中绘制形状，主要包括使用钢笔工具绘制图像、使用形状工具绘制图像、使用画笔工具绘制图像，以及绘制图像并添加文字等。这些操作不但能使画面显示更加自然生动，还能使图像更加美观。本章将详细讲解在Photoshop CC中绘制图像的相关操作。

课堂学习目标

- 掌握使用钢笔工具绘制图像的方法
- 掌握使用形状工具绘制图像的方法
- 掌握使用画笔工具绘制图像的方法
- 掌握绘制图像并添加文字的方法

课堂案例展示

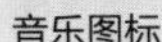

音乐图标

相册效果

“大雪”节气海报

5.1 使用钢笔工具绘制图像

钢笔工具，可以用来自由地绘制矢量图像，它们是Photoshop CC中最常使用的矢量绘图工具。通过钢笔工具，用户不但能绘制出内容丰富多变的复杂图形，还可以对边缘复杂的对象进行抠图处理。下面先以课堂案例的形式讲解使用钢笔工具绘制图像的方法，再依次对基础知识进行讲解。

5.1.1 课堂案例——制作音乐图标

案例目标：图标也可以称为Logo，主要对图标拥有公司起到识别和推广的作用，形象的图标可以让消费者记住公司主体和品牌文化。本例将打开“音乐背景.psd”图像文件，在该图像中使用钢笔工具绘制图标背景和心形，并为绘制的路径填充纯色、渐变色，制作一个心形图标，完成后的参考效果如图5-1所示。

知识要点：锚点的使用；钢笔工具。

素材位置：素材\第5章\音乐图标\

效果文件：效果\第5章\音乐图标.psd

视频教学
制作音乐图标

图5-1　查看完成后的效果

其具体操作步骤如下。

STEP 01 打开“音乐背景.psd”图像，选择【视图】/【显示】/【网格】命令，显示网格，在工具箱中选择钢笔工具，使用鼠标在图像上单击创建锚点，再使用鼠标在图像上单击创建另一个锚点，绘制一条直线，如图5-2所示。

STEP 02 使用鼠标在第2个锚点垂直处下方单击，并按住鼠标左键向垂直方向拖曳，绘制一条曲线，再使用鼠标在锚点的下方单击，绘制一条直线，如图5-3所示。

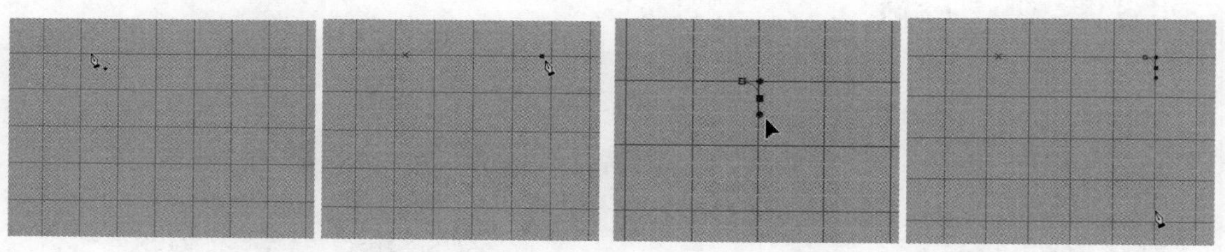

图5-2　显示网格并绘制直线

图5-3　绘制曲线和直线

STEP 03 使用鼠标在第4个锚点左下方单击，并按住鼠标左键向水平方向拖曳，绘制一条曲线，使用相同的方法，创建其他锚点；最后单击最开始创建的第1个锚点，闭合路径绘制一个圆角矩形，如图5-4所示。

STEP 04 创建新图层，并打开“路径”面板，单击“将路径作为选区载入”按钮，将路径转换为选区，使用“#ffffff”颜色填充选区，并将该图层的“不透明度”设置“70%”，选择【视图】/【显示】/【网格】命令，取消显示网格，如图5-5所示。

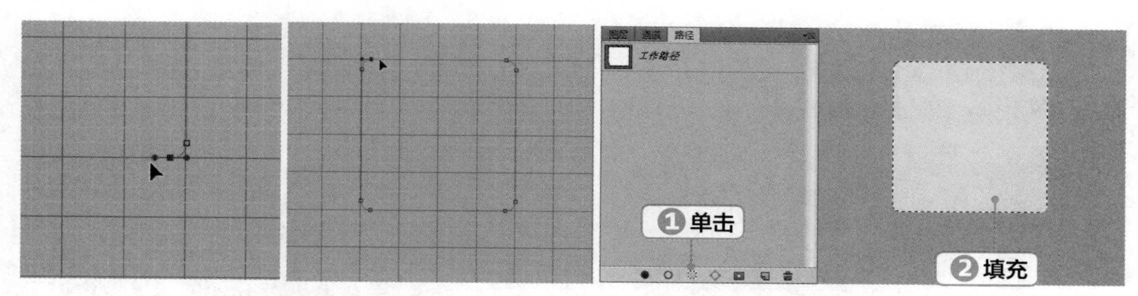

图5-4　继续绘制圆角矩形

图5-5　填充圆角矩形

STEP 05 取消选区，选择【图层】/【图层样式】/【投影】命令，打开“图层样式”对话框，设置“距离、扩展、大小”分别为“14像素、9%、29像素”，单击 确定 按钮，如图5-6所示。

STEP 06 选择【视图】/【显示】/【网格】命令，显示网格，使用鼠标在图像上绘制曲线。按住【Alt】键的同时将鼠标移动到锚点上单击，删除方向线，如图5-7所示。

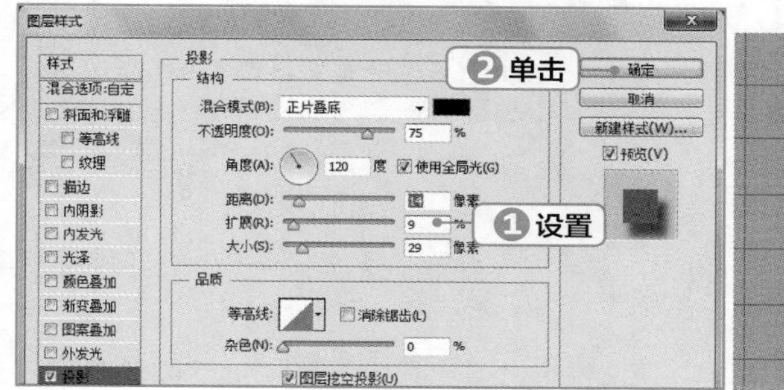

图5-6　添加投影

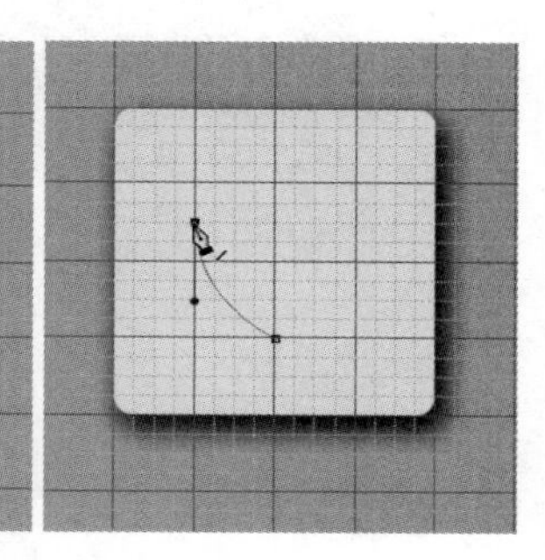

图5-7　绘制曲线并删除方向线

STEP 07 继续使用鼠标绘制曲线，按住【Ctrl】键的同时将鼠标移动到锚点上方的方向线控制点上，拖曳鼠标调整控制点位置，从而调整曲线形状，如图5-8所示。

STEP 08 使用相同的方法调整曲线，最后将图像绘制成一颗心形。创建新图层，在“路径”面板中单击“将路径作为选区载入”按钮，将路径转换为选区，如图5-9所示。

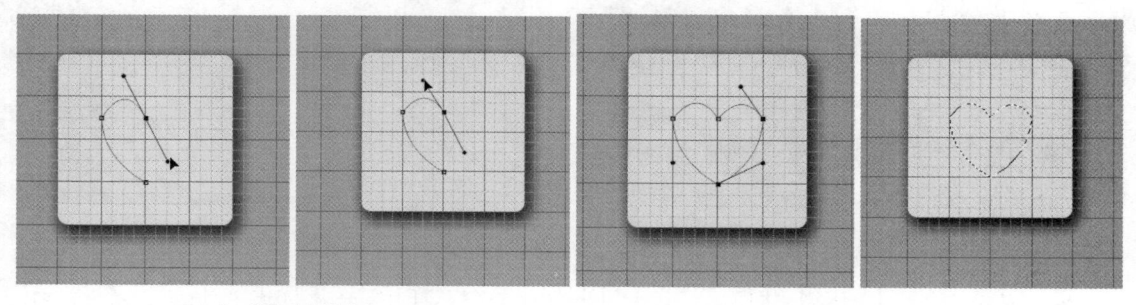

图5-8　调整曲线的方向

图5-9　完成心形的绘制

STEP 09 取消网格显示，将前景色设置为“#f4e226”，使用前景色填充选区，选择【选择】/【修改】/【收缩】命令，打开“收缩选区”对话框，设置“收缩量”为“15像素”，单击确定按钮，如图5-10所示。

STEP 10 选择【选择】/【修改】/【平滑】命令，打开“平滑选区”对话框，设置取样半径为“15像素”，单击确定按钮，按【Delete】键删除选区内容，如图5-11所示。

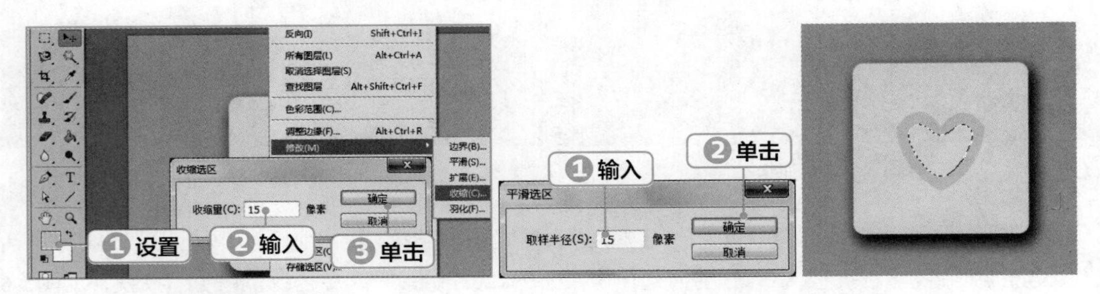

图5-10 收缩选区　　图5-11 平滑选区

疑难解答 在完成图像的绘制后，使用平滑工具的原因?

使用钢笔工具绘制的心形，可能路径边缘不平滑，在删除选区时，图像看起来会有很多锯齿，因此在将路径转换为选区后，要对选区进行平滑处理。

STEP 11 在“图层”面板中选择“图层1”图层，删除内容并取消选区，打开“音乐图标文字.psd”图像，将文字添加到心形下方，如图5-12所示。

STEP 12 在工具箱中选择椭圆工具，在工具属性栏中设置“填充颜色”为“#d2d2d3”，单击按钮，在打开的下拉列表中单击选中“固定大小”单选项，并设置绘制圆的直径为“16”，完成后在图像的左上角绘制圆形，如图5-13所示。

图5-12 添加文字　　图5-13 绘制圆形

STEP 13 选择【图层】/【图层样式】/【投影】命令，打开“图层样式”对话框，保持默认状态，单击确定按钮，查看添加投影后的效果，如图5-14所示。

STEP 14 复制3个圆形，并将其放置在图像的其他3个角，完成后保存图像，并查看完成后的效果，如图5-15所示。

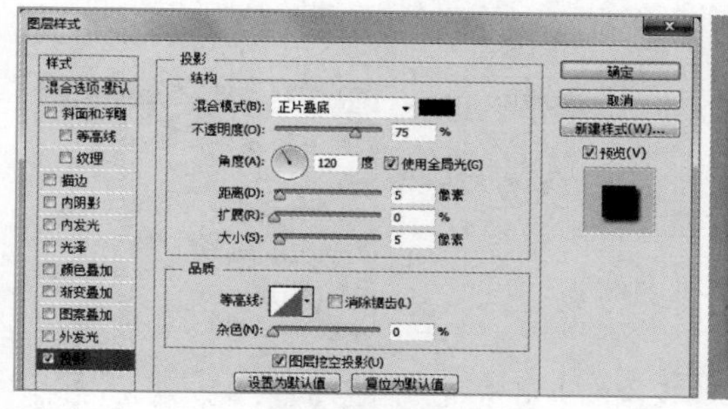

图5-14　添加投影

图5-15　绘制其他3个圆形

5.1.2　认识路径

钢笔工具所绘制的线段即为路径，在Photoshop CC中，路径常用于勾画图像区域（对象）的轮廓，在图像中显示为不可打印的矢量图像。用户可以沿着产生的线段或曲线对其进行填充和描边，还可将其转换为选区。

1. 认识路径元素

路径主要由线段、锚点、控制柄组成，如图5-16所示。

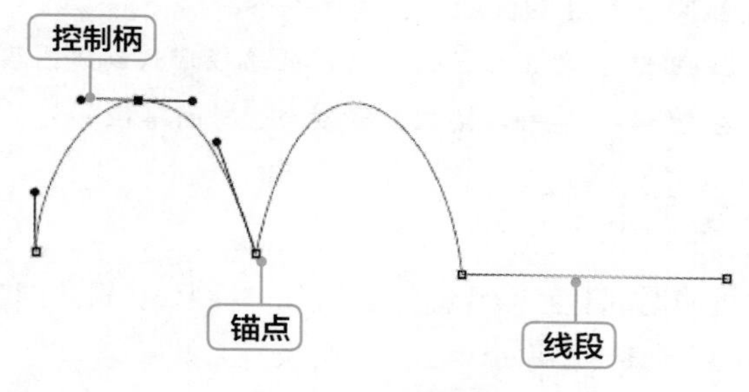

图5-16　路径的组成

下面分别对各个组成部分进行介绍。

- 线段：线段分为直线段和曲线段两种类型，使用钢笔工具可绘制出这两种类型的线段。
- 锚点：锚点指与路径相关的点，即每条线段两端的点，由小正方形表示，其中锚点表现为黑色实心时，表示该锚点为当前选择的定位点。定位点分为平滑点和拐点两种。
- 控制柄：指调整线段（曲线线段）位置、长短、弯曲度等参数的控制点。选择任意锚点后，该锚点上将显示与其相关的控制柄，拖动控制柄一端的小圆点，即可修改该线段的形状和弯曲度。

提示　锚点中的平滑点指平滑连接两个线段的定位点；拐点则为线段方向发生明显变化，线段之间连接不平滑的定位点。

2. 认识“路径”面板

“路径”面板主要用于储存和编辑路径。默认情况下“路径”图层与“图层”面板在同一面板组中，但由于路径不是图层，所以创建的路径不会显示在“图层”面板中，而是单独存在于“路径”面板中。选择【窗口】/【路径】命令可打开“路径”面板，如图5-17所示。

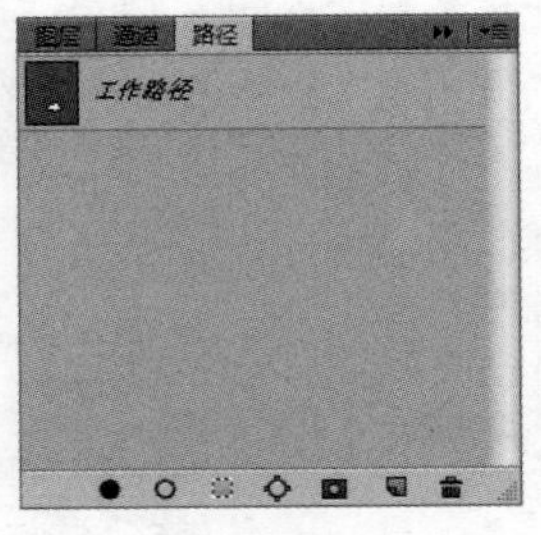

图5-17 “路径”面板

“路径”面板中相关选项的含义介绍如下。

- 当前路径：“路径”面板中以蓝色底纹显示的路径为当前活动路径，选择路径后的所有操作都是针对该路径的。
- 路径缩略图：用于显示该路径的缩略图，通过它可查看路径的大致样式。
- 路径名称：显示该路径的名称，双击路径后其名称将处于可编辑状态，此时可对路径进行重命名。
- “用前景色填充路径”按钮●：单击该按钮，将在当前图层为选择的路径填充前景色。
- “用画笔描边路径”按钮○：单击该按钮，将在当前图层为选择的路径以前景色描边，描边粗细为画笔笔触大小。
- “将路径转为选区载入”按钮：单击该按钮，可将当前路径转换为选区。
- “从选区生成工作路径”按钮：单击该按钮，可将当前选区转换为路径。
- “创建新路径”按钮：单击该按钮，将创建一个新路径。
- “添加图层蒙版”按钮：单击该按钮，将以此路径形状创建图层蒙版。
- “删除当前路径”按钮：单击该按钮，将删除选择的路径。

5.1.3 使用钢笔工具绘图

在Photoshop CC中，可使用钢笔工具组来完成路径的绘制和编辑。钢笔工具组主要包括钢笔工具、自由钢笔工具、添加锚点工具、删除锚点工具和转换点工具。

1. 钢笔工具

钢笔工具主要用于绘制直线和曲线线段。

- 绘制直线线段：选择钢笔工具，在图像中依次单击鼠标产生锚点，即可在生成的锚点之间绘制一条直线线段，如图5-18所示。
- 绘制曲线线段：选择钢笔工具，在图像上单击并拖曳鼠标，即可生成带控制柄的锚点，继续单击并拖曳鼠标，即可在锚点之间生成一条曲线线段，如图5-19所示。

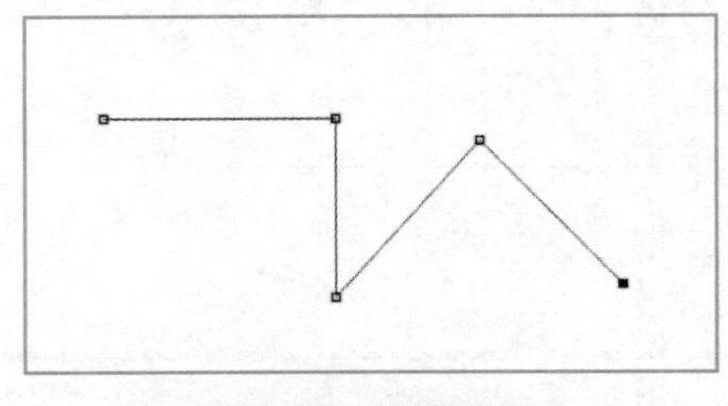
图5-18 绘制直线线段

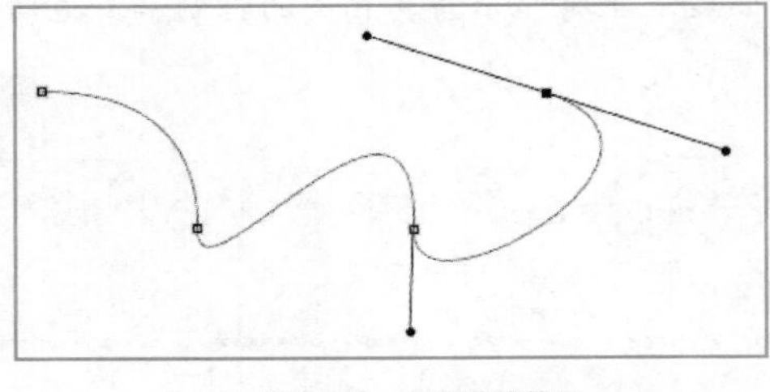
图5-19 绘制曲线线段

2. 自由钢笔工具

自由钢笔工具主要用于绘制比较随意的路径。它与钢笔工具的最大区别就是钢笔工具需要遵守一定的规则，而自由钢笔工具的灵活性较大，与套索工具类似。选择自由钢笔工具，在图像上单击并拖曳鼠标，即可沿鼠标的拖曳轨迹绘制出一条路径，如图5-20所示。

图5-20 使用自由钢笔工具

3. 添加锚点工具

添加锚点工具主要用于在绘制后的路径上添加新的锚点，将一条线段分为两条，同时便于对这两条线段分别进行编辑。将图5-21所示的路径添加锚点并编辑后，效果如图5-22所示。

4. 删除锚点工具

删除锚点工具主要用于删除路径上已存在的锚点，将两条线段合并为一条。选择删除锚点工具，在要删除的锚点上单击鼠标即可，对路径删除锚点后效果如图5-23所示。

图5-21 原图

图5-22 添加锚点后的效果

图5-23 删除锚点后的效果

5. 转换点工具

转换点工具主要用于转换锚点上控制柄的方向，以更改曲线线段的弯曲度和走向。

- 新增控制柄：选择转换点工具，在没有或只有一条控制柄的锚点上单击并拖曳鼠标，可生成一条或两条新的控制柄；在有控制柄的锚点上单击并拖曳鼠标，可重新设置已有控制柄的走向。
- 调整控制柄：选择转换点工具，在控制柄一端的小圆点上按住并拖曳鼠标，即可调整控制柄方向。

提示 选择钢笔工具后，按住【Alt】键不放可暂时切换到转换点工具，放开【Alt】键又可恢复为钢笔工具。

5.1.4 选择和修改路径

要对路径进行修改，首先要选择路径。

1. 选择路径

常见的选择路径的方法主要有两种，分别是使用路径选择工具和使用直接选择工具，下面分别进行介绍。

- 路径选择工具：路径选择工具用于选择完整路径。选择路径选择工具，在路径上单击即可选择该路径，在路径上按住并拖曳鼠标，可移动所选路径的位置，如图5-24所示。
- 直接选择工具：直接选择工具用于选择路径中的线段、锚点和控制柄等。选择直接选择工具，在路径上的任意位置单击，将出现锚点和控制柄，任意选择路径中的线段、锚点、控制柄，然后按住鼠标左键不放并向其他方向拖曳，可对选择的对象进行编辑，如图5-25所示。

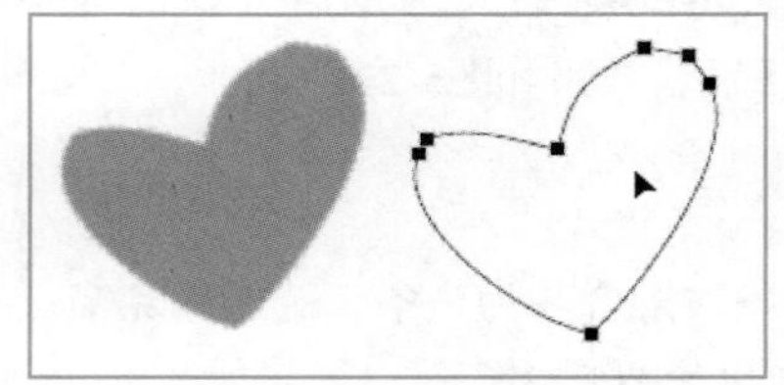

图5-24 选择并移动路径

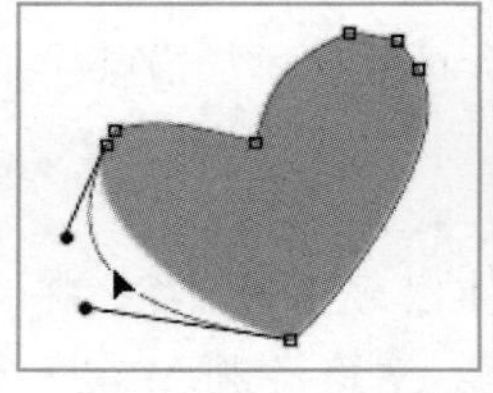

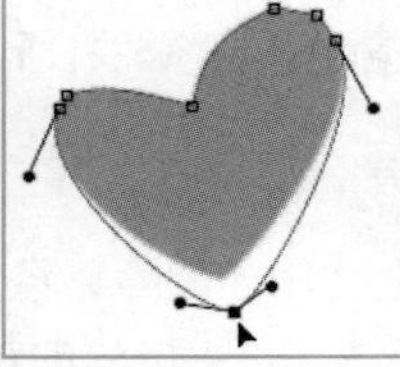

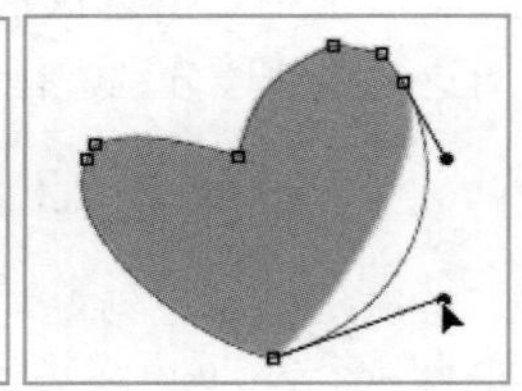

图5-25 选择并编辑线段、锚点、控制柄

2. 修改路径

通常情况下，锚点之间的线段并不一定是所需的路径形状，此时必须通过修改路径来获取最终效果。每个锚点都可生成两条控制柄，分别控制锚点两端连接的线段。通过拖动控制柄，可调整线段的弯曲度和长度。这种控制可同时进行也可分别进行，如图5-26所示。

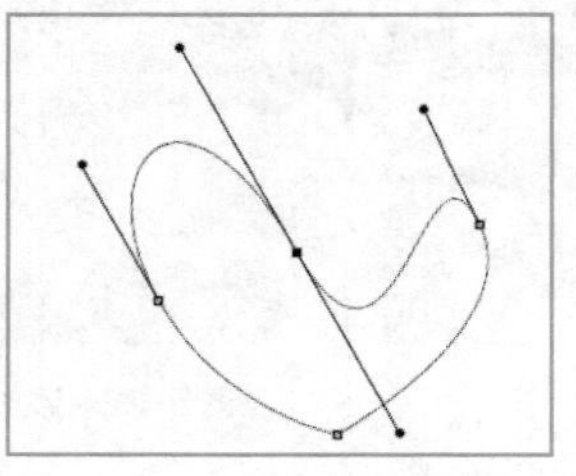

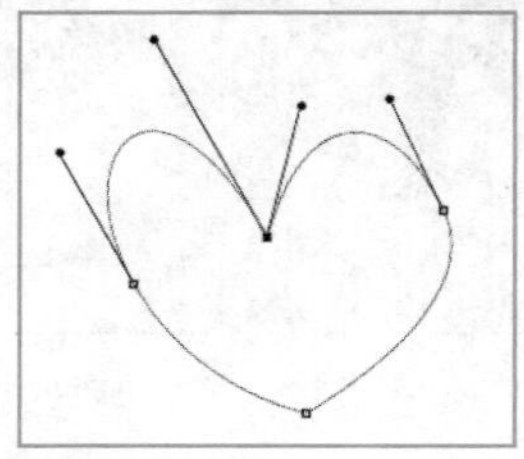

图5-26 通过控制柄修改路径

提示 路径锚点之间的曲线一般包括“C”形和“S”形。也就是说，只要是“C”形或“S”形的路径，都可以通过两个锚点及其控制柄来调整和修改。

5.1.5 填充和描边路径

绘制路径后，通常需要对其进行编辑和设置，以制作出各种效果的图像。如对路径进行颜色填充和描边等。

1. 填充路径

填充路径是指将路径内部填充为颜色或图案，主要有以下两种方法。

- 在“路径”面板中选择路径，单击“用前景色填充路径”按钮即可将其填充为前景色。
- 在路径上单击鼠标右键，在弹出的快捷菜单中选择“填充路径”命令，可打开“填充路径”对话框，在“使用”下拉列表框中可设置填充内容为纯色或图案，单击 确定 按钮即可进行填充。

2. 描边路径

描边路径是指使用图像绘制工具或修饰工具沿路径绘制图像或修饰图像，主要有以下两种方法。

- 在“路径”面板中选择路径，单击“用画笔描边路径”按钮可使用铅笔工具对路径进行描边。
- 在路径上单击鼠标右键，在弹出的快捷菜单中选择“描边路径”命令，可打开“描边路径”对话框，在“工具”下拉列表框中可选择描边工具，单击 确定 按钮即可进行描边。

提示 描边路径效果的粗细与所选画笔的笔触大小相关，因此，在对路径描边前，可先设置画笔的笔触大小。

5.1.6 路径和选区的转换

路径和图层不同，它只能进行简单的参数设置，若要应用特殊效果，如样式或滤镜等，则需要将其转换为选区。在Photoshop中，路径和选区之间可以相互转换。具体方法如下。

- 路径转换为选区：选择路径后，在“路径”面板下方单击“将路径作为选区载入”按钮，或在图像窗口中的路径上单击鼠标右键，在弹出的快捷菜单中选择“建立选区”命令，打开“建立选区”对话框，设置羽化半径等参数，单击 确定 按钮。
- 选区转换为路径：载入选区后，在“路径”面板下方单击“从选区生成工作路径”按钮。

5.1.7 运算和变换路径

用户通过使用运算路径或变换路径等方法，可实现快速从已有的路径中得到某图像的效果。

1. 运算路径

与选区一样，路径也具备添加、减去、交叉等功能，这些功能就是路径的运算。路径的运算可通过工具属性栏中的、、、按钮组实现，其具体含义如下。

- “合并形状”按钮：即相加模式，指将两个路径合二为一。选择要添加的路径，在工具属性栏中单击该按钮，然后单击“合并形状组件”按钮即可。
- “减去顶层形状”按钮：即相减模式，指将一个路径的区域全部减去（若重叠，重叠部分同样要减去）。选择路径后，在工具属性栏中单击该按钮，然后单击“合并形状组件”按钮即可。

- “与形状区域相交”按钮：即叠加模式，指只保留两个路径形成区域重合的部分。选择路径后，在工具属性栏中单击该按钮，然后单击“合并形状组件”按钮即可。
- “排除重叠形状”按钮：即交叉模式，指两个形状相交。选择路径后，在工具属性栏中单击该按钮，然后单击“合并形状组件”按钮即可。

2. 变换路径

绘制路径后，若需要对路径的大小或方向等参数进行修改，可通过变换路径来实现。选择路径后，按【Ctrl+T】组合键或在路径上单击鼠标右键，在弹出的快捷菜单中选择“自由变换路径”命令，即可进入变换状态。下面讲解变换路径中的调整路径大小和调整路径方向的方法。

- 调整路径大小：进入变换状态后的路径四周将出现控制节点，将鼠标指针移至控制节点上，单击鼠标并拖曳可调整路径大小。
- 调整路径方向：将鼠标指针移至控制节点外，当其变为↰形状时，单击并按住鼠标进行拖曳，可调整路径的角度和方向。

5.1.8 存储路径

默认情况下，用户绘制的工作路径都是临时的路径，若再绘制一个新路径，原来的工作路径将被新绘制的路径所取代。用户若不想让绘制的路径只是一个临时路径，可存储路径。其方法是：在“路径”面板中双击需要存储的工作路径，在打开的“存储路径”对话框中设置“名称”后，单击确定按钮。此时，“路径”面板中的工作路径将被存储，如图5-27所示。

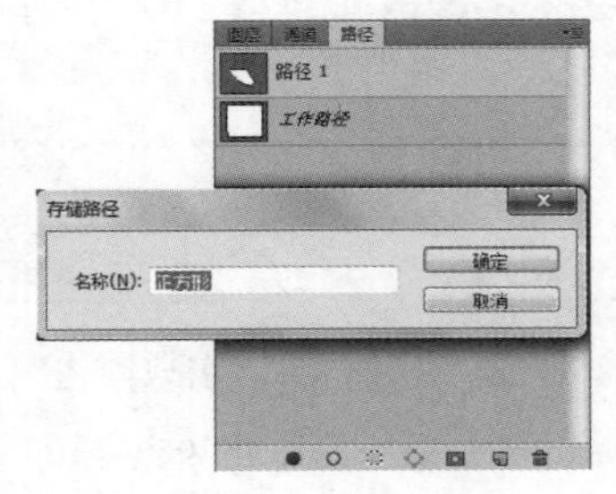

图5-27 存储路径

课堂练习——合成洗发水海报

本练习将打开“秀发美女.jpg”图像（素材\第5章\洗发水海报\），使用钢笔工具抠取人像，并将路径转换为选区；再打开“洗发水海报.psd”图像，使用移动工具将抠取的“秀发美女”图像移动到“洗发水海报”图像中，完成后的参考效果如图5-28所示（素材\第5章\洗发水海报.psd）。

图5-28 洗发水海报效果

5.2 使用形状工具绘制图像

使用Photoshop CC制作矢量图像时，用户并不需要将所有形状都自己全新绘制，还可以使用形状工具绘制一些常见形状，这些操作不仅精确，而且迅速。Photoshop CC包含了多种形状工具，如矩形工具、圆角矩形工具、椭圆工具、多边形工具、直线工具和自定形状工具等。下面将先通过课堂案例讲解形状工具的使用方法，再对基础知识分别进行讲解。

5.2.1 课堂案例—— 制作相册效果

案例目标：本例将制作带有特殊展现效果的相册，在其中使用形状工具绘制了不同的形状，使相册效果更具有展现力。下面将打开“相册.jpg”图像，在其中创建新图层，使用星形工具绘制选区，制作特殊效果，再使用历史记录画笔工具还原部分图像效果；最后使用矩形工具、椭圆工具在图像中绘制不同的形状以修饰图像，完成后的参考效果如图5-29所示。

视频教学
制作相册效果

知识要点：形状工具；历史记录画笔。

素材位置：素材\第5章\相册.jpg

效果文件：效果\第5章\相册.psd

图5-29　完成后的对比效果

其具体操作步骤如下。

STEP 01 打开“相册.jpg”图像，按【Ctrl+J】组合键复制图层，如图5-30所示。

STEP 02 在工具箱中选择多边形工具，在其工具属性栏中设置“绘图模式”为“路径”，再设置边为“6”，单击按钮，在打开的选项栏中依次单击选中“星形”和“平滑缩进”复选框，设置“缩进边依据”为“60%”，如图5-31所示。

STEP 03 将鼠标在人物的脸部进行拖曳，绘制一个多边形路径，选择【窗口】/【路径】命令，打开“路径”面板，在面板下方单击“将路径作为选区载入”按钮，将路径转换为选区，如图5-32所示。

STEP 04 选择【选择】/【反向】命令，反选选区，将前景色设置为“#00fcff”，按【Alt+Delete】组合键使用前景色填充选区，如图5-33 所示。

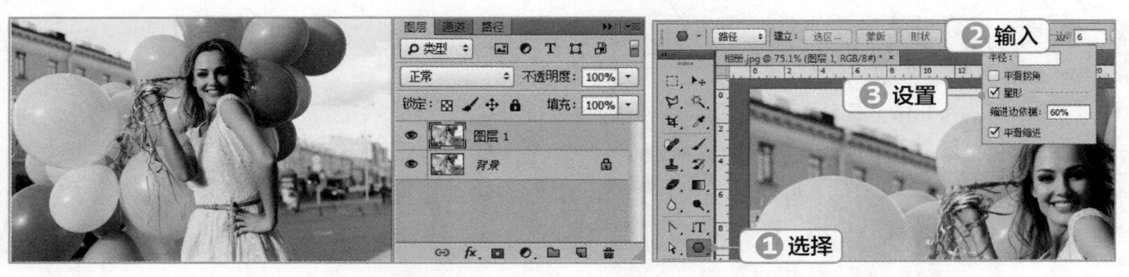

图5-30　复制图层　　　　图5-31　设置多边形参数

图5-32　将路径转换为选区

图5-33　填充选区

STEP 05 按【Ctrl+D】组合键，取消选区，在“图层”面板设置“图层混合模式”为“柔光”，如图5-34所示。

STEP 06 在工具箱中选择历史记录画笔工具，拖曳鼠标在气球区域进行涂抹，还原填充颜色前的图像效果，如图5-35所示。

图5-34　设置图层混合模式

图5-35　涂抹气球后的效果

提示 在涂抹过程中，可在工具属性栏中将画笔大小设置为较大的值，并设置画笔样式为柔边圆类的样式，这样涂抹的效果才会显得更加自然、美观。

STEP 07 在工具箱中选择椭圆工具，在其工具属性栏中设置“绘图模式”为“形状”，并设置“填充颜色”为“#00fcff”，在图像上拖曳鼠标绘制两个正圆，使用相同的方法，再绘制3个白色的正圆，如图5-36所示。

STEP 08 在工具箱中选择自定形状工具，在其工具属性栏中设置“绘图模式”为“形状”，并设置“填充颜色”为“#ff9de2”，在“形状”下拉列表中选择“红心形卡”选项，然后在圆的下方绘制红心形状，如图5-37所示。

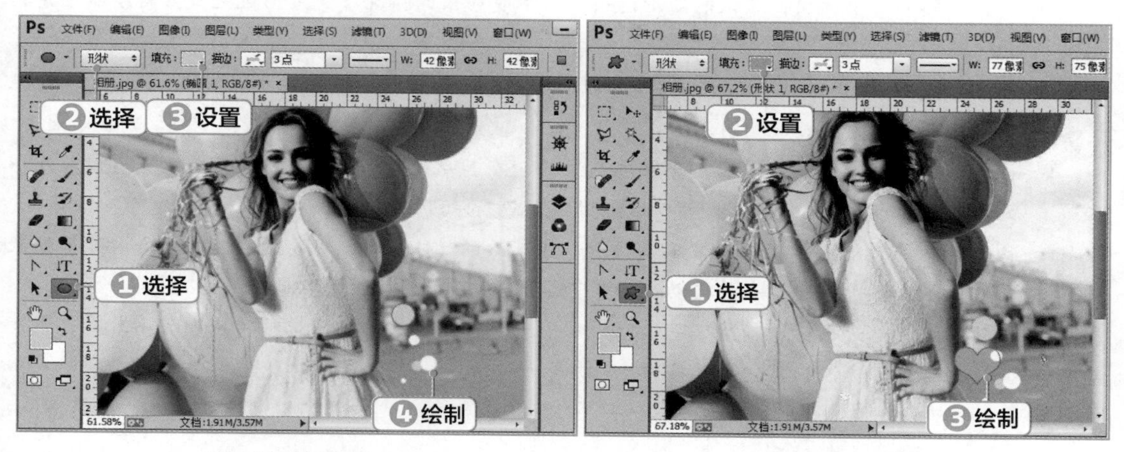

图5-36　绘制正圆

图5-37　绘制红心形状

STEP 09 在工具箱中选择矩形工具，在其工具属性栏中设置“填充颜色”为“#ffffff”，在图像的右侧绘制100像素×650像素的矩形。打开“图层”面板，设置“不透明度”为“40%”，此时的效果如图5-38所示。

STEP 10 在工具箱中选择直排文字工具，在矩形上方输入文字“Your Name…”，并设置“字体、字号、颜色”分别为“Lucida Handwriting、48点、#7e8686”，保存文件查看完成后的效果，如图5-39所示。

图5-38　绘制矩形

图5-39　查看完成后的效果

5.2.2 矩形工具

选择矩形工具，在图像中单击并拖曳鼠标即可绘制矩形，按住【Shift】键不放单击鼠标并绘制，可绘制出正方形。

除了通过拖曳鼠标来绘制矩形外，在Photoshop CC中还可以绘制固定尺寸、固定比例的矩形。选择矩形工具，在工具属性栏上单击按钮，在打开的面板中进行设置即可，如图5-40所示。

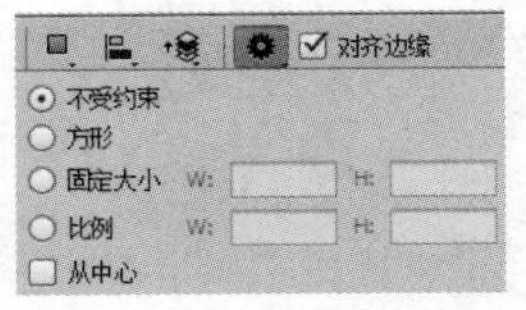

图5-40 设置矩形比例

矩形选项菜单中相关选项的含义介绍如下。

- "不受约束"单选项：默认的矩形选项，在不受约束的情况下，可通过拖曳鼠标绘制任意形状的矩形。
- "方形"单选项：单击选中该单选项后，拖曳鼠标绘制的矩形为正方形，其效果与按住【Shift】键绘制的效果相同。
- "固定大小"单选项：单击选中该单选项后，在其后的"W"和"H"数值框中可输入矩形的长宽值，在图像中单击鼠标即可绘制指定长宽的矩形。
- "比例"单选项：单击选中该单选项后，在其后的"W"和"H"数值框中可输入矩形的长宽比例值，在图像中单击并拖动鼠标即可绘制长宽等比的矩形。
- "从中心"复选框：一般情况下绘制的矩形，其起点均为单击鼠标时的位置，而单击选中该复选框后，单击鼠标时的位置将为绘制矩形的中心点，拖动鼠标时矩形由中间向外扩展。

5.2.3 圆角矩形工具

圆角矩形工具可以绘制出具有圆角效果的矩形，常用于按钮、复选框的绘制，其绘制方法与"矩形工具"相同。只是在矩形工具的基础上多了一个"半径"选项，用于控制圆角的大小，半径越大，圆角越广。图5-41所示为半径为5像素和20像素的圆角矩形。

图5-41 半径为5像素的圆角矩形和半径为20像素的圆角矩形

5.2.4 椭圆工具

椭圆工具用于创建椭圆和圆形，其使用方法和矩形工具一样。选择椭圆工具后，在图像窗口中单击并拖曳鼠标即可绘制椭圆。按住【Shift】键不放并绘制，或在工具属性栏上单击按钮，在打开的下拉列表中单击选中“圆形”单选项后绘制，可得到圆形形状。

5.2.5 多边形工具

多边形工具用于绘制多边形和星形。选择多边形工具后，在其工具属性栏中可设置多边形的边数，在工具属性栏上单击按钮，在打开的面板中可设置其他相关选项。

多边形面板中相关选项的含义介绍如下。

- “边”数值框：用于设置多边形的边数。输入数字后，在图像中单击鼠标并拖曳即可得到相应边数的正多边形。
- “半径”数值框：用于设置绘制的多边形的半径。
- “平滑拐角”复选框：指将多边形或星形的角变为平滑角，该功能多用于绘制星形。
- “星形”复选框：用于绘制星形。单击选中该复选框后，“缩进边依据”数值框和“平滑缩进”复选框可用，其中“缩进边依据”数值框用于设置星形边缘向中心缩进的数量，值越大，缩进量越大；“平滑缩进”复选框用于设置平滑的中心缩进。

提示 绘制多边形时的“半径”是指中心点到角的距离，而非中心点到边的距离。且绘制星形时，设置的星形边的条数，其实对应的为星形角的个数，即五条边对应五角星、六条边对应六角星，以此类推。

5.2.6 直线工具

直线工具可绘制直线或带箭头的线段，只需在工具箱中选择直线工具，在其工具属性栏中单击按钮，在打开的面板中可设置直线工具的工具属性栏参数，如图5-42所示。

图5-42 直线工具属性栏

下面分别对箭头常用选项进行介绍。

- “起点”复选框：单击选中“起点”复选框，可为绘制的直线起点添加箭头。
- “终点”复选框：单击选中“终点”复选框，可为绘制的直线终点添加箭头。
- “宽度”数值框：用于设置箭头宽度与直线宽度的百分比。图5-43所示为箭头宽度分别为500%和1000%。
- “长度”数值框：用于设置箭头长度与直线宽度的百分比。图5-44所示为箭头长度为“200%”和“500%”的对比效果。
- “凹度”数值框：用于设置箭头尾部的凹陷程度。当数值为0%时，箭头尾部平齐；当数值大于0%时，箭头尾部将向内凹陷；当数值小于0%时，箭头尾部将向外凹陷，如图5-45所示。

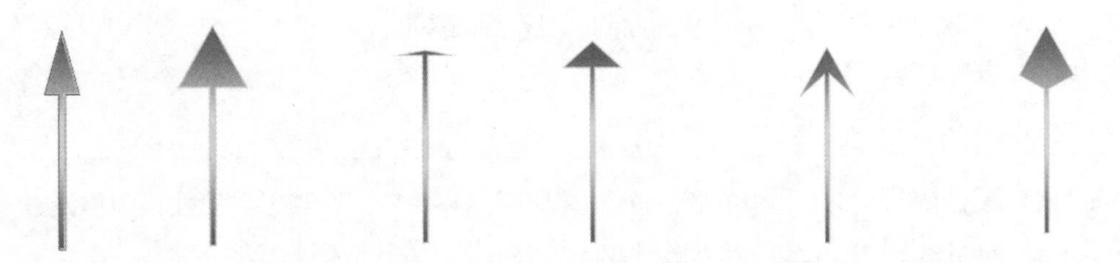

图5-43　宽度为“500%”和“1000%”　　图5-44　长度为“200%”和“500%”　　图5-45　凹度为“向内”和“向外”凹陷

5.2.7　自定形状工具

自定形状工具就是可以创建自定义形状的工具，包括Photoshop CC预设的形状或外部载入的形状。选择自定形状工具后，在工具属性栏的“形状”下拉列表框中选择预设的形状，在图像中单击并拖曳鼠标即可绘制所选形状，按住【Shift】键不放并绘制，可得到长宽等比的形状，如图5-46所示。

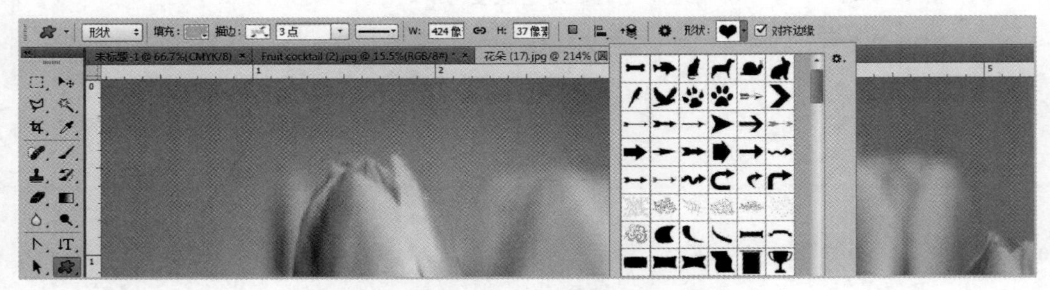

图5-46　自定形状工具

提示　在Photoshop CC中，预设的自定形状是有限的，要使用外部提供的形状，必须先将形状载入形状库中。方法为：在“形状”下拉列表右上角单击按钮，在打开的菜单中选择“载入形状”命令，打开“载入”对话框，选择要载入的形状，单击按钮后，该形状即可添加至“形状”下拉列表中。

课堂练习——制作名片

本练习将打开“素材\第5章\名片.jpg”图像，在使用自定形状工具为名片的地址、电话和邮箱添加对应图标，并在其中输入文字，完成后的参考效果如图5-47所示（效果\第5章\名片.psd）。

图5-47　查看完成后的效果

5.3 使用画笔工具绘制图像

在绘制图像的过程中，形状工具多用于绘制棱角分明的形状，若需要绘制边缘较柔和的线条则会显得无从下手。此时可使用画笔工具，通过画笔的拖动可绘制类似毛笔画出的线条效果，也可以绘制具有特殊形状的线条效果。下面将通过课堂案例讲解画笔工具的使用方法，再对基础知识进行讲解。

5.3.1 课堂案例——制作“大雪”节气海报

案例目标：二十四节气是我国气候变化、时令顺序的标志，客观地反映了季节更替和气候变化状况，它的形成和发展与我国农业生产的发展紧密相连。为了让大家关注十二节气知识，弘扬传统文化，现需制作节气海报。本例将使用画笔工具制作“大雪”节气海报，在制作时先制作带有渐变的背景，再使用画笔工具对“大雪”效果进行绘制，完成后的参考效果如图5-48所示。

知识要点：载入画笔样式；设置画笔基本样式；画笔工具；铅笔工具。

素材位置：素材\第5章\“大雪”节气海报\

效果文件：效果\第5章\“大雪”节气海报.psd

视频教学
制作“大雪”节气海报

图5-48 “大雪”节气海报效果

其具体操作步骤如下。

STEP 01 选择【文件】/【新建】命令，或按【Ctrl+N】组合键，打开“新建”对话框，在“名称”文本框中输入图像名称为“大雪”节气海报，设置“宽度、高度”分别为“21厘米、37厘米”，单击 确定 按钮，如图5-49所示。

STEP 02 单击工具箱中的背景色图标，打开“拾色器（背景色）”对话框，使用鼠标拖曳颜色滑块到需要设置的颜色上，如图5-50所示。

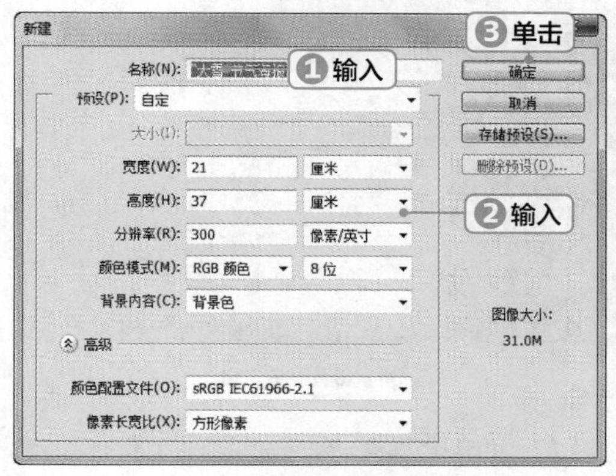

图5-49 新建图像文件

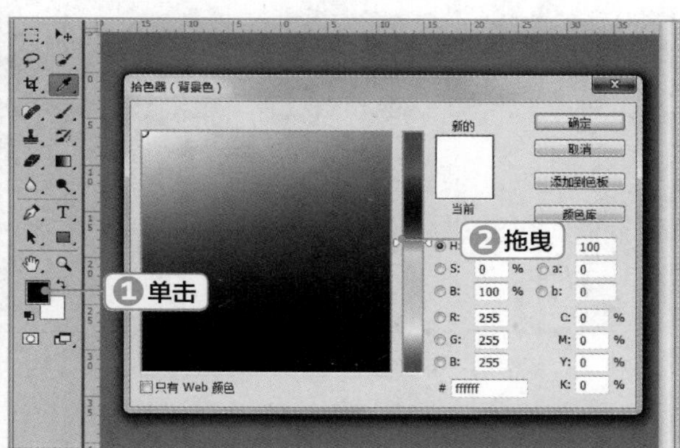

图5-50 选择颜色

STEP 03 将鼠标指针移动到左边颜色显示窗口中，此时鼠标指针将变成一个小圆圈，在需要设置为前景色的颜色处单击鼠标，或输入颜色值，这里输入“#ccf2fe”，单击 确定 按钮，如图5-51所示。

STEP 04 按【Ctrl+Delete】组合键，对背景进行填充，查看填充背景色后的文件效果，如图5-52所示。

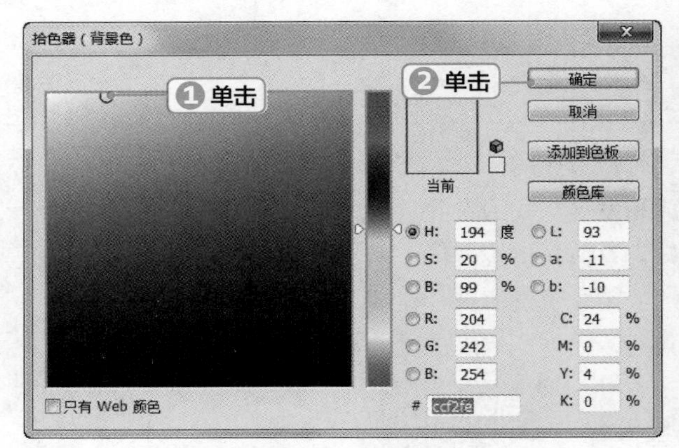

图5-51 选择背景颜色

图5-52 填充背景色

STEP 05 选择【窗口】/【颜色】命令打开“颜色”面板，面板的左上角有两个颜色方框，上面的方框表示前景色，下面的方框表示背景色。这里单击选择前景色，将鼠标移动到下方的色彩条上，当鼠标指针变为吸管工具时，单击所需设置的颜色；在其滑块右侧的的文本框中输入数值也可设置新的颜色，这里分别设置为“241、211、211”，如图5-53所示。

STEP 06 选择画笔工具，将“画笔大小”设置为“2539像素”，将“画笔硬度”设置为“0”，横向涂抹图像的中间区域，添加背景颜色，如图5-54所示。

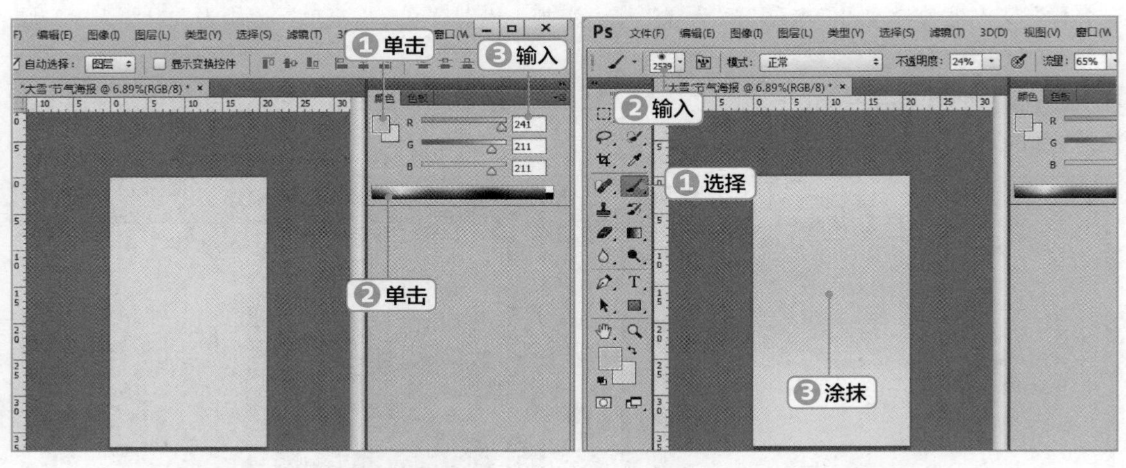

图5-53 使用“颜色”面板设置背景色

图5-54 设置画笔工具

STEP 07 单击“颜色”面板右侧的“色板”选项卡，将鼠标移至“色板”面板的色样方格中，鼠标指针变为吸管工具，选择所需的颜色方格，即可设置前景色，此处选择“蜡笔青蓝”颜色，如图5-55所示。

STEP 08 选择画笔工具，在工具属性栏中将“画笔大小”设置为“2539像素”，将“画笔硬度”设置为“0”，横向涂抹图像上方区域，制作背景，如图5-56所示。

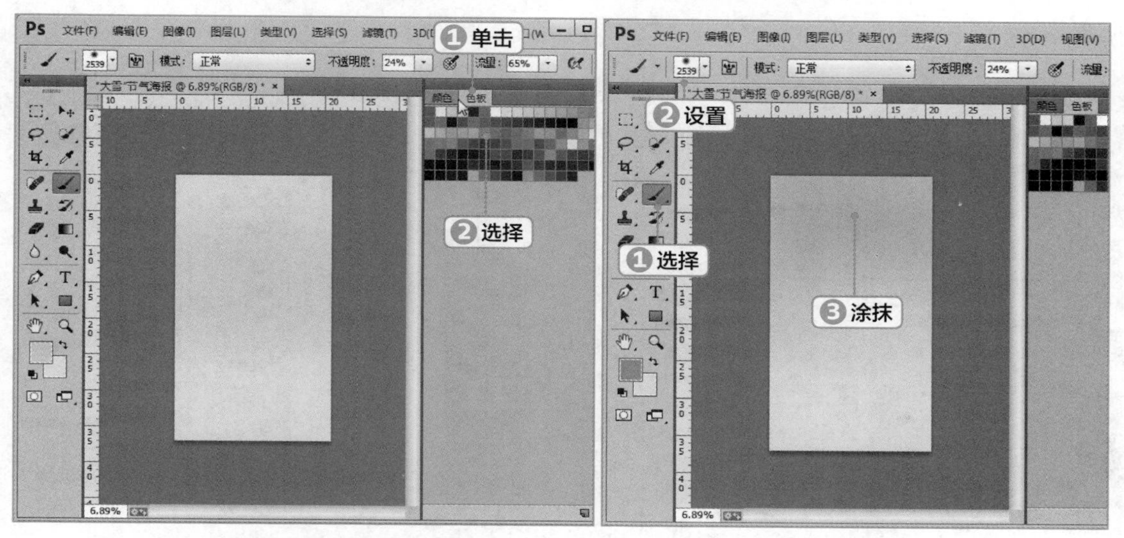

图5-55　使用“色板”面板设置前景色

图5-56　设置画笔工具

STEP 09 选择【窗口】/【画笔预设】命令，或按【F5】键，打开“画笔”面板，在“画笔预设”面板左侧单击画笔预设按钮，如图5-57所示。

STEP 10 在“画笔预设”面板右侧单击按钮，在打开的下拉列表中选择需要载入的画笔样式选项，这里选择“自然画笔”选项，如图5-58所示。

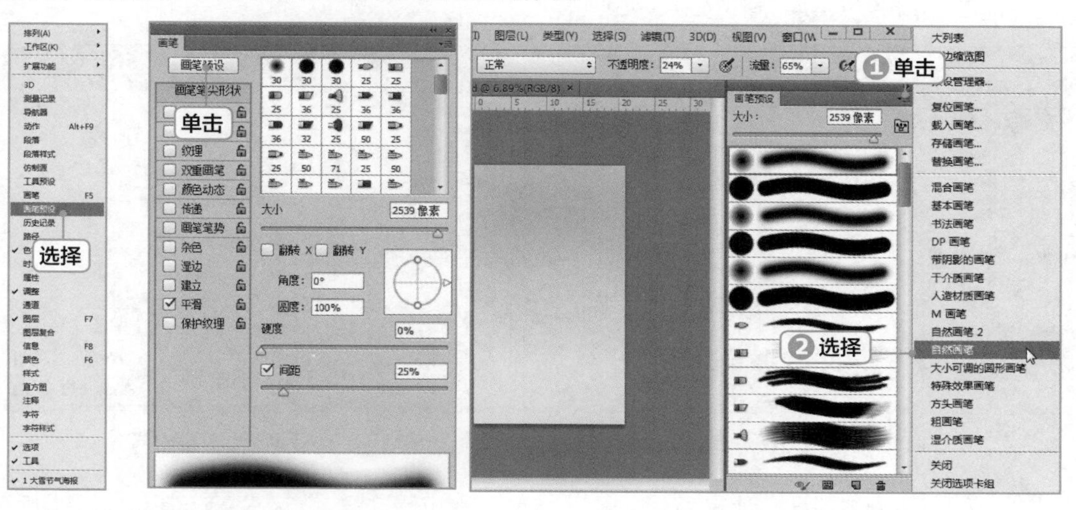

图5-57　打开“画笔预设”面板

图5-58　选择载入的画笔样式

STEP 11 打开“是否用自然画笔中的画笔替换当前的画笔？”提示框，单击追加(A)按钮，可将自然画笔追加到当前画笔中；单击确定按钮，可将使用选择的画笔组替换当前的画笔组，这里单击追加(A)按钮，如图5-59所示。

STEP 12 在“画笔预设”下拉列表框中查看追加的画笔样式，选择画笔工具，将前景色设置为白色，在“画笔预设”下拉列表框中选择“63”选项，在工具属性栏中将“画笔大小”设置为“1200像素”，再将“不透明度”设置为“80%”，在图像底部绘制白色的积雪效果，如图5-60所示。

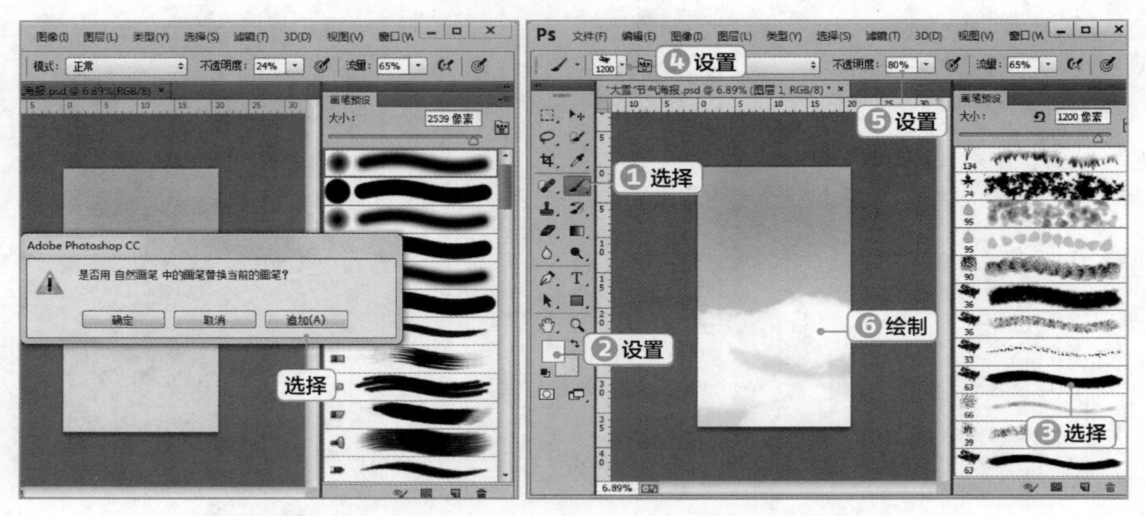

图5-59　确认载入的画笔样式　　图5-60　应用画笔样式

STEP 13 在“画笔预设”面板右侧单击按钮，在打开的下拉列表中选择“预设管理器”选项，打开“预设管理器”对话框，单击 载入(L) 按钮，如图5-61所示。

STEP 14 打开“载入”对话框，选择笔刷的保存位置，选择需要载入的笔刷，此处选择“树枝.abr”选项，单击 载入(L) 按钮，如图5-62所示。

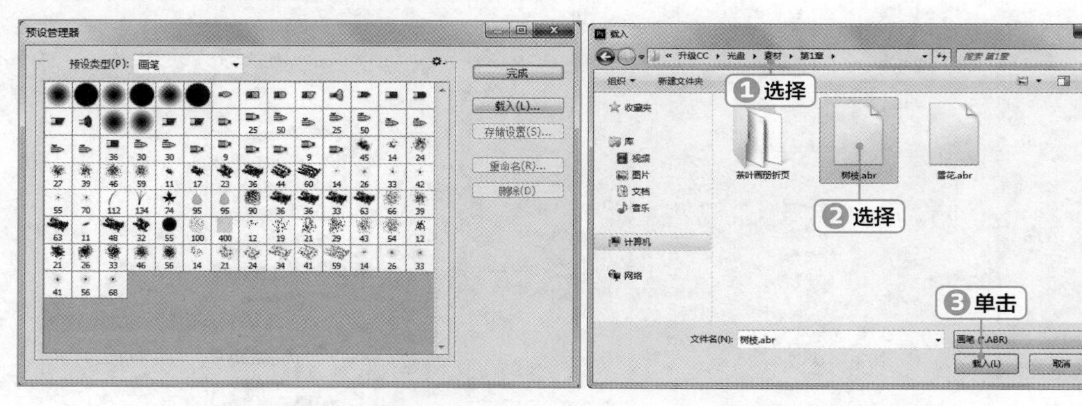

图5-61　单击“载入”按钮　　图5-62　载入计算机中的画笔样式

STEP 15 返回“预设管理器”对话框，查看载入的树枝样式，单击 完成 按钮，如图5-63所示。

STEP 16 选择画笔工具，设置前景色为“#554230”，选择“544”笔刷样式，创建新图层，设置“画笔大小”为“2200像素”，在图像编辑区单击鼠标绘制大树，使用相同的方法绘制另一棵大树，如图5-64所示。

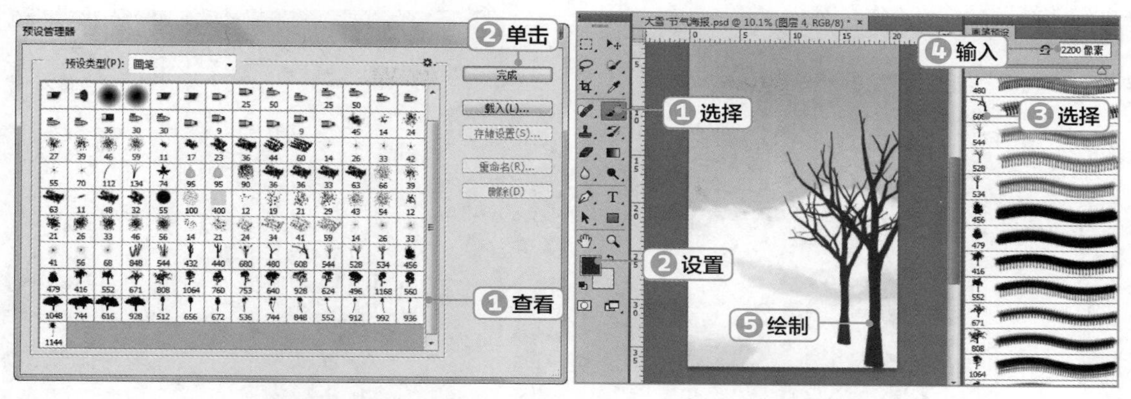

图5-63　查看载入的树枝样式　　图5-64　绘制两棵大树

STEP 17 创建新图层，将其移动到树木图层下方，设置前景色为“白色”，选择画笔工具，选择需要绘制的树枝样式，设置画笔大小，绘制白色远景树木，此处绘制的白色大树使用了“680”“608”“544”“528”“534”这5个画笔样式，如图5-65所示。

STEP 18 在“图层”面板底部单击“创建新图层”按钮新建“雪花”图层，将前景色设置为白色，选择画笔工具，在工具属性栏的“画笔样式”下拉列表框中选择“柔边圆”笔刷样式，如图5-66所示。

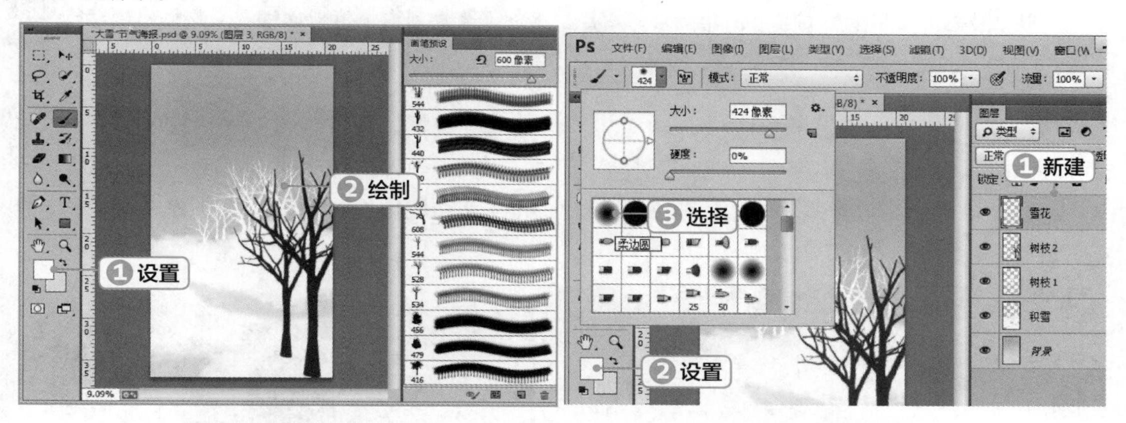

图5-65　绘制白色大树　　图5-66　设置画笔参数

STEP 19 选择【窗口】/【画笔】命令，在打开的“画笔”面板的左侧单击选中“平滑”复选框，设置“笔刷大小”为“300像素”，单击选中“间距”复选框，设置“间距”值为“180%”，在面板下方即可预览设置后的效果，如图5-67所示。

STEP 20 在“画笔”面板的左侧单击选中“形状动态”复选框，设置“大小抖动”的值为“100%”，设置“最小直径”为“1%”，如图5-68所示。

提示 在使用画笔工具绘制图像的过程中，有时需要频繁切换画笔的大小。通过输入画笔大小值，固然精确，但比较耗时，此时可通过快捷键进行画笔大小的切换，其方法为：将输入法切换到英文状态或退出输入状态后，按【[】或【]】键放大或缩小画笔半径，按键次数越多放大与缩小画笔半径的幅度越大。

图5-67 设置平滑

图5-68 设置形状动态

疑难解答 形状动态有哪些用途？

形状动态主要用于绘制具有渐隐效果的图像，如烟雾生成到渐渐消逝的过程、物体的运动轨迹等。

STEP 21 在“画笔”面板左侧单击选中“散布”复选框，设置散布值为“1000%”，“数量”为“1”，“控制”为“5”，“数量抖动”值为“99%”，如图5-69所示。

STEP 22 将鼠标指针移动到绘图区，此时绘图区上将显示画笔形状效果，在左下角单击，即可完成雪花的绘制，如图5-70所示。

图5-69 设置散布

图5-70 绘制飘落的雪花

STEP 23 按【Ctrl】键单击树枝图层的缩略图，载入选区，在“图层”面板中单击右下角的

“创建新图层”按钮，创建新图层，设置前景色为“白色”，选择画笔工具，在工具属性栏的“画笔样式”列表框中选择“柔边圆”选项，设置“画笔大小”为“60像素”，如图5-71所示。

STEP 24 涂抹树枝枝丫和树枝末端，添加积雪效果，在绘制过程中可不断调整画笔大小，如图5-72所示。

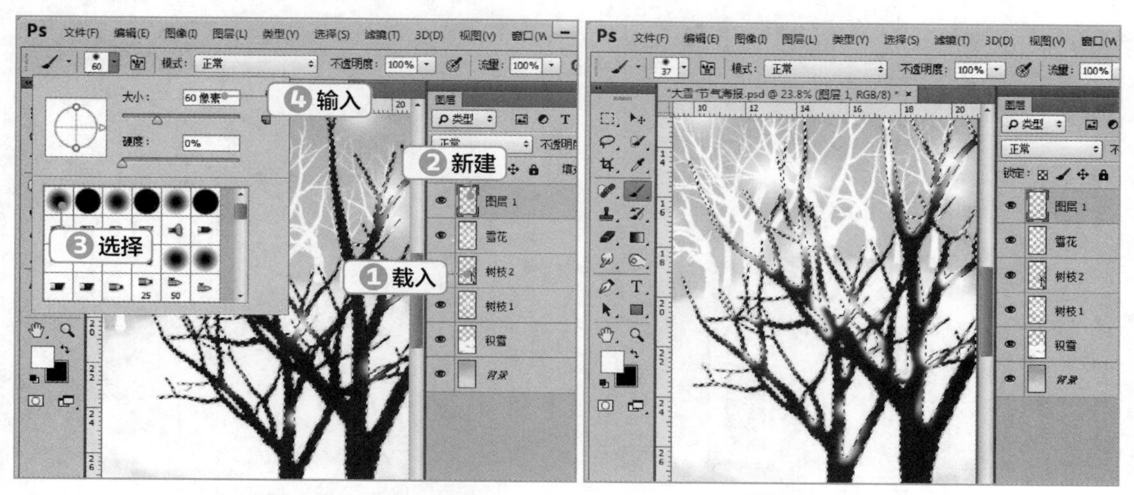

图5-71 创建新图层并设置画笔参数

图5-72 绘制积雪

STEP 25 在工具箱中选择减淡工具，在工具属性栏中设置“曝光度”为“85%”，调整画笔大小，涂抹树干与树枝，增加树干与树枝的层次感，如图5-73所示。

STEP 26 打开“熊.psd”图像，将其移动到当前图像中，按【D】键恢复前景色和背景色，在“熊”图层下方新建图层2，使用画笔工具绘制1200像素的柔边圆，按【Ctrl+T】组合键，调整圆的大小与位置，使其置于熊脚底，摄影效果如图5-74所示。

图5-73 涂抹树干与树枝

图5-74 绘制熊的投影

STEP 27 选择直排文字工具，设置前景色为“白色”，在工具属性栏中设置“字体”为“张海山锐线简体”，设置“字号”为“103点”，“字形”为“浑厚”，在图像上的空白处单击，并输入文字“大雪”，按【Ctrl+Enter】组合键确认输入，如图5-75所示。

STEP 28 再次选择直排文字工具，在工具属性栏中设置字体为“中圆体”，设置字号为“36点”，字形为“浑厚”，在“大雪”文字的左侧分别输入两列文字，按【Ctrl+Enter】组合键确认输入，使用移动工具调整文本位置，如图5-76所示。

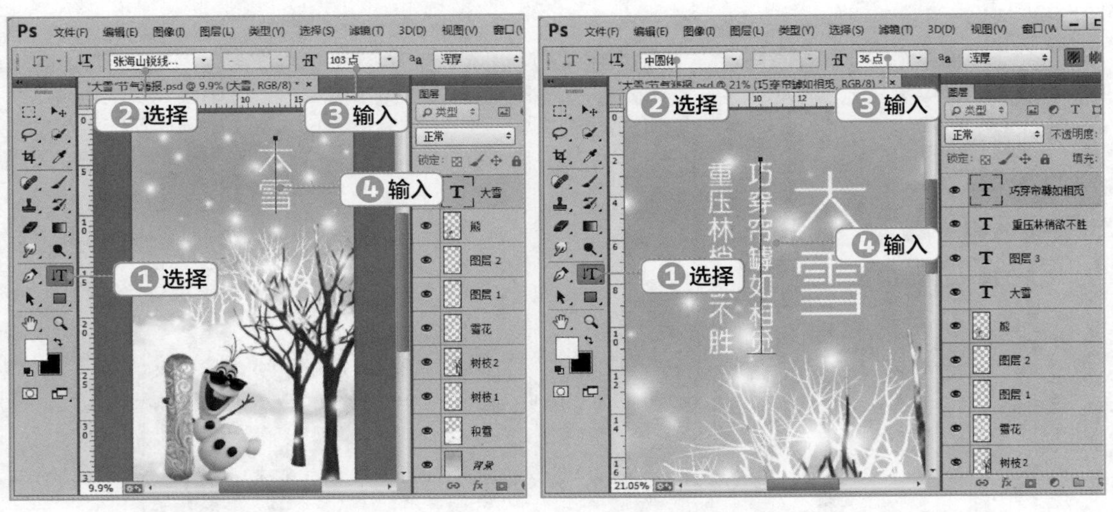

图5-75 输入“大雪”文字　　图5-76 输入两列文字

STEP 29 在“图层”面板中单击右下角的“创建新图层”按钮，创建新图层，在工具箱中选择铅笔工具，在工具属性栏中单击“铅笔工具”右侧的下拉按钮，在打开的下拉列表框中设置大小为“2像素”，按住【Shift】键在文本中间绘制垂直线条，将“雪花”图层移动到最上端，如图5-77所示。

STEP 30 按【Ctrl+S】组合键打开“另存为”对话框，在其中设置保存位置并保存文件，查看完成后的效果，如图5-78所示。

图5-77 设置铅笔参数　　图5-78 保存文件并查看效果

5.3.2 画笔工具

画笔工具是图像处理过程中使用最频繁的绘制工具，常用来绘制边缘较柔和的线条。下面将对画笔工具进行简单介绍，包括画笔工具属性栏和画笔预设。

1. 认识画笔工具属性栏

在工具箱中选择画笔工具，即可在工具属性栏显示出相关画笔属性。在画笔工具属性栏中可设置画笔的各种属性参数，如图5-79所示。

图5-79　画笔工具属性栏

画笔工具属性栏中相关参数含义介绍如下。

- “画笔”面板：用于设置画笔笔头的大小和使用样式，单击“画笔”右侧的按钮，可打开“画笔设置”面板。在其中可以选择画笔样式，设置画笔的大小和硬度参数。
- “模式”下拉列表：用于设置画笔工具对当前图像中像素的作用形式，即当前使用的绘图颜色与原有底色之间进行混合的模式。
- “不透明度”下拉列表：用于设置画笔颜色的透明度，数值越大，不透明度越高。单击其右侧的下拉按钮，在弹出的滑动条上拖曳滑块也可实现透明度的调整。
- “流量”下拉列表：用于设置绘制时颜色的压力程度，值越大，画笔笔触越浓。
- “喷枪工具”按钮：单击该按钮可以启用喷枪工具进行绘图。
- “绘图板压力控制大小”按钮：单击该按钮，使用数位板绘画时，光感压力可覆盖“画笔”面板中的不透明度和大小设置。

2. 画笔预设

选择【窗口】/【画笔预设】命令，打开“画笔预设”面板。在“画笔预设”面板中选择画笔样式后，可拖曳“大小”滑块调整笔尖大小。单击“画笔预设”面板右上角的按钮，可打开“画笔预设”面板更多选项，在其中可以选择面板的显示方式，以及载入预设的画笔库等，如图5-80所示。

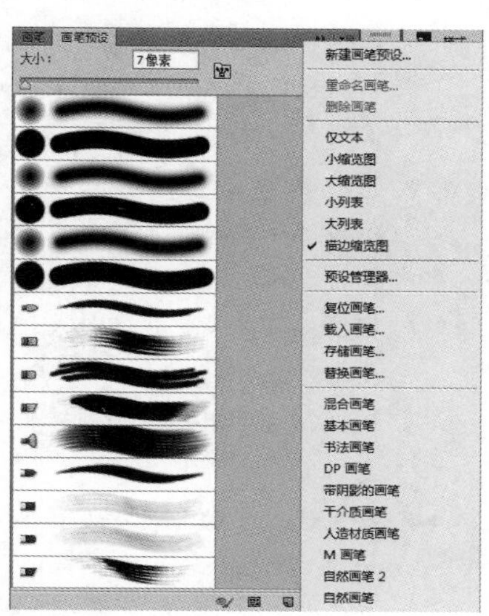

图5-80　“画笔预设”面板

“画笔预设”面板中部分选项含义介绍如下。

- 新建画笔预设：用于创建新的画笔预设。
- 重命名画笔：选择一个画笔样式后，可选择该命令重命名画笔。
- 删除画笔：选择一个画笔样式后，可选择该命令将其删除。
- 仅文本/小缩览图/大缩览图/小列表/大列表/描边缩览图：可设置画笔在面板中的显示方式。选择“仅文本”选项，只显示画笔的名称；选择“小缩览图”和“大缩览图”选项，只显示画笔的缩览图和画笔大小；选择“小列表”和“大列表”选项，则以列表的形式显示画笔的名称和缩览图；选择“描边缩览图”选项，可显示画笔的缩览图和使用时的预览效果。

- 预设管理器：选择该命令可打开“预设管理器”窗口。
- 复位画笔：当添加或删除画笔后，可选择该命令使面板恢复为显示默认的画笔状态。
- 载入画笔：选择该命令可以打开“载入”对话框，选择一个外部的画笔库，单击“载入”按钮，可将新画笔样式载入“画笔”面板和“画笔预设”面板。
- 存储画笔：可将面板中的画笔保存为一个画笔库。
- 替换画笔：选择该命令可打开“载入”对话框，在其中可选择一个画笔库来替换面板中的画笔。
- 画笔库：该列表中所列的是Photoshop CC提供的各种预设的画笔库。选择任意一个画笔库，在打开的提示对话框中单击 追加(A) 按钮，可将画笔载入面板中。

5.3.3 设置与应用画笔样式

Photoshop CC中的画笔可根据需要在“画笔”面板中更改样式属性设置，以满足设计的需要。选择画笔工具，将前景色设置为所需的颜色，单击属性栏中的“切换画笔面板”按钮，即可打开“画笔”面板，如图5-81所示。

“画笔”面板中部分参数含义介绍如下。

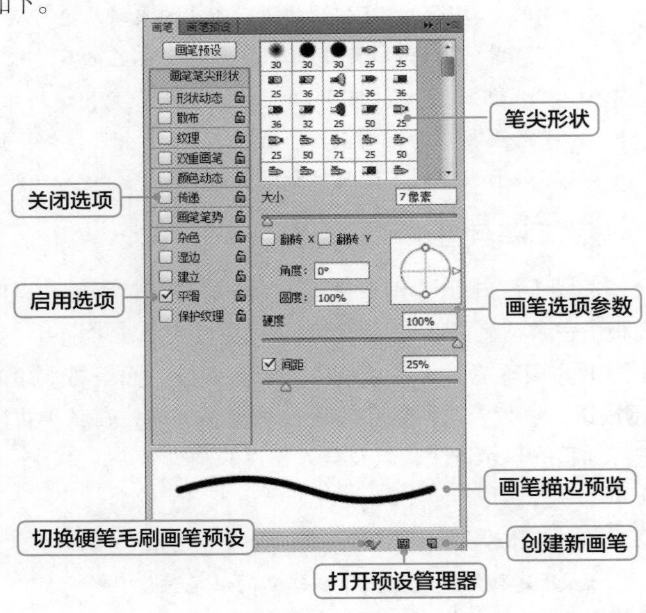

图5-81 “画笔”面板

- 画笔预设 按钮：单击该按钮，可将“画笔”面板切换到“画笔预设”面板。
- 启用/关闭选项：用于设置画笔的选项。选中状态的选项表示该选项已启用，未选中状态的选项表示该选项未启用。
- 锁定/未锁定：出现图标时表示该选项已被锁定，出现图标时表示该选项未被锁定。单击图标可在锁定状态和未锁定状态之前切换。
- 笔尖形状：用于显示预设的笔尖形状。
- 画笔选项参数：用于设置画笔的相关参数。
- 画笔描边预览：用于显示设置各参数后，绘制画笔时将出现的画笔形状。
- 切换硬毛刷画笔预设：单击“切换硬毛刷画笔预设”按钮，在使用笔刷笔尖时，在画布中将出现笔尖的形状。
- 打开预设管理：单击按钮，可打开“预设管理器”对话框。
- 创建新画笔：单击按钮，可将当前设置的画笔保存为一个新的预设画笔。

在使用画笔过程中，可单击选中不同的复选框，设置不同的画笔样式，主要包括画笔笔尖样式、形状动态、散布、纹理、双重画笔、颜色动态、传递、画笔笔势、杂色和湿边等，下面分别进行介绍。

- 画笔笔尖形状：在“画笔笔尖样式”选项面板中可对画笔的形状、大小、硬度等进行设置。
- 形状动态：形状动态用于设置绘制时画笔笔迹的变化，可设置绘制画笔的大小、圆角等产生的随机效果。
- 散布：在“散布”选项面板中可以对绘制的笔迹数量和位置进行设置。
- 纹理：在“纹理”选项面板中设置参数，可以让笔迹在绘制时出现纹理质感。
- 双重画笔：在“双重画笔”选项面板中可以为画笔添加两种画笔效果，这使画笔的编辑变得更加自由。
- 颜色动态：在“颜色动态”选项面板中可为笔迹设置颜色的变化效果。
- 传递：在“传递”选项面板中可对笔迹的不透明度、流量、湿度、混合等抖动参数进行设置。
- 画笔笔势：用于调整毛刷画笔笔尖、侵蚀画笔笔尖的角度。
- 杂色：用于为一些特殊的画笔增加随机效果。
- 湿边：用于在使用画笔绘制笔迹时增大油彩量，从而产生水彩效果。
- 建立：用于模拟喷枪效果，使用时根据鼠标的单击程度来确定画笔线条的填充量。
- 平滑：在使用画笔绘制笔迹时产生平滑的曲线，若是使用压感笔绘画，该选项效果最为明显。
- 保护纹理：用于将相同图案和缩放应用到具有纹理的所有画笔预设中。启用该选项，在使用多种纹理画笔时，可绘制出统一的纹理效果。

5.3.4 使用铅笔工具

铅笔工具与画笔工具作用都是绘制图像，其使用方法也相同。但铅笔工具的绘制效果比较硬，常用于各种线条的绘制。在工具箱中选择铅笔工具，其工具属性栏如图5-82所示。

图5-82 铅笔工具属性栏

铅笔工具属性栏中各选项作用如下。

- “画笔预设”下拉列表框：单击右侧的下拉按钮，将打开“画笔预设”下拉列表，在其中可以对笔尖、画笔大小和硬度等进行设置。
- “模式”下拉列表框：用于设置绘制的颜色与下方像素的混合方式。
- “不透明度”下拉列表框：用于设置绘制时的颜色不透明度。数值越大，绘制出的笔迹越不透明；数值越小，绘制出的笔迹越透明。图5-83所示为不透明度为100%和不透明度为70%的效果。
- “自动抹除”复选框：单击选中“自动抹除”复选框后，将光标的中心放在包含前景色的区域上，可将该区域涂抹为背景色。如果光标放置的区域不包括前景色区域，则将该区域涂抹成前景色。

图5-83　不透明度100%和70%的对比效果

课堂练习——制作雪花背景图片

本练习将打开“素材\第5章\照片.jpg”图像，先载入提供的雪花画笔，新建几个雪花图层，使用不同大小和不同流量的画笔绘制雪花，增加雪花的层次感。再为照片添加冷却滤镜，并调整背景的曲线，增加亮部与暗部的对比度，完成后的参考效果如图5-84所示（效果\第5章\照片.psd）。

图5-84　查看完成后的效果

5.4 添加文字

当图像绘制完成后，还可在图像中输入文字，对图像进行说明。因为文字是一种传达信息的手段，它不但能够丰富图像内容，起到强化主题、明确主旨的作用，还能对图像进行美化，使效果更加美观。下面将通过课堂案例讲解添加文字的方法，再对其基础知识进行讲解。

5.4.1 课堂案例—— 制作甜品屋宣传单

案例目标： 多利甜品屋是一家高档的甜品店铺，金秋在即，该店铺决定在店铺门口张贴一张广告单，以宣传充值优惠信息。在设计该广告单时，要求营造秋季唯美和浪漫的气息，用于激发人们的甜蜜情怀，提高甜品的销量。在设计时不但要输入文字，还要对海报进行布局，使整个画面内容直观、图像美观，完成后的参考效果如图5-85所示。

知识要点： 创建文字；点文字与段落文字的转换；创建变形文字。

素材位置： 素材\第5章\甜品屋宣传单\

效果文件： 效果\第5章\甜品屋宣传单.psd

图5-85　甜品屋宣传单效果

其具体操作步骤如下。

STEP 01 新建一个尺寸为21厘米×29厘米，名称为“甜品屋宣传单”，分辨率为“150像素/英寸”的空白文件。在工具箱中选择渐变工具，在工具属性栏中设置“渐变样式”为“线性”，然后设置前景色为“#ecdbbb”，背景色为“#ffffff”，为图像从上到下应用线性渐变效果，打开“树林.psd”素材图像，选择移动工具将其拖曳到当前编辑的图像中，适当调整图像大小，并放到画面下方，将其组合成林荫大道的效果，如图5-86所示。

STEP 02 打开“礼盒.psd”素材图像，选择移动工具将其拖曳到当前编辑的图像中，适当调整图像大小，将其放到画面下方的草地上，如图5-87所示。

图5-86 新建文件并填充背景

图5-87 添加礼盒

STEP 03 设置前景色为“深灰色”，在工具箱中选择画笔工具，在工具属性栏中设置“画笔大小”为“30”，设置“不透明度”为“50%”，最后在礼盒底部绘制投影效果，如图5-88所示。

STEP 04 在工具箱中选择横排文字工具，在图像中间分别输入说明性文字，在工具属性栏中分别设置“字体”为“方正大黑简体、微软雅黑”，调整文字大小，分别设置文字颜色为“#8c181a”和“#000000”，如图5-89所示。

图5-88 绘制礼盒投影

图5-89 输入文字并设置文字格式

STEP 05 新建一个图层，在工具箱中选择矩形选框工具，在文字上方绘制一个细长的矩形选区，并填充颜色为“#a7866b”，如图5-90所示。

STEP 06 选择橡皮擦工具，在工具属性栏中设置“不透明度”为“60%”，在细长矩形两侧进行涂抹，擦除图像，多次按【Ctrl+J】组合键，复制多个细长矩形图像，分别排列在文字中间，用来区别、装饰文字区域，如图5-91所示。

图5-90 添加装饰条

图5-91 涂抹并复制装饰条

STEP 07 在工具箱中选择横排文字工具，在工具属性栏中设置“字体”为“汉仪粗圆简”，“颜色”为“白色”，在图像中输入文字“爱在金秋 享在多利”。按【Ctrl+T】组合键进入变换状态，在文字上单击鼠标右键，在弹出的快捷菜单中选择“斜切”命令，向右拖曳右上角的控制点，适当倾斜文字，如图5-92所示。

STEP 08 选择【类型】/【转换为形状】命令，在工具箱中选择钢笔工具，单击选择文字曲线，配合【Alt】键通过添加、删除、拖曳锚点，对“爱在金秋”几个字进行造型设计，如图5-93所示。

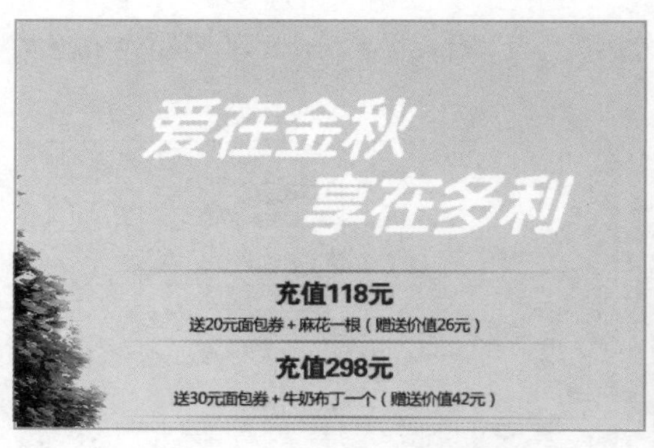

图5-92 输入文字并设置文字格式

图5-93 转换文字为形状并对部分文字造型

STEP 09 选择【图层】/【图层样式】/【描边】命令，打开“描边”对话框，设置“描边大小”为“7”像素，设置“位置”为“外部”，设置“颜色”为“#f8ecd1”，如图5-94所示。

STEP 10 单击选中“投影”复选框，设置“投影颜色”为“黑色”，“不透明度”为

“75”，再设置“角度、距离、扩展、大小”分别为“120、14、17、6”，单击 确定 按钮，得到添加图层样式后的效果，如图5-95所示。

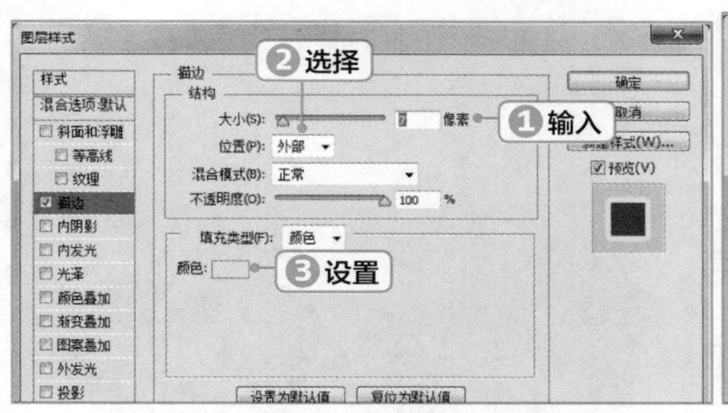

图5-94 描边文字

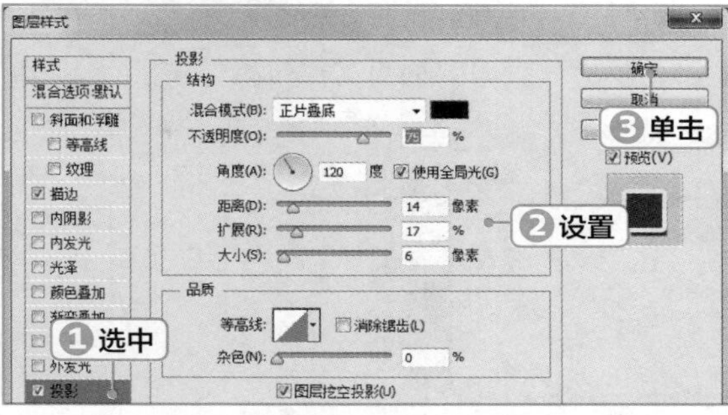

图5-95 转换文字为形状并对文字造型

STEP 11 按【Ctrl+J】组合键复制文字图层，双击该图层，打开“图层样式”对话框，撤销选中“描边”复选框，单击选中“渐变叠加”复选框，设置渐变颜色为不同深浅的金黄色，再设置其他参数，单击 确定 按钮，完成渐变设置，如图5-96所示。

STEP 12 返回图像编辑窗口查看编辑文字后的效果，如图5-97所示。

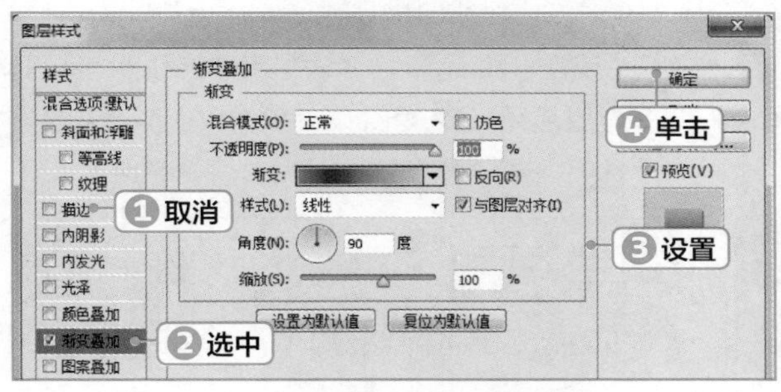

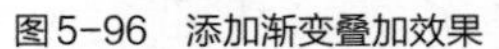

图5-96 添加渐变叠加效果

图5-97 查看编辑后的文字效果

STEP 13 添加“心形.psd”素材图像，在工具箱中选择横排文字工具 T ，在工具属性栏中设置字符格式为“LeviReBrushed、43点”，文字颜色为“#e9dec5”，在心形素材上输入文字“Love”，如图5-98所示。

STEP 14 在“图层”面板中选择文字图层，在其上单击鼠标右键，在弹出的快捷菜单中选择“栅格化文字”命令，将文字图层转化为普通图层，如图5-99所示。

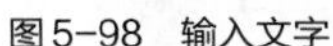

图5-98 输入文字

图5-99 栅格化文字图层

STEP 15 选择【滤镜】/【风格化】/【扩散】命令，打开“扩散”对话框，单击选中“正常”单选项，单击确定按钮应用扩散效果，如图5-100所示。

STEP 16 此时发现，文字边缘产生沙粒散开的效果，按【Ctrl+F】组合键继续执行该滤镜效果，使扩散效果得到加强，直到得到满意的文字扩散效果为止，如图5-101所示。

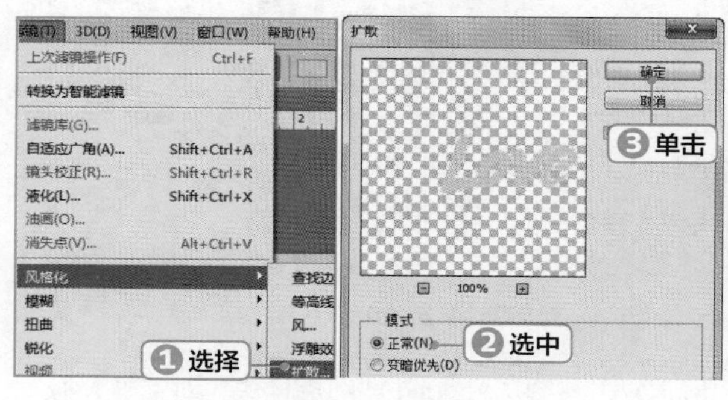

图5-100 设置滤镜效果

图5-101 叠加滤镜效果

STEP 17 在工具箱中选择钢笔工具，在工具属性栏中更改钢笔的“绘图模式”为“形状”，取消描边，设置“填充颜色”为“#603811”，在图像右上角绘制形状，装饰页面。选择该图层，在“图层”面板中设置图层的“不透明度”为“19%”，如图5-102所示。

STEP 18 在工具箱中选择横排文字工具，在工具属性栏中设置“字体”为“方正兰亭黑简体”，文字颜色为“#8c7d2f”，在页面右上角输入“多利甜品屋 DUOLITIANPINWU”，调整文字的大小，选择输入的文字，在“字符”面板中单击“倾斜”按钮倾斜文字，如图5-103所示。

图5-102 绘制形状并设置图层不透明度

图5-103 输入文字并设置文字格式

STEP 19 在“图层”面板中选择“多利甜品屋”图层，在其上单击鼠标右键，在弹出的快捷菜单中选择“创建工作路径”命令，将文字图层中的文字轮廓创建为路径，创建工作路径后，文字图层将仍然保持原样，不会发生任何变化，如图5-104所示。

STEP 20 在“图层”面板中单击“多利甜品屋”图层中的图标，隐藏文字图层；在“路径”面板中选择创建的工作路径，在工具箱中选择钢笔工具，按住【Ctrl】键在“多利甜品屋”路径上单击鼠标左键，显示路径中的锚点，然后使用编辑路径的方法，更改路径的形状，如图5-105所示。

STEP 21 为避免丢失路径，此处在“路径”面板中选择创建的工作路径图层，单击右上角的按钮，在打开的下拉列表中选择“存储路径”选项，打开“存储路径”对话框，输入存储路径的名称“文字路径”，单击确定按钮，如图5-106所示。

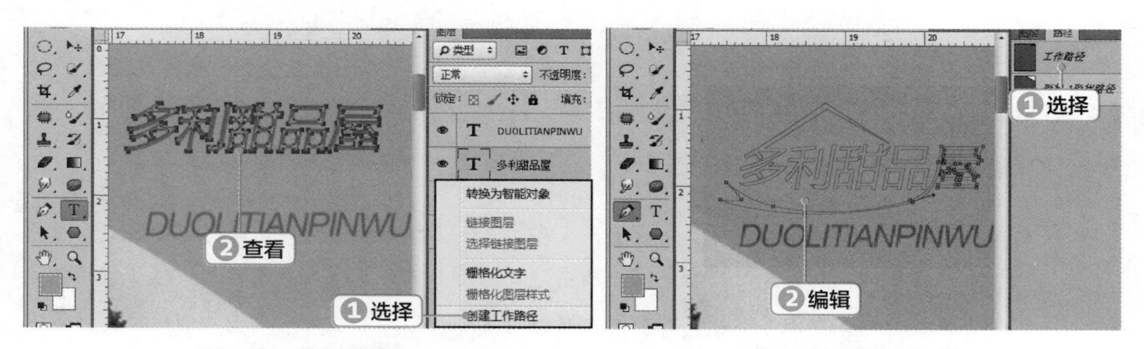

图5-104　创建文字路径　　图5-105　调整路径形状

STEP 22 新建图层，设置前景色为“#8c7d2f”，返回“路径”面板中选择“文字路径”图层，单击“用前景色填充路径”按钮，为编辑后的路径填充颜色，如图5-107所示。

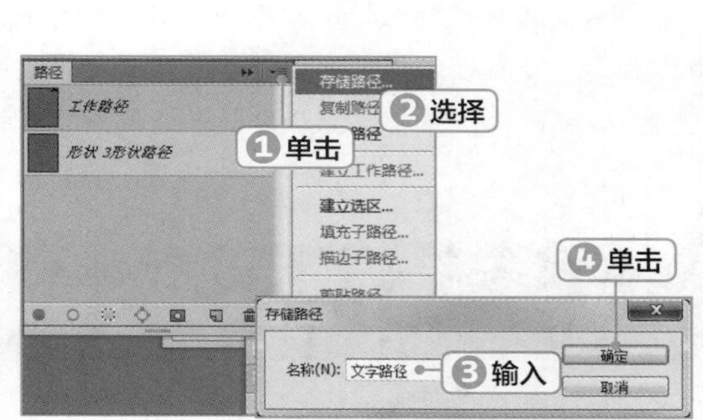

图5-106　存储文字路径　　图5-107　填充画笔路径

STEP 23 在填充路径图层下方新建图层，设置前景色为“#f8ecd1”，在工具箱中选择画笔工具，在工具属性栏中单击“画笔大小”下拉列表框右侧的下拉按钮，在打开的面板中设置画笔的“笔尖样式”为“柔边圆”，设置“大小”为“5像素”，如图5-108所示。

STEP 24 返回“路径”面板，选择“文字路径”图层，单击“用画笔描边路径”按钮，对路径进行描边，然后单击面板的空白部分，取消路径的选择，完成本例的操作，保存文件，查看甜品屋宣传单的最终效果，如图5-109所示。

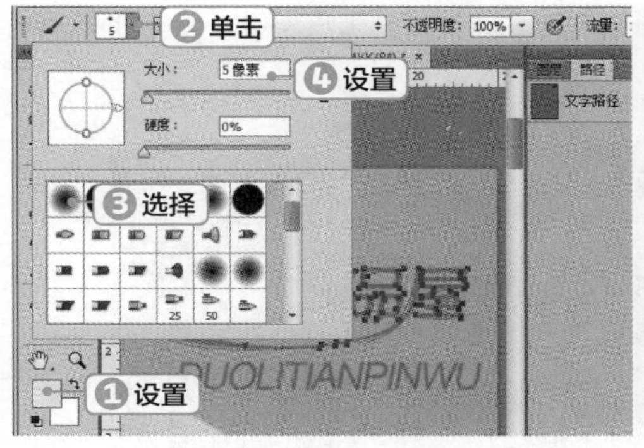

图5-108　描边画笔路径　　图5-109　描边画笔路径

5.4.2 创建文字

在Photoshop CC中，用户可使用文字工具直接在图像中添加点文字，如果需要输入的文字较多，可以选择创建段落文字。此外，为了满足特殊编辑的需要，还可以创建文字选区或文字路径。下面将对这些文字的创建方法进行详细介绍。

- 创建点文字：选择横排文字工具T或直排文字工具IT，在图像中需要输入文字的位置，单击鼠标定位文字插入点，此时将新建文字图层，直接输入文字后在工具属性栏中单击✓按钮完成点文字的创建。为了得到更好的点文字效果，可输入文字前，在文字工具的属性栏设置文字的字体、字形、字号、颜色、对齐方式等参数。
- 创建段落文字：段落文字是指在文本框中创建的文字，具有统一的字体、字号、字间距等文字格式，并且可以整体修改与移动，常用于杂志的排版。段落文字同样需要通过横排文字工具T或直排文字工具IT进行创建，其具体操作为：打开图像，在工具箱中选择横排文字工具T，在工具属性栏设置文字的字体和颜色等参数，按住鼠标左键不放拖动以创建文本框，在文本框中输入段落文字即可，如图5-110所示。若绘制的文本框不能完全地显示文字，移动鼠标指针至文本框四周的控制点，当其变为↘形状时，可通过拖动控制点来调整文本框大小，从而使文字完全显示出来。

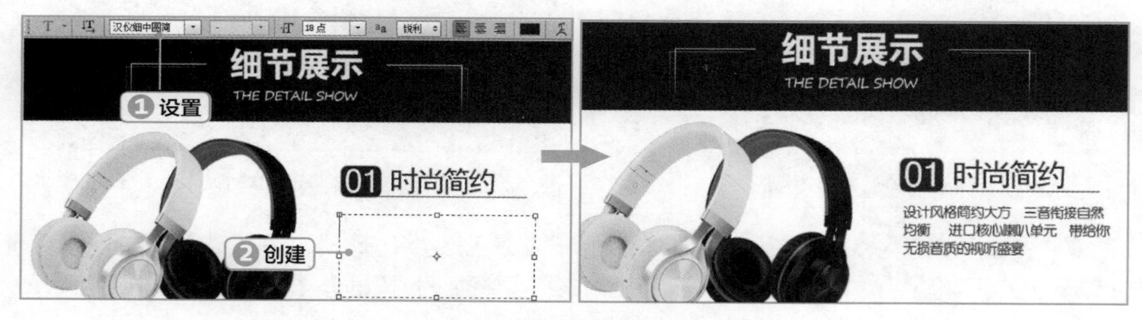

图5-110 创建段落文字

- 创建文字选区：Photoshop CC提供了横排文字蒙版工具和直排文字蒙版工具，可以帮助用户快速创建文字选区，常用于广告设计，其创建方法与创建点文字的方法相似。选择横排文字蒙版工具或直排文字蒙版工具后，在图像中需要输入文字的位置单击鼠标，从而定位文字插入点，直接输入文字，然后在工具属性栏中单击✓按钮完成文字选区的创建，如图5-111所示。

图5-111 创建文字选区

- 创建路径文字：在图像处理过程中，创建路径文字可以使文字沿着斜线、曲线、形状边缘等路径排列，或在封闭的路径中输入文字，产生意想不到的效果。输入沿路径排列的文字时，需要先创建文字排列的路径，再使用文字工具在路径上输入文字，如图5-112所示。

图5-112　创建路径文字

5.4.3　点文字与段落文字的转换

为了使排版更方便，可对创建的点文字与段落文字进行相互转换。若要将点文字转换为段落文字，可选择需要转换的文字图层，在其上单击鼠标右键，在弹出的快捷菜单中选择“转换为段落文本”命令，如图5-113所示。若要将段落文字转换为点文字，则在弹出的快捷菜单中的“转换为段落文本”命令将变为“转换为点文本”命令，选择该命令即可。

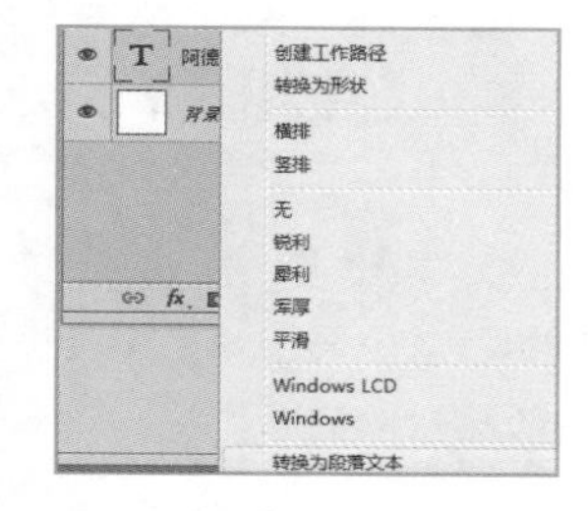

图5-113　选择“转换为段落文本”命令

5.4.4　创建变形文字

在平面设计中经常可以看到一些变形文字。在Photoshop CC中可使用3种方法创建变形文字，包括文字变形、自由变换文字、将文字转换为路径。下面分别进行介绍。

- 文字变形：在文字工具的属性栏中提供了文字变形工具，通过该工具可以对选择的文字进行变形处理，以得到更加艺术化的效果。其方法为：选择要变形的文字，单击“创建文字变形”按钮，打开“变形文字”对话框，在“样式”下拉列表中选择变形选项，完成后单击 确定 按钮即可。
- 自由变换文字：在对文字进行自由变换前，需要先对文字进行栅格化处理。栅格化文字的方法是：选择文字所在图层，在其上单击鼠标右键，在弹出的快捷菜单中选择“栅格化文字”命令。这样可将其转换为普通图层，然后选择【编辑】/【变换】命令，在打开的子菜单中选择相应的命令，拖曳出现的控制点即可进行透视、缩放、旋转、扭曲、变形等操作。
- 将文字转化为路径：输入文字后，在文字图层上单击鼠标右键，在弹出的快捷菜单中选择“转换为形状”或“创建工作路径”命令，即可将文字转换为路径。将文字转换为路径之后，使用直接选择工具或钢笔工具编辑路径，即可将文字变形。

5.4.5 使用“字符”面板

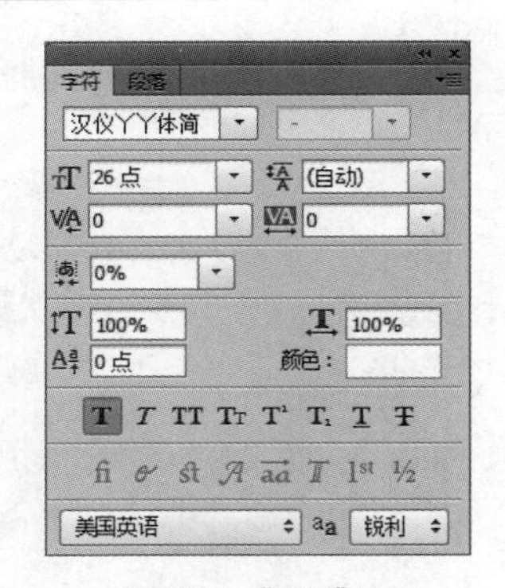

图5-114 “字符”面板

通过文字工具的属性栏仅能对字体、字形、字号等部分文字格式进行设置，若要进行更详细的设置，可选择【窗口】/【字符】命令，在打开的“字符”面板中进行设置，如图5-114所示。

“字符”面板中主要选项作用介绍如下。

- 下拉列表：用于设置字体大小，其中点数越大，对应的字体也就越大。
- 下拉列表：用于设置行间距，单击文本框右侧的下拉按钮，在打开的下拉列表中可以选择行间距的大小。
- 下拉列表：微调两个字符间的间距。
- 下拉列表：设置所选字符的字距，可以单击右侧的下拉按钮，在打开的下拉列表中选择字符间距，也可以直接在数值框中输入数值。
- 下拉列表：用于设置所选字符的比例间距。
- 数值框：设置选择文字的垂直缩放效果。
- 数值框：设置选择文字的水平缩放效果。
- 数值框：设置基本偏移，当设置参数为正值时，向上移动；当设置参数为负值时，向下移动。
- 按钮组：分别用于对文字进行加粗、倾斜、全部大写字母、将大写字母转换成小写字母、上标、下标、添加下画线、添加删除线等操作。设置时，选择文字后单击相应的按钮即可。

5.4.6 使用“段落”面板

段落可使输入的文字更加具有规范性，还能使文字的排版更加美观，更加符合文字展现的需要。要设置文字段落，可通过“段落”面板完成。选择【窗口】/【段落】命令，打开“段落”面板，如图5-115所示。

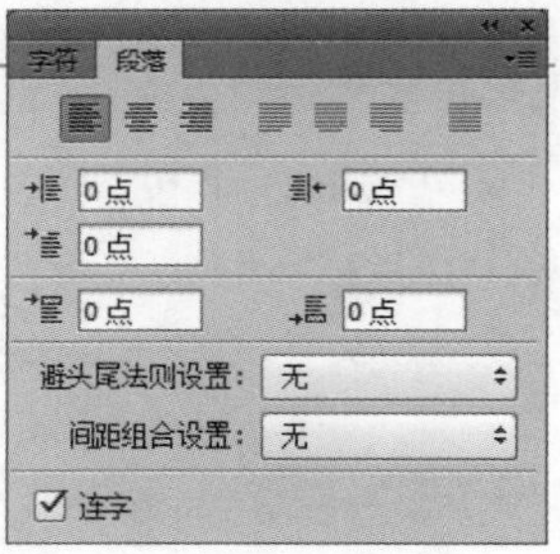

图5-115 “段落”面板

“段落”面板中主要选项对应的作用介绍如下。

- 按钮组：分别用于设置段落左对齐、居中对齐、右对齐、最后一行左对齐、最后一行居中对齐、最后一行右对齐、全部对齐。设置时，选择文字后单击相应的按钮即可。
- “左缩进”按钮：用于设置所选段落文字左边向内缩进的距离。
- “右缩进”按钮：用于设置所选段落文字右边向内缩进的距离。
- “首行缩进”按钮：用于设置所选段落文字首行缩进的距离。
- “段前添加空格”按钮：用于设置插入光标所在段落与前一段落间的距离。
- “段后添加空格”按钮：用于设置插入光标所在段落与后一段落间的距离。
- “连字”复选框：单击选中该复选框，表示可以将文字的最后一个外文单词拆开形成连字符号，使剩余的部分自动换到下一行。

课堂练习——制作“夏日”海报

本练习将制作一个主题为“夏日”的海报，下面将打开“素材\第5章\“夏日”海报.psd”图像，先在其中输入文本，并设置其字符格式，然后为文本设置渐变、描边和投影图层样式，对文字的效果进行编辑，使文字呈现出立体感，最后将文字进行旋转，完成后的参考效果如图5-116所示（效果\第5章\“夏日”海报.psd）。

图5-116 “夏日”海报效果

5.5 上机实训——制作灯箱广告

5.5.1 实训要求

本实训将使用钢笔工具创建路径抠图，并将其转换为选区，完成后打开“城市.jpg”图像，在其中制作人物剪影，完成后输入文字，完成灯箱广告的制作。

5.5.2 实训分析

灯箱广告又名“夜明宣传画”，用于户外的灯箱广告，大多分布于道路、街道两旁，以及商业闹市区、车站等公共场所。本实训将制作灯箱广告，通过城市鸟瞰图与人物剪影的展现，体现广告效果，参考效果如图5-117所示。

素材所在位置：素材\第5章\灯箱海报\

效果所在位置：效果\第5章\灯箱海报.psd

视频教学
制作灯箱广告

图5-117 灯箱广告效果

5.5.3 操作思路

在掌握了一定的绘制图像方法后，便可开始本实训的设计与制作。根据前面的实训要求，本实训的操作思路如图5-118所示。

① 创建人物选区　② 移动人物到图像中　③ 添加文字和剪影效果

图5-118 操作思路

【步骤提示】

STEP 01 打开“男士侧颜.jpg”图像，在工具箱中选择钢笔工具，在人物的后颈处使用鼠标在图像上单击创建锚点，沿着人物的头部再使用鼠标在图像上单击创建另一个锚点，绘制一条曲线路径。使用鼠标在沿着人物的轮廓单击绘制人物轮廓，在绘制时注意将背景同衣服进行区分。

STEP 02 在“路径”面板中选择创建的工作路径，在其上单击鼠标右键，在弹出的快捷菜单中选择“建立选区”命令，打开“建立选区”对话框，设置“羽化半径”为“2”像素，单击 确定 按钮。打开“城市.jpg”图像，在“男士侧颜”图像中选择移动工具，将建立选区后的图像拖动到“城市”图像右侧，并调整人物位置和大小。

STEP 03 在“图层”面板中新建图层，并将其填充为白色，完成后设置“不透明度”为“80%”，将新建的图层移动到图层1下方，复制背景图层，并将其移动到最上方，在其上单击鼠标右键，在弹出的快捷菜单中选择“创建剪切蒙版”命令，对其创建剪切蒙版。

STEP 04 选择横排文字工具输入文字“拼搏”“不达成功誓不休”并设置“字体”为“汉仪长宋简”，调整文本大小并分别创建剪切蒙版。

STEP 05 在“调整”面板中单击“曲线”按钮，打开“曲线”属性面板，在中间编辑区的线条上，单击获取一点并向上拖动，调整图像的亮度，完成后保存图像。

5.6 课后练习

1. 练习 1——制作网页登录界面

本练习将打开“网页.jpg”图像，使用矩形工具和圆角矩形工具，在图像上绘制矩形和圆角矩形，制作按钮和登录框，并输入文字，制作网页登录界面，完成后的参考效果如图5-119所示。

素材所在位置： 素材\第5章\网页.jpg

效果所在位置： 效果\第5章\登录页面.psd

2. 练习 2——制作水墨梅花

本练习将打开“梅花简笔画.jpg”图像，使用画笔工具，为梅花的花瓣填充不同的粉红色，完成后再次使用画笔工具，为树干绘制深浅过渡，最后添加文字，完成后的参考效果如图5-120所示。

素材所在位置： 素材\第5章\梅花简笔画.jpg、文字.psd

效果所在位置： 效果\第5章\水墨梅花.psd

图5-119 网页登录页面

图5-120 水墨梅花

CHAPTER 6

第6章 修饰图像

在Photoshop CC绘制或使用数码相机拍摄获得的图像，除了存在图像颜色的偏差，还往往存在质量的问题，如绘制后的图像具有明显的人工处理痕迹，没有景深感，色彩不平衡，明暗关系不明显，存在曝光或杂点等，这时就需要利用Photoshop CC提供的不同图像修饰工具对图像进行修饰美化。下面将详细介绍修饰图像的方法。

课堂学习目标

- 掌握照片瑕疵的遮挡与修复的方法
- 掌握图像表面修饰的方法
- 掌握清除图像的方法

课堂案例展示

精修人物美图

人物剪影画

手镯

6.1 照片瑕疵的遮挡与修复

拍摄的照片常会因为各种原因造成不同类型的瑕疵，此时若要照片达到预期的效果，需要对这些照片中的瑕疵进行遮挡与修复，让照片的效果更加完美，下面先通过课堂案例的形式讲解照片瑕疵的遮挡与修复的方法，再对使用到的相关基础知识进行介绍。

6.1.1 课堂案例——精修人物美图

案例目标：在人物图像的处理过程中，不单单使用一种工具进行修饰就能较好地达到预期的效果，还需要协同其他工具让人物的效果变得完美。本例将使用修复工具和模糊工具对人物图像进行修饰，让人物展现得更加美观，完成后的参考效果如图6-1所示。

视频教学
精修人物美图

知识要点：污点修复画笔工具；修复画笔工具；修补工具；矩形选框工具；模糊工具；调整图层。

素材位置：素材\第6章\精修图片.jpg

效果文件：效果\第6章\精修图片.psd

图6-1 精修人物美图效果

其具体操作步骤如下。

STEP 01 打开“精修图片.jpg”素材文件，按【Ctrl+J】组合键复制图像，在工具箱中选择污点修复画笔工具，在工具属性栏中设置污点修复画笔的“大小”为“20”，单击选中“近似匹配”单选项，在人物额头区域的一个较大的斑点处进行拖动，对该斑点进行修复，完成后使用相同的方法对图像中人物的其他斑点进行修复，如图6-2所示。

STEP 02 在工具箱中选择修复画笔工具，按住【Alt】键的同时，使用鼠标在人物图像的额头处单击，设置取样点，并在额头有皱纹处进行涂抹，去除皱纹，如图6-3所示。

图6-2　修复脸部较大的斑点

STEP 03　选择修补工具，使用鼠标在人物左眼的眼角拖动，建立选区，将鼠标移动到选区上，按住鼠标将选区向下方的脸部皮肤移动，去除该部分的眼袋，并查看去除后的效果，如图6-4所示。

图6-3　使用修复画笔工具去除皱纹

图6-4　使用修补工具去除眼袋

STEP 04　使用相同的方法继续对人物左侧眼部分别创建选区，进行眼袋修补，在修补过程中，注意不要将眼睫毛一起去除，要保证眼睫毛的完整性，如图6-5所示。

STEP 05　使用相同的方法，继续对右侧眼袋进行修补，使其显示更加自然。完成后选择修复画笔工具，调整眼袋修补后的重色区域，使其与周围皮肤颜色统一，如图6-6所示。

STEP 06　在工具箱中选择矩形选框工具，框选右眼，并按【Ctrl+T】组合键对选区进行变形操作，完成后拖曳下方中间的控制点，将眼睛放大，再移动到四周的控制点上将其向左进行旋转，使左右眼对齐，如图6-7所示。

STEP 07　按【Ctrl+Shift+Alt+E】组合键盖印图层，如图6-8所示。

STEP 08　选择【图像】/【调整】/【亮度/对比度】命令，打开“亮度/对比度”对话框，设置“亮度、对比度”分别为“50、-5”，单击 确定 按钮，并查看图像提亮后的效果，如图6-9所示。

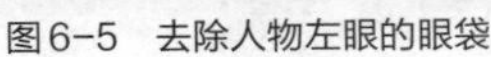

图6-5　去除人物左眼的眼袋

图6-6　去除人物右眼的眼袋

图6-7　放大右侧眼部

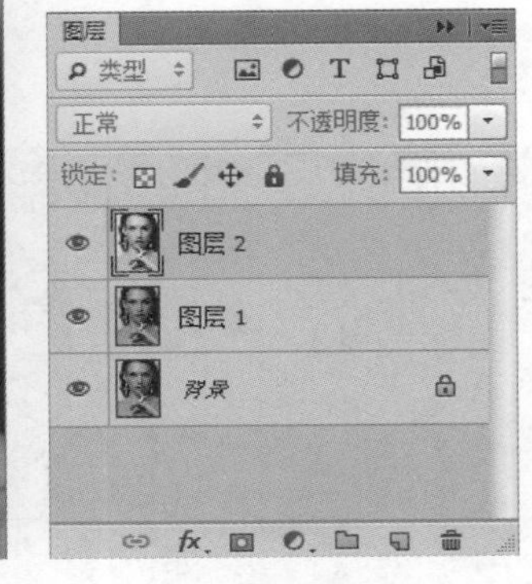

图6-8　盖印图层

STEP 09　按【Ctrl+J】组合键复制图层，在工具箱中选择模糊工具，在工具属性栏中设置“模糊强度”为“40%”，对人物的脸部进行涂抹，去除脸部细毛，使其显得更加光滑，如图6-10所示。

图6-9　提高人物亮度

图6-10　处理脸部细毛

STEP 10 在工具箱中选择钢笔工具，对顶部区域绘制选区并将其填充为黑色，注意绘制过程中要做到两边对称，这样脸型才会显得完美，如图6-11所示。

提示 在绘制顶部时，应该根据人物的脸部形状进行绘制，并且绘制时要保证线条的圆润性，这样绘制后的效果才会显得自然。

STEP 11 使用相同的方法对其他背景与头发区域绘制路径，并将其转换为选区，最后填充为黑色，查看填充后的效果。完成后新建图层，再次使用钢笔工具，沿着人物唇部走势绘制唇部路径，并将绘制后的路径转换为选区，如图6-12所示。

图6-11 绘制顶部区域

图6-12 绘制唇部路径

STEP 12 将前景色设置为“#c00000”，按【Alt+Delete】组合键填充前景色，打开“图层”面板，设置图层混合模式为“线性加深”，查看加深后的唇部效果，如图6-13所示。

STEP 13 按【Ctrl+R】组合键打开标尺，在对应左侧肩部添加参考线，方便路径的绘制。选择钢笔工具，在右侧绘制与左侧相似的路径，注意绘制的右侧肩部要与右侧对称，而且线条要平顺，如图6-14所示。

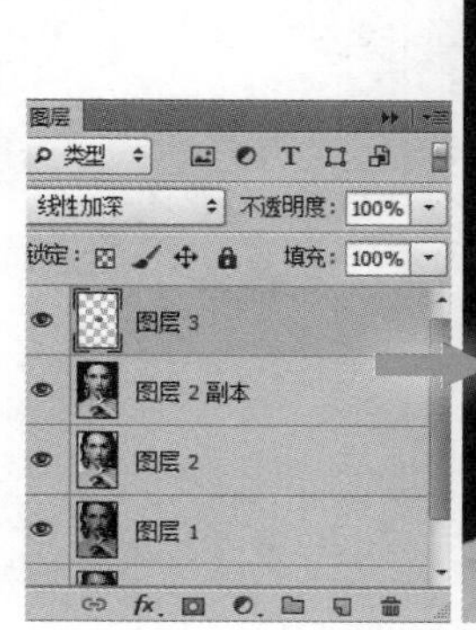

图6-13 填充唇部颜色

图6-14 修补肩部分

STEP 14 对绘制后的路径建立选区，并填充为黑色，完成后选择修补工具，对肩部的头发进行修补，去除在肩部的头发。注意在修补头发过程中，要留意锁骨的位置，防止锁骨被修补工具一起修补，如图6-15所示。

STEP 15 在工具箱中选择矩形选框工具，框选右侧眉毛，并按【Ctrl+T】组合键对选区变形，再在其上单击鼠标右键，在弹出的快捷菜单中选择"变形"命令，此时眉毛出现矩形框，调整眉毛的位置，使其与左侧眉毛的眉峰相同，如图6-16所示。

图6-15 去除多余头发　　图6-16 调整右侧眉毛位置

STEP 16 在"调整"面板中单击"曲线"按钮，打开"曲线"面板，在"通道"下拉列表中选择"红"选项，使用鼠标在曲线框中拖曳曲线，调整红色通道曲线；在"通道"下拉列表中选择"绿"选项，使用鼠标在曲线框中拖曳曲线，调整绿色通道曲线，如图6-17所示。

STEP 17 在"通道"下拉列表中选择 "蓝"选项，使用鼠标在曲线框中拖曳曲线，调整蓝色通道曲线。完成后保存图像并查看完成后的效果，如图6-18所示。

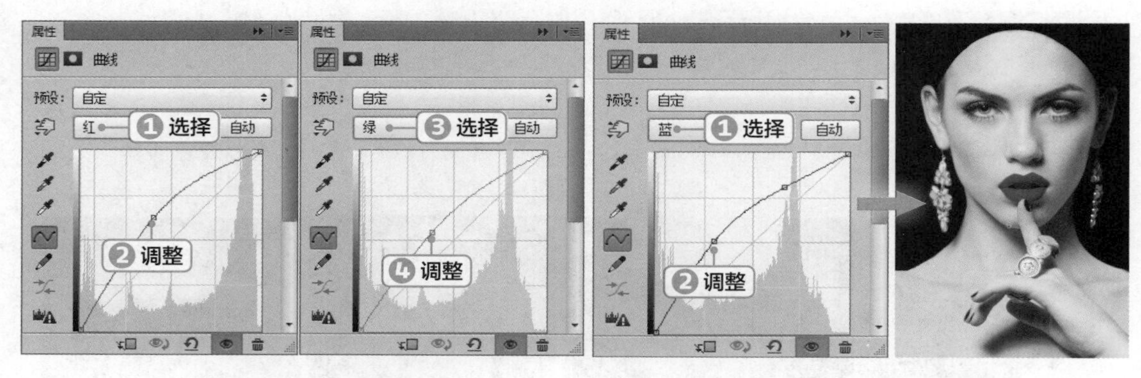

图6-17 调整红、绿通道曲线　　图6-18 调整蓝通道曲线

6.1.2 污点修复画笔工具

污点修复画笔工具主要用于快速修复图像中的斑点或小块杂物等。只需在工具箱中选择污点修复画笔工具，在需要修复的区域进行拖曳或是单击鼠标左键，即可进行污点的修复，其对应的工具属性栏如图6-19所示。

图6-19 污点修复画笔工具属性栏

污点修复画笔工具属性栏中相关参数含义介绍如下。

- "画笔"下拉列表：与画笔工具属性栏对应的选项一样，用于设置画笔的大小和样式等参数。
- "模式"下拉列表框：用于设置绘制后生成图像与底色之间的混合模式。其中选择"替换"模式时，可保留画笔描边边缘处的杂色、胶片颗粒、纹理。
- "类型"栏：用于设置修复图像区域过程中采用的修复类型。单击选中"近似匹配"单选项，可使用选区边缘周围的像素来查找用作选定区域修补的图像区域；单击选中"创建纹理"单选项，可使用选区中的所有像素创建一个用于修复该区域的纹理，并使纹理与周围纹理相协调；单击选中"内容识别"单选项，可使用选区周围的像素进行修复。
- "对所有图层取样"复选框：单击选中该复选框，修复图像时将从所有可见图层中对数据进行取样。

6.1.3 修复画笔工具

修复画笔工具可通过取样，将样本的纹理、光照、透明度、阴影等与所修复的像素匹配，从而去除照片中的污点和划痕。只需在工具箱中选择修复画笔工具，在需要修复的图像周围，按住【Alt】键不放单击，即可获取图像信息，再在需要修复的区域进行涂抹，即可快速完成修复操作，对应的工具属性栏如图6-20所示。

图6-20 修复画笔工具属性栏

修复画笔工具属性栏中相关选项的含义介绍如下。

- "源"栏：设置用于修复像素的来源。单击选中"取样"单选项，则可使用当前图像中定义的像素进行修复；单击选中"图案"单选项，则可从后面的下拉列表中选择预定义的图案对图像进行修复。
- "对齐"复选框：用于设置对齐像素的方式。
- "样本"下拉列表：用于设置取样图层的范围。

6.1.4 修补工具

修补工具是一种使用频繁的修复工具。其工作原理与修复画笔工具相同，操作方法与套索工具一样，绘制一个自由选区，然后通过将该区域内的图像拖动到目标位置，从而完成对目标处图像的修复。选择该工具后，对应的工具属性栏如图6-21所示。

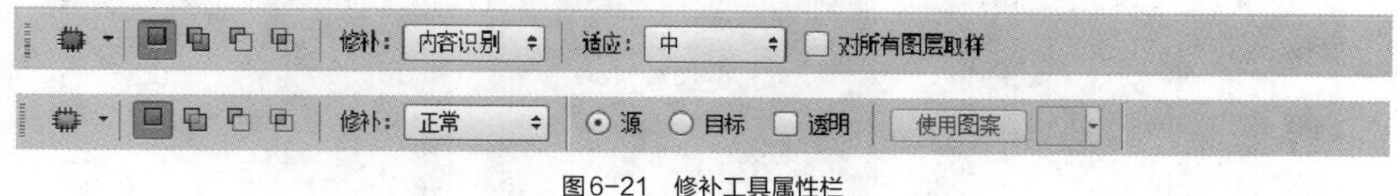

图6-21 修补工具属性栏

修补工具属性栏中相关选项的含义介绍如下。

- "选区创建方式"按钮组：单击"新选区"按钮，可以创建一个新的选区，若图像中已有选区，则绘制的新选区会替换原有的选区；单击"添加到选区"按钮，可在当前选区的基础上添加新的选区；单击“从选区减去”按钮，可在原选区中减去当前绘制的选区；单击“与选区交叉”按钮，可得到原选区与当前创建选区相交的部分。

- “修补”下拉列表框：用于设置修补方式，有正常和内容识别修补两种方式。
- “源”与“目标”单选项：若单击选中“源”单选项，将选区拖至需修补的区域后，将用当前选区中的图像修补之前选中的图像；若单击选中“目标”单选项，则会将选中的图像复制到目标区域。
- “透明”复选框：单击选中该复选框后，可使修补的图像与原图像产生透明的叠加效果。
- 使用图案 按钮：绘制选区后激活该按钮，在按钮右侧的图案下拉面板中选择一个图案，单击该按钮，可使用图案修补选区内的图像。
- “适应”下拉列表框：下拉列表中有5个不同程度的适应值，以指定修补在反映现有图像的图案时应达到的近似程度。
- “对所有图层取样”复选框：选中“对所有图层取样”复选框可对“图层”面板中所有图层进行取样；若取消该复选框，则只能对选择图层进行取样。

提示 利用修补工具绘制选区时，与自由套索工具绘制的方法一样。为了精确绘制选区，可先使用选区工具绘制选区，然后切换到修补工具进行修补即可。

6.1.5 红眼工具

红眼工具用于快速去掉照片中人物眼睛由于闪光灯引发的红色、白色、绿色反光斑点。只需选择红眼工具，再在红眼部分进行单击，即可快速去除红眼效果。其对应的工具属性栏如图6-22所示。

瞳孔大小：50%　变暗量：50%

图6-22　红眼工具属性栏

红眼工具属性栏中相关选项的含义介绍如下。

- “瞳孔大小”数值框：用于设置瞳孔（眼睛暗色的中心）的大小。
- “变暗量”数值框：用于设置瞳孔的暗度。

图6-23所示为使用红眼工具去除照片中红眼的效果。

图6-23　红眼工具修补后的效果

6.1.6 仿制图章工具

仿制图章工具用于将图像窗口中的局部图像或全部图像复制到其他的图像中，其方法与修复画笔工具类似。只需选择仿制图章工具，在需要修复的图像周围按住【Alt】键不放单击获取图像信息，再在需要修复的区域进行涂抹即可。但需要注意使用该工具时要时刻进行取样，这样复制后的图像才会显得更加自然。其工具属性栏如图6-24所示。

图6-24 仿制图章工具属性栏

仿制图章工具属性栏中相关选项的含义介绍如下。

- “切换仿制源面板”按钮：单击该按钮可打开“仿制源”面板。
- “对齐”复选框：单击选中该复选框，可连续对像素进行取样；撤销选中该复选框，则每单击一次鼠标，都会使用初始取样点中的样本像素进行绘制。
- “样本”下拉列表框：用于选择从指定的图层中进行数据取样。若要从当前图层及其下方的可见图层取样，应在其下拉列表中选择“当前和下方图层”选项；若仅从当前图层中取样，可选择“当前图层”选项；若要从所有可见图层中取样，可选择“所有图层”选项；若要从调整层以外的所有可见图层中取样，可选择“所有图层”选项，然后单击选项右侧的“忽略调整图层”按钮即可。

图6-25所示为使用仿制图章工具去除照片中多余图像的效果。

图6-25 使用仿制图章工具修复照片背景

6.1.7 图案图章工具

图案图章工具用于将Photoshop CC自带的图案或自定义的图案填充到图像中，就和使用画笔工具绘制图案一样。在工具箱中选择图案图章工具，在工具属性栏中选择需要的图案，再在需要添加图案的区域进行涂抹即可。其工具属性栏如图6-26所示。

图6-26 图案图章工具属性栏

图案图章工具属性栏中相关选项的含义介绍如下。

- “图案”下拉列表框：在打开的下拉列表框中可以选择所需的图案样式。
- “对齐”复选框：单击选中该复选框，可保持图案与原始起点的连续性；撤销选中该复选框框，则每次单击鼠标都会重新应用图案。

- “印象派效果”复选框：单击选中该复选框，绘制的图案具有印象派绘画的艺术效果。

课堂练习——美化人物皮肤

本练习将打开“素材\第6章\美女.jpg”，对脸部进行处理，去除脸部中的斑点瑕疵，使皮肤更加光滑。完成后调整人物的整个色调，提高人物图像的整个亮度。完成后的参考效果如图6-27所示（效果\第6章\美女.psd）。

图6-27 美化人物皮肤效果

6.2 图像表面的修饰

当照片的瑕疵被遮挡或是修复后，还可能存在其他的问题，如画面变得模糊、脸部不够光滑、颜色显示暗沉等。此时，可利用Photoshop CC中的模糊、锐化、涂抹、减淡、加深和海绵等工具对图像表面进行修饰，使画面展现的效果更加美观。下面先通过课堂案例的形式讲解图像表面的修饰方法，再对用到的基础知识进行介绍。

6.2.1 课堂案例——制作虚化背景效果

案例目标： 在处理网店商品图片时，若想使商品图片更加好看，可对其背景进行虚化，凸显商品主体。在制作时需先对背景的物体进行虚化，加深背景颜色并减淡主体颜色，让购买者在购买时能够一目了然地看到商品，还可因背景的原因让商品主体更加美观，完成后前后对比效果如图6-28所示。

视频教学
制作虚化背景效果

知识要点： 模糊工具；锐化工具；减淡工具；加深工具；修补工具。

素材位置： 素材\第6章\拖鞋商品图片.jpg

效果文件： 效果\第6章\拖鞋商品图片.psd

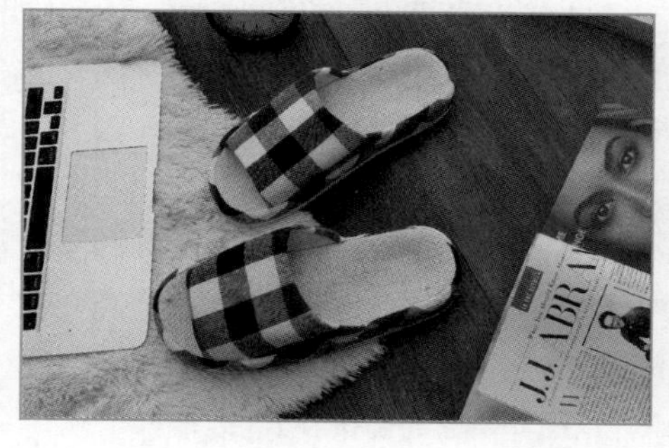

图6-28 虚化背景效果

其具体操作步骤如下。

STEP 01 打开“拖鞋商品图片.jpg”图像文件，在工具箱中选择修补工具，在其工具属性栏中单击选中“源”单选项，将鼠标指针移动到图像中，当鼠标指针变为形状后，按住鼠标左键不放，沿污点周围绘制选区，如图6-29所示。

STEP 02 将鼠标指针移动到选区中，按住鼠标不放进行拖动，将指针移动到图像右侧的空白处释放鼠标。此时可发现选区中的内容将被移动后的选区内容所替换，如图6-30所示。

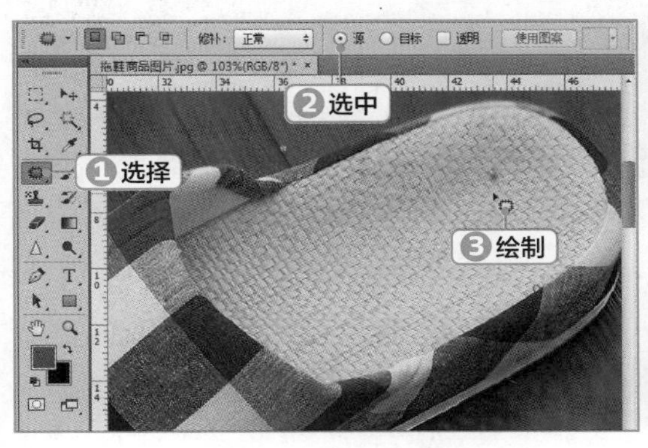

图6-29 绘制修补选区

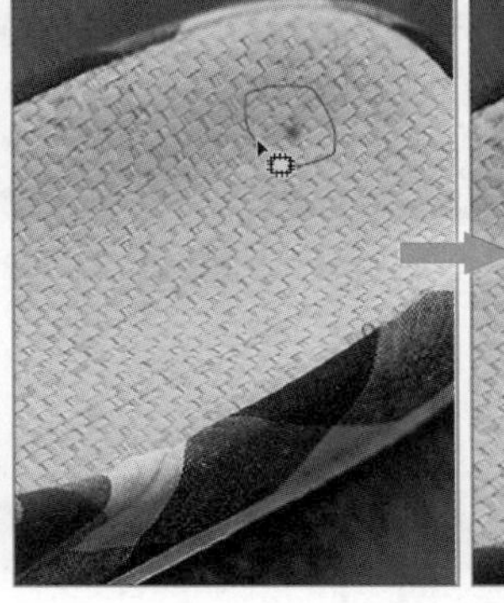
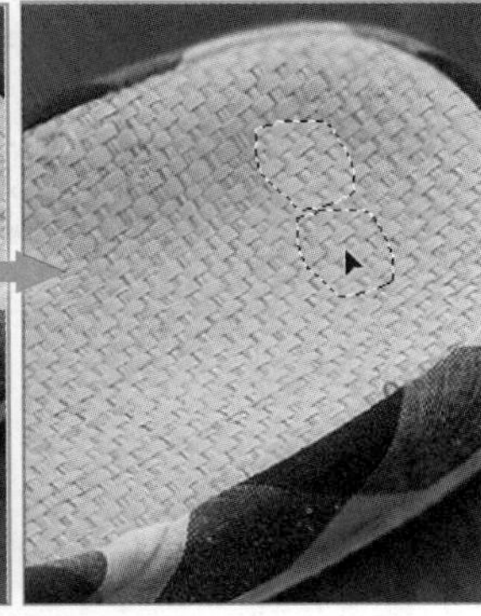

图6-30 修复图像

STEP 03 使用相同的方法修补其他污点，使修补的污点与周围的部分一致，查看完成后的效果，如图6-31所示。

STEP 04 在工具箱中选择模糊工具，设置“画笔大小”为“200像素”，再设置“画笔笔尖”为“硬边圆”，单击选中“对所有图层取样”复选框，完成后对周围的物品进行涂抹，使其模糊显示，如图6-32所示。

图6-31 修补其他污点

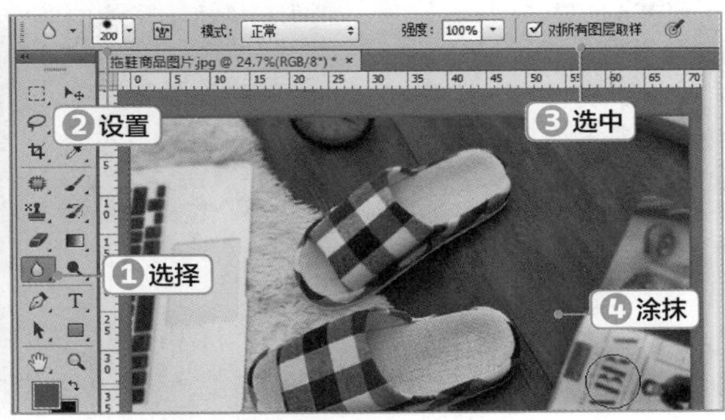

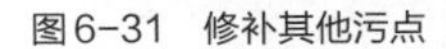

图6-32 模糊图像

STEP 05 在工具箱中选择锐化工具，设置“画笔大小”为“200像素”，再设置“强度”为“50%”，单击选中“保护细节”复选框，然后放大拖鞋图像，并对拖鞋进行锐化操作，如图6-33所示。

STEP 06 在工具箱中的减淡工具组上单击鼠标右键，在打开的面板中选择加深工具，在其工具属性栏中设置“画笔样式”为“柔边圆”、“大小”为“1000像素”，设置“范围”为“中间调”，设置“曝光度”为“20%”，单击选中“保护色调”复选框，在拖鞋的周围进行拖动，对背景进行加深操作，并查看加深后的效果，如图6-34所示。

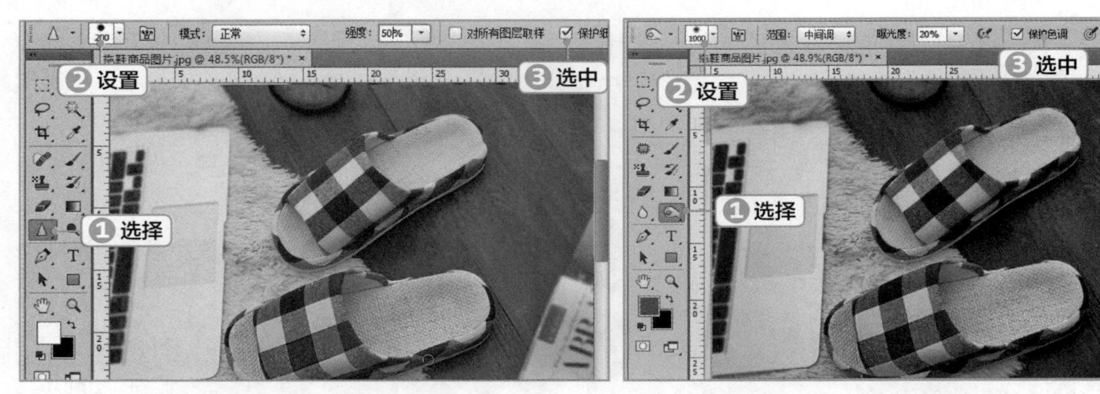

图6-33　设置锐化参数　　　　图6-34　设置加深效果

STEP 07 选择工具箱中的减淡工具，在工具属性栏中设置“画笔样式”为“硬边圆”、“大小”为“300像素”，设置“范围”为“阴影”，设置“曝光度”为“20%”，在拖鞋的上方进行拖动，对拖鞋进行减淡处理，并查看减淡后的效果，如图6-35所示。

STEP 08 选择【图层】/【新建调整图层】/【曲线】命令，打开“新建图层”对话框，保持默认设置不变，单击 确定 按钮，如图6-36所示。

图6-35　设置减淡效果

图6-36　新建“曲线”调整图层

STEP 09 打开“属性”面板，在中间列表框的曲线下段部分单击添加一个控制点，并按住鼠标左键不放向下拖曳，调整图像的暗部，再在曲线上段单击添加一个控制点，并向上拖动调整图像的亮度，完成曲线的调整，如图6-37所示。

STEP 10 选择【图层】/【新建调整图层】/【色阶】命令，打开“新建图层”对话框，保持默认设置不变，单击 确定 按钮，如图6-38所示。

STEP 11 在“属性”面板拖动中间的滑块调整输出的色阶，这里设置第一个滑块值为“12”，设置最后一个滑块值为“216”，设置中间的滑块值为“1.09”，如图6-39所示。

STEP 12 使用相同的方法新建“曝光度”图层，并设置其“位移、灰度系数矫正”分别为“-0.05、1”，如图6-40所示。

图6-37　调整曲线

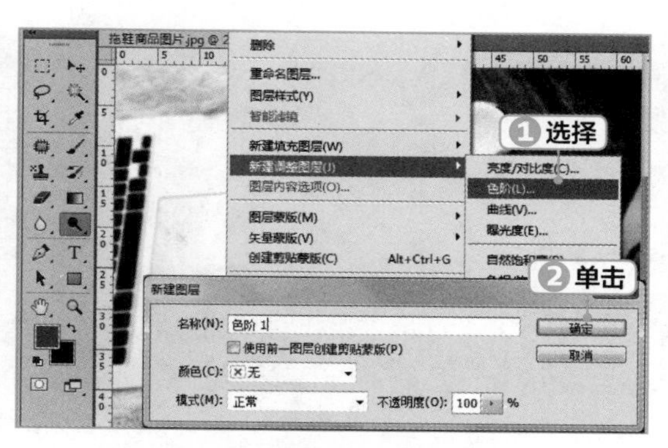

图6-38　新建“色阶”调整图层

图6-39　调整色阶

图6-40　调整曝光度

6.2.2　模糊工具

模糊工具用于降低图像中相邻像素之间的对比度，从而使图像产生模糊的效果。选择工具箱中的模糊工具，在图像需要模糊的区域单击并拖曳鼠标，即可进行模糊处理，其工具属性栏如图6-41所示。

图6-41　模糊工具属性栏

模糊工具属性栏中各选项作用如下。

- “模式”下拉列表框：用于设置模糊后的混合模式。
- “强度”下拉列表数值框：用于设置运用模糊工具时着色的力度值越大，模糊的效果越明显，取值范围为1%~100%。

6.2.3　锐化工具

锐化工具的作用与模糊工具刚好相反，它能使模糊的图像变得清晰，常用于增加图像的细节表现，但并不代表进行模糊操作的图像再经过锐化处理就能恢复到原始状态。在工具箱中选择锐化工具，锐化工具的属性栏各选项与模糊工具完全相同，锐化工具的使用方法也与模糊工具完全相同。图6-42所示为使用锐化工具修饰图像的前后对比效果。

图6-42　锐化图像前后对比效果

6.2.4　涂抹工具

涂抹工具用于选取单击鼠标起点处的颜色，并沿拖曳的方向扩张颜色，从而模拟出用手指在未干的画布上进行涂抹的效果，常在效果图后期用来绘制毛料制品等操作。其工具属性栏中各选项含义与模糊工具相同。

图6-43所示为使用涂抹工具涂抹图像前后对比效果。

图6-43　涂抹图像前后对比效果

6.2.5　减淡工具

减淡工具可通过提高图像的曝光度来提高涂抹区域的亮度。只需选择该工具在需要减淡的区域进行涂抹即可快速减淡图像，增加图像的亮度，其工具属性栏如图6-44所示。

65　范围：中间调　曝光度：50%　保护色调

图6-44　减淡工具属性栏

减淡工具属性栏中相关选项的含义介绍如下。

- “范围”下拉列表框：用于设置修改的色调。选择“中间调”选项时，将只修改灰色的中间色调；选择“阴影”选项时，将只修改图像的暗部区域；选择“高光”选项，将只修改图像的亮部区域，如图6-45所示。

图6-45　减淡工具“范围”各选项的对比效果

- “曝光度”下拉列表：用于设置减淡的强度。图6-46所示为曝光度20%与曝光度100%的效果对比。

图6-46　曝光度效果对比

- 保护色调：单击选中“保护色调”复选框，即可保护色调不受工具的影响。

6.2.6　加深工具

加深工具的作用与减淡工具相反，即通过降低图像的曝光度来降低图像的亮度。加深工具的属性栏各选项与减淡工具的完全相同，其操作方法也相同。如图6-47所示为加深工具的属性栏。

图6-47　加深工具属性栏

图6-48所示为一张商品图片，图6-49所示为使用减淡工具处理后的效果，图6-50所示为使用加深工具处理后的效果。

图6-48　原图像　　图6-49　减淡效果　　图6-50　加深效果

6.2.7　海绵工具

海绵工具可增加或降低图像的饱和度，即像海绵吸水一样，为图像增加或减少光泽感。只需选择该工具，在工具属性栏中选择图像需要的模式，再在图像上方进行涂抹即可快速增加或是降低饱和度。其工具属性栏如图6-51所示。

图6-51　海绵工具属性栏

海绵工具属性栏中相关选项的含义介绍如下。

- “模式”下拉列表框：用于设置是否增加或降低饱和度。选择“去色”选项，表示降低图像中色彩饱和度；选择“加色”选项，表示增加图像中色彩饱和度。
- “流量”数值框：可设置海绵工具的流量，流量值越大，饱和度改变的效果越明显。
- “自然饱和度”复选框：单击选中该复选框后，在进行增加饱和度的操作时，可避免颜色过于饱和而出现溢色。

图6-52所示为使用海绵工具去色和加色后的效果对比。

图6-52　海绵效果

课堂练习——调整梨子整体效果

本练习将打开“素材\第6章\梨子.jpg”图像，对梨子和花使用减淡工具减淡颜色，再使用加深工具加深背景效果，接着使用模糊工具对桌子和桌布区域进行处理。调整前后的对比效果如图6-53所示（效果\第6章\梨子.jpg）。

图6-53　调整梨子后的对比效果

6.3 清除图像

在调整图像的过程中，若出现了多余的图像或图像绘制错误时，用户可以通过擦除工具来对图像进行擦除。Photoshop CC提供了橡皮擦工具、背景橡皮擦工具和魔术棒橡皮擦工具。各橡皮擦工具的用途不同，用户需要根据实际情况进行选择。

6.3.1 课堂案例——制作人物剪影插画

案例目标：人物剪影是插画的一种，主要通过将不同色彩与人物的背景相结合，从中展现不一样的凌乱美，常用于插画设置、包装设计和其他一些产品设计中。本例中将使用橡皮擦工具组制作人物剪影插画，该剪影主要应用于插画中，通过将卡通人物与繁杂的嫩绿背景结合，并配上纹理与文字来体现主题，完成后的参考效果如图6-54所示。

视频教学
制作人物剪影插画

知识要点：橡皮擦工具；魔术棒橡皮擦工具。

素材位置：素材/第6章/人物剪影插画/

效果文件：效果/第6章/人物剪影插画.psd

图6-54　人物剪影插画效果

其具体操作步骤如下。

STEP 01 新建一个大小为“3000像素×2200像素”，名为“人物剪影插画”的图像文件，打开“背景.jpg”素材文件，将其拖到新建的图像文件中，并调整背景图片的大小，如图6-55所示。

STEP 02 打开“人物.jpg”素材文件，在工具箱中选择魔术橡皮擦工具，当鼠标指针变为形状时，在白色背景区域单击，擦除白色背景区域，如图6-56所示。

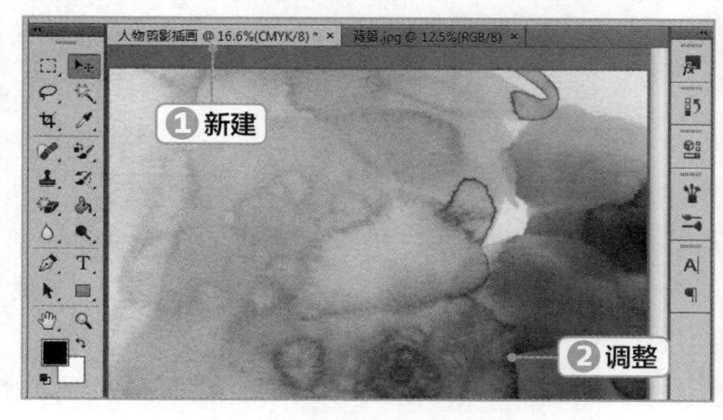

图6-55　新建图像文件并添加背景

图6-56　选择魔术橡皮擦工具

STEP 03 继续在手指的缝隙和头发区域单击，擦除不需要的区域，使人物单独显示，在擦除时可将需擦除区域放大，方便擦除。选择移动工具，将擦除后的图像拖动到新建的“人物剪影插画”图像文件中，调整图像大小，并查看效果，如图6-57所示。

STEP 04 打开“花纹1.psd”素材文件，使用移动工具选择其中的花纹并将其拖动到“人物剪影插画”图像文件的人物上方，并调整其位置和大小，使其与人物重合，如图6-58所示。

STEP 05 在“图层”面板中选择“花纹1”所在图层，并在工具箱中选择橡皮擦工具，在工具属性栏中设置橡皮擦“大小”为“80像素”，设置橡皮擦“笔尖样式”为“硬边圆”，如

图6-59所示。

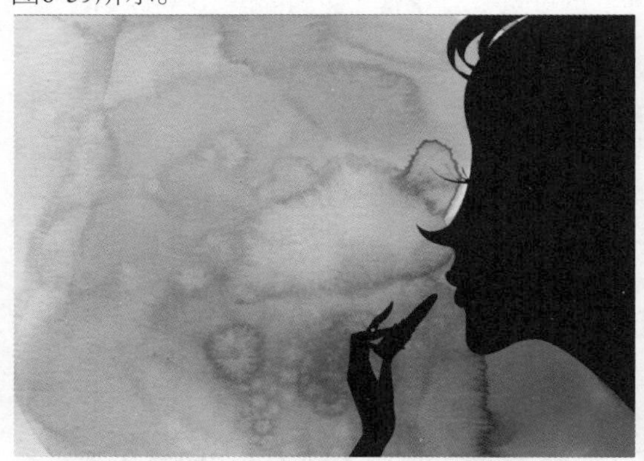

图6-57　擦除其他区域

图6-58　添加花纹素材

STEP 06 返回图像编辑区，使用鼠标在超出部分进行涂抹，将超出部分擦除，查看擦除后的效果，并在“图层”面板中设置“混合模式”为“颜色减淡”，“不透明度”为“80%”，如图6-60所示。

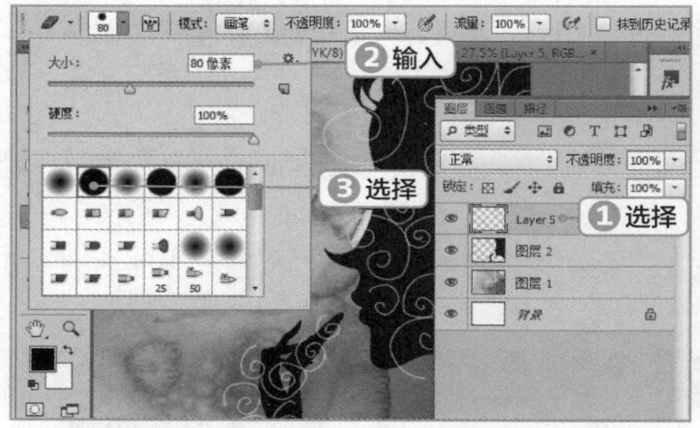

图6-59　设置橡皮擦参数

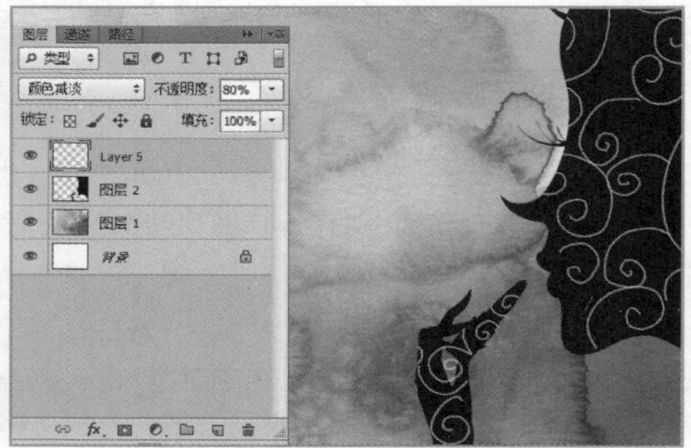

图6-60　擦除多余花纹

STEP 07 打开“树叶.psd”素材文件，将其拖动到“人物剪影插画”图像文件中，并在“图层”面板中设置混合模式为“正片叠底”，如图6-61所示。

STEP 08 打开“文字.psd”素材文件，在其中选择文字，并将其拖动到“人物剪影插画”图像文件中，调整文字的位置和大小，完成后保存图像，并查看完成后的效果，如图6-62所示。

图6-61　添加树叶素材

图6-62　添加文字素材

疑难解答 | 选择橡皮擦画笔时的注意事项有哪些?

在使用橡皮擦工具擦除图像时，需要注意根据不同的要求选择不同的画笔。在擦除时若是擦除部分需要有过渡效果，可选择带有柔化边缘类的画笔，如柔边圆，在使用时可先将画笔放大，直接拖动即可擦除颜色和图像；若只是擦除单独的某一个物体，则需要选择带有实心的画笔，如硬边圆。

6.3.2 橡皮擦工具

橡皮擦工具主要用来擦除当前图像中的颜色。选择橡皮擦工具后，可以在图像中拖曳鼠标，根据画笔形状对图像进行擦除，擦除后图像将不可恢复。其工具属性栏如图6-63所示。

模式：画笔 不透明度：100% 流量：100% 抹到历史记录

图6-63 橡皮擦工具属性栏

橡皮擦工具属性栏中的相关选项的含义介绍如下。

- "模式"下拉列表框：单击其右侧的下拉按钮，在打开的下拉列表中包含了3种擦除模式，即画笔、铅笔和块。
- "不透明度"下拉列表框：用于设置工具的擦除强度，100%的不透明度表示可完全擦除像素，较低的不透明度表示将部分擦除像素。将"模式"设置为"块"时，不能使用该选项。
- "流量"下拉列表框：用于控制工具的涂抹速度。
- "抹到历史记录"复选框：其作用与历史记录画笔工具的作用相同。单击选中该复选框，在"历史记录"面板中选择一个状态或快照，在擦除时可将图像恢复为指定状态。

6.3.3 背景橡皮擦工具

与橡皮擦工具相比，背景橡皮擦工具主要用来将图像擦除到透明色，在擦除时会不断吸取涂抹经过地方的颜色作为背景色。其工具属性栏如图6-64所示。

限制：连续 容差：50% 保护前景色

图6-64 背景橡皮擦工具属性栏

背景橡皮擦工具属性栏中的相关选项含义介绍如下。

- "取样连续"按钮：单击该按钮，在擦除图像过程中将连续采集取样点。
- "取样一次"按钮：单击该按钮，将以第一次单击鼠标位置的颜色作为取样点。
- "取样背景色板"按钮：单击该按钮，将当前背景色作为取样色。
- "限制"下拉列表框：单击右侧的下拉按钮，在打开的下拉列表中，选择"不连续"选项，整幅图像上擦除样本色彩的区域；选择"连续"选项，只擦除连续的包含样本色彩的区域；选择"查找边缘"选项，自动查找与取样色彩区域连接的边界，也能在擦除过程中更好地保持边缘的锐化效果。
- "容差"下拉列表框：用于调整需要擦除的与取样点色彩相近的颜色范围。

- “保护前景色”复选框：单击选中该复选框，可保护图像中与前景色匹配区域不被擦除。

6.3.4 魔术橡皮擦工具

魔术橡皮擦工具是一种根据像素颜色擦除图像的工具。用魔术橡皮擦工具在图层中单击，所有相似的颜色区域将被擦除且变成透明的区域。其工具属性栏如图6-65所示。

容差：32 ☑消除锯齿 ☑连续 ☐对所有图层取样 不透明度：100%

图6-65 魔术橡皮擦工具属性栏

魔术橡皮擦工具属性栏中的相关选项含义介绍如下。

- “容差”数值框：用于设置可擦除的颜色范围。容差值越小，擦除的像素范围越小；容差值越大，擦除的像素范围越大。
- “消除锯齿”复选框：单击选中该复选框，会使擦除区域的边缘更加光滑。
- “连续”复选框：单击选中该复选框，则只擦除与临近区域中颜色类似的部分；撤销选中该复选框，会擦除图像中所有颜色类似的区域。
- “对所有图层取样”复选框：单击选中该复选框，可以利用所有可见图层中的组合数据来采集色样；撤销单击选中该复选框，则只采集当前图层的颜色信息。
- “不透明度”下拉列表框：用于设置擦除强度，100%的不透明度表示将完全擦除像素，较低的不透明度表示可部分擦除像素。

课堂练习——制作旅行包焦点图

本练习将制作一款旅行包的焦点图，先打开“素材\第6章\旅行包焦点图.jpg”图像，先制作焦点图背景，并通过橡皮擦工具的使用，使产品图、水和土组合出大气磅礴的意境，从而体现旅行包的防水性和耐用性，完成后的参考效果如图6-66所示（效果\第6章\旅行包焦点图.psd）。

图6-66 旅行包焦点图效果

6.4 上机实训 —— 精修手镯

6.4.1 实训要求

本实训将先抠取整个手镯图像对其进行精修，在精修时除了先对手镯的外部区域进行涂抹和虚化，使手镯变得更加平滑，还会添加花纹和投影，使手镯更加美观，完成后添加背景效果。

6.4.2 实训分析

商品图片通常会因为拍摄原因出现一些问题，需要美工人员对其进行精修处理，以便更好地体现商品质量和美观度。本实训将为一款手镯商品图片进行精修处理，使手镯的表面更具有质感。完成后的效果如图6-67所示。

视频教学
精修手镯

素材所在位置： 素材\第6章\手镯.jpg、手镯背景.psd

效果所在位置： 效果\第6章\手镯.psd

图6-67 调整前后的效果

6.4.3 操作思路

在掌握修饰图像的相关方法，便可开始本实训的设计与制作。根据前面的实训要求，本实训的操作思路如图6-68所示。

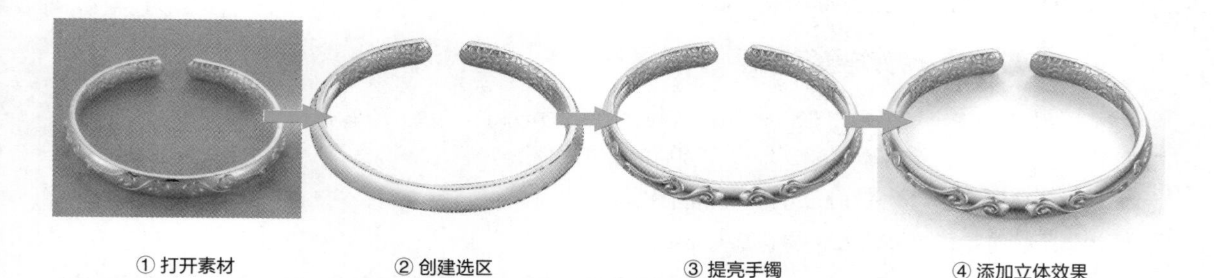

① 打开素材 ② 创建选区 ③ 提亮手镯 ④ 添加立体效果

图6-68 操作思路

【步骤提示】

STEP 01 打开“手镯.jpg”素材文件，复制背景图层，进行手镯的备份。

STEP 02 使用钢笔工具绘制手镯形状，转换为选区，复制手镯备份，并进行去色和USM锐化处理。

STEP 03 创建需要涂抹的选区，按【Shift+F6】组合键，设置较小的羽化值。选择涂抹工具，涂抹选区，使选区的颜色更加平滑，使用减淡工具涂抹需要提亮的部分。

STEP 04 使用加深工具涂抹需要变暗的部分，打造手镯的阴影，选择画笔工具，设置前景色为黑色，在工具属性栏中设置画笔大小、画笔硬度与不透明度，涂抹需要描边的边缘，描边手镯的边缘。

STEP 05 使用相同的方法，结合选区的创建、加深工具、减淡工具、涂抹工具、画笔工具涂抹手镯上的花纹，使花纹明暗对比明显；再为花纹创建选区，并抠取花纹图像到新建的图层上。

STEP 06 新建图层，使用钢笔工具绘制阴影图形，并填充为黑色，选择【滤镜】/【模糊】/【高斯模糊】命令，设置模糊半径为“15”，单击 确定 按钮。

STEP 07 查看模糊后的阴影效果，将花纹图层移动到手镯的上方，通过【Ctrl+E】组合键合并花纹图层与手镯图层，使用相同的方法继续处理手镯的其他部分。

STEP 08 复制并向下移动手镯图层，按【Ctrl+L】组合键打开“色阶”对话框，向左拖动最右侧的滑块，降低图像的亮部，单击 确定 按钮。

STEP 09 选择【滤镜】/【模糊】/【高斯模糊】命令模糊复制的手镯图形，调整图层的不透明度，制作投影效果。

STEP 10 打开“手镯背景.psd”图像，将背景移动到“手镯”图像中。完成后保存文件，查看完成后的效果。

6.5 课后练习

1. 练习1——修整小狗图像

本练习将打开“宠物.jpg”图像，使用修补工具将图像草坪上出现的杂物去除，再使用调色命令和渐变工具，调整图像颜色，使图像整体看起来比较柔和，完成后的参考效果如图6-69所示。

素材所在位置： 素材\第6章\宠物.jpg

效果所在位置： 效果\第6章\宠物.psd

2. 练习2——制作男包海报

本练习将制作一款男包海报，在制作时将打开“商品图片.jpg”图像，使用背景橡皮擦工具对白色背景进行擦除，然后添加新背景。完成后的效果如图6-70所示。

素材所在位置： 素材\第6章\男包\商品图片.jpg

效果所在位置： 效果\第6章\男包海报.psd

图6-69 小狗图像效果

图6-70 男包海报

CHAPTER 7

第7章 调整图像色彩

由于拍摄时出现的各种主观因素和客观因素，可能造成拍摄出来的人像或风景照效果差强人意，此时就可以使用Photoshop的调色功能对图像的色彩进行调整。在Photoshop CC中包含了多个调色命令，搭配使用不同的调色命令可以得到很多意想不到的图像效果。

课堂学习目标

- 掌握调整图像明暗的方法
- 掌握调整图像色彩的方法
- 掌握调整特殊图像的方法

课堂案例展示

调整照片明暗度

制作冬日图像效果

7.1 图像的明暗调整

Photoshop CC作为一款专业的平面图像处理软件，内置了多种调整图像明暗的命令。本节将详细介绍调整图像明暗的知识，使读者能够对图像明暗进行分析，并能使用相关的明暗调整命令对图像明暗进行调整。

7.1.1 课堂案例——调整照片明暗度

案例目标：要想拍摄出漂亮的照片，不仅需要高像素的照相机，还需要有良好的拍摄环境，如明朗的天气和自然的光线等，同时，还需要拍摄者掌握拍摄的时机和角度。如果拍摄的照片效果不理想，则可通过Photoshop CC对其进行后期调色处理，使其达到理想效果。本案例提供了一张曝光不足的土耳其建筑风景照片，要求将其调整为明朗大气、具有艺术气息的照片效果，完成后的参考效果如图7-1所示。

视频教学
调整照片明暗度

知识要点：“色阶”命令；“曲线”命令；“色相/饱和度”命令；“照片滤镜”命令；“亮度/对比度”命令。

素材位置：素材\第7章\土耳其建筑风景.jpg

效果文件：效果\第7章\土耳其建筑风景.psd

图7-1　查看完成后对比效果

其具体操作步骤如下。

STEP 01 打开“土耳其建筑风景.jpg”图像，观察发现其整体偏暗，且对比度不够，如图7-2所示。

STEP 02 按【Ctrl+J】组合键复制图层，选择【图像】/【调整】/【色阶】命令，打开“色阶”对话框，在其中按如图7-3所示的参数进行设置。

STEP 03 完成后单击 确定 按钮，查看调整后的效果，如图7-4所示。

STEP 04 选择【图像】/【调整】/【曲线】命令，打开“曲线”对话框，在“通道”下拉列表中选择“绿”选项，拖曳中间的调整线，对曲线进行调整，如图7-5所示。

图7-2　打开背景图像

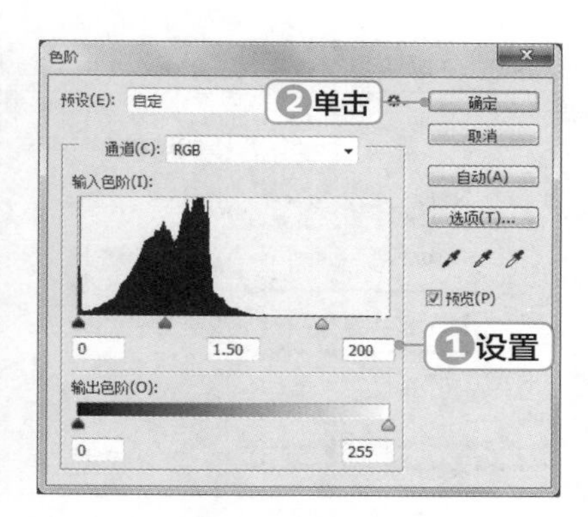

图7-3　调整色阶

图7-4　查看调整色阶后的效果

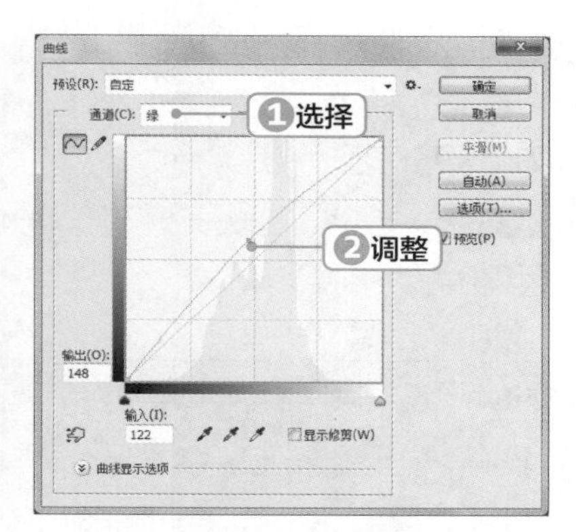

图7-5　调整“绿”通道

STEP 05　在“通道”下拉列表中选择“RGB”选项，拖动中间的调整线调整曲线，完成后单击 确定 按钮，查看调整后的效果，如图7-6所示。

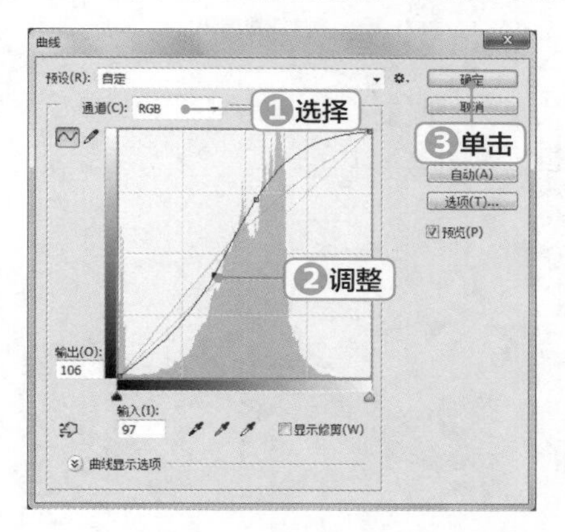

图7-6　调整“RGB”通道

STEP 06　选择【图像】/【调整】/【色相/饱和度】命令，打开“色相/饱和度”对话框，设置“色相、饱和度、明度”分别为“+9、-15、0”，如图7-7所示。

STEP 07　在“色相/饱和度”下拉列表中选择“绿色”选项，设置“色相、饱和度、明度”分别为“-30、-8、-18”，单击 确定 按钮，如图7-8所示。

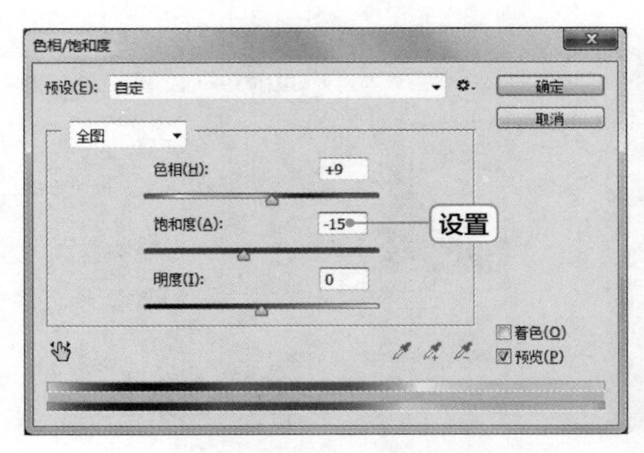

图7-7　设置色相/饱和度参数

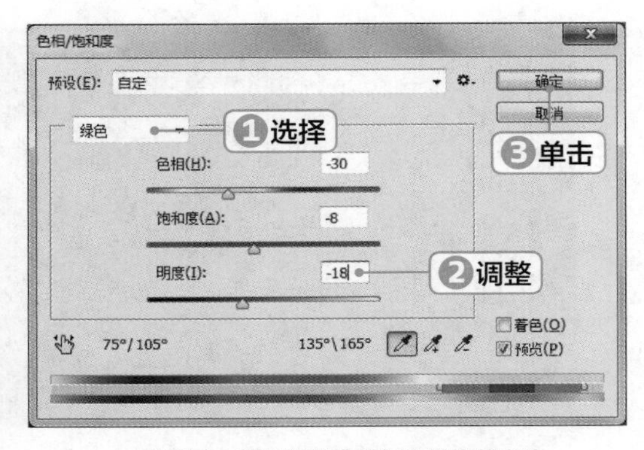

图7-8　设置“绿色”的色相/饱和度参数

STEP 08 选择【图像】/【调整】/【照片滤镜】命令，打开“照片滤镜”对话框，单击选中“滤镜”单选项，在其下拉列表中选择“冷却滤镜（80）”选项，将浓度设置为“5%”，设置暖调效果，如图7-9所示。

STEP 09 单击 确定 按钮，查看调整后的效果，如图7-10所示。

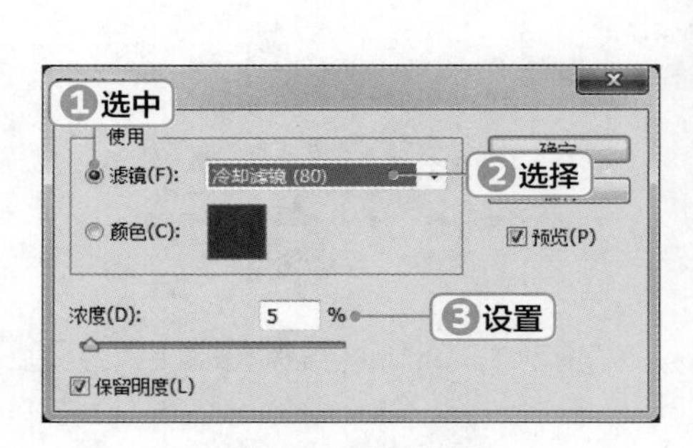

图7-9　设置照片滤镜

图7-10　照片滤镜效果

STEP 10 选择【图像】/【调整】/【亮度/对比度】命令，打开“亮度/对比度”对话框，设置“亮度、对比度”分别为“20、-5”，单击 确定 按钮，如图7-11所示。

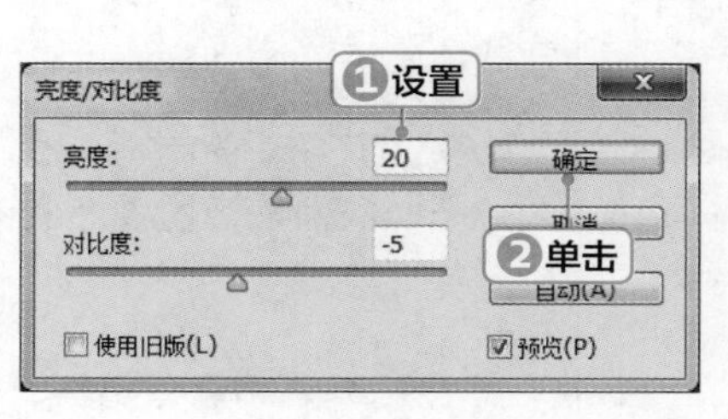

图7-11　设置亮度/对比度

STEP 11 选择【图像】/【调整】/【色阶】命令，打开“色阶”对话框，在其中按图7-12所示进行设置，完成后单击 确定 按钮，查看并保存图像。

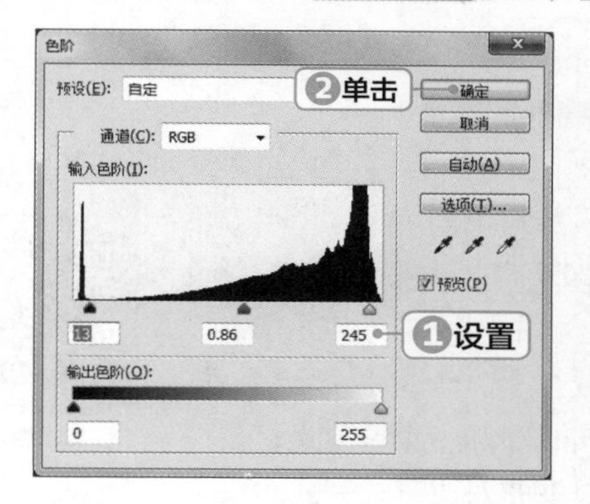

图7-12 查看完成后的效果

7.1.2 “色阶”命令

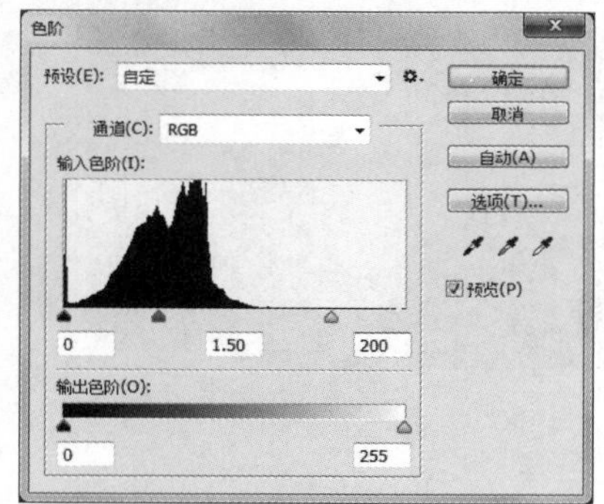

图7-13 “色阶”对话框

“色阶”命令用来调整图像的高光、中间调、暗调的强度级别，校正色调范围和色彩平衡。即，不仅可以调整色调，还可以校正色彩平衡。

使用“色阶”命令可以对整个图像进行操作，也可以对图像的某一范围、某一图层图像、某一颜色通道进行调整。其方法为：选择【图像】/【调整】/【色阶】命令或按【Ctrl+L】组合键打开“色阶”对话框，如图7-13所示。

“色阶”对话框中各选项的含义如下。

- “预设”下拉列表框：单击“预设”选项右侧的 按钮，在打开的下拉列表中选择“存储预设”选项，可将当前的调整参数保存为一个预设文件。在使用相同的方式处理其他图像时，可以用预设的文件自动完成调整。
- “通道”下拉列表框：在其下拉列表中可以选择要调整的颜色通道，从而改变图像颜色。
- “输入色阶”栏：左侧滑块用于调整图像的暗部，中间滑块用于调整中间色调，右侧滑块用于调整亮部。这三项可通过拖曳滑块或在滑块下的数值框中输入数值进行调整。调整暗部时，低于该值的像素将变为黑色；调整亮部时，高于该值的像素将变为白色。
- “输出色阶”栏：用于限制图像的亮度范围，从而降低图像对比度，使其呈现褪色效果。
- “在图像中取样以设置黑场”按钮 ：使用该工具在图像上单击，可将单击点的像素调整为黑色，原图中比该点暗的像素也变为黑色。
- “在图像中取样以设置灰场”按钮 ：使用该工具在图像上单击，可根据单击点像素的亮度来调整其他中间色调的平均亮度。该按钮常用于校正偏色。
- “在图像中取样以设置白场”按钮 ：使用该工具在图像上单击，可将单击点的像素调整为白色，比该点亮度值高的像素都将变为白色。
- 自动(A) 按钮：单击该按钮，Photoshop CC会以0.5%的比例自动调整色阶，使图像的亮度分布更加均匀。

- 选项(T)... 按钮：单击该按钮，将打开“自动颜色校正选项”对话框，在其中可设置黑色像素和白色像素的比例。

7.1.3 “曲线”命令

“曲线”命令也可以调整图像的亮度、对比度，以及纠正偏色等，但与“色阶”命令相比，“曲线”命令的调整更为精确，是选项最丰富、功能最强大的颜色调整工具。它允许调整图像色调曲线上的任意一点，对调整图像色彩的应用非常广泛。其方法为：选择【图像】/【调整】/【曲线】命令或按【Ctrl+M】组合键，打开“曲线”对话框，将鼠标指针移动到曲线中间，单击可增加一个调节点；按住鼠标左键不放向上方拖曳即可调整亮度，向下拖动即可调整对比度，完成后单击 确定 按钮即可，如图7-14所示。

彩图查看
“曲线”命令
调整前后对比

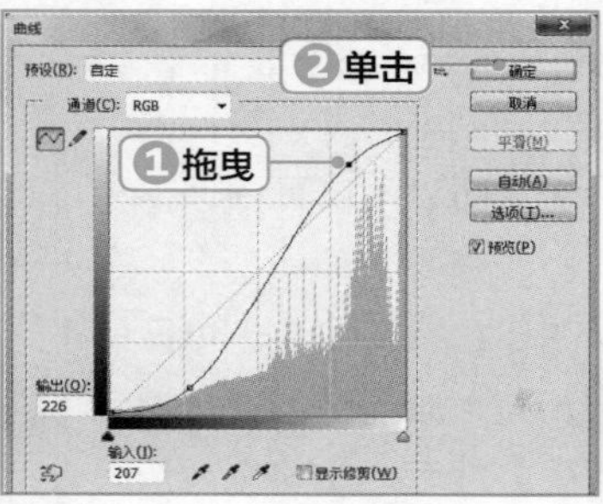

图7-14 调整曲线

提示 “通道”下拉列表框中显示当前图像文件的色彩模式，可从中选择单色通道对单一的色彩进行调整。“编辑点以修改曲线”按钮是系统默认的曲线工具，单击该按钮后，可以通过拖曳曲线上的调节点来调整图像的色调。单击“通过绘制来修改曲线”按钮，可在曲线图中绘制自由形状的色调曲线。单击“曲线显示选项”栏名称前的按钮，可以展开隐藏的选项，展开项中有两个田字型按钮，用于控制曲线调节区域的网格数量。

7.1.4 “色相/饱和度”命令

“色相/饱和度”命令用来对图像的色相、饱和度、亮度进行调整，从而达到改变图像色彩的目的。其方法为：选择【图像】/【调整】/【色相/饱和度】命令或按【Ctrl+U】组合键，打开“色相/饱和度”对话框，如图7-15所示。

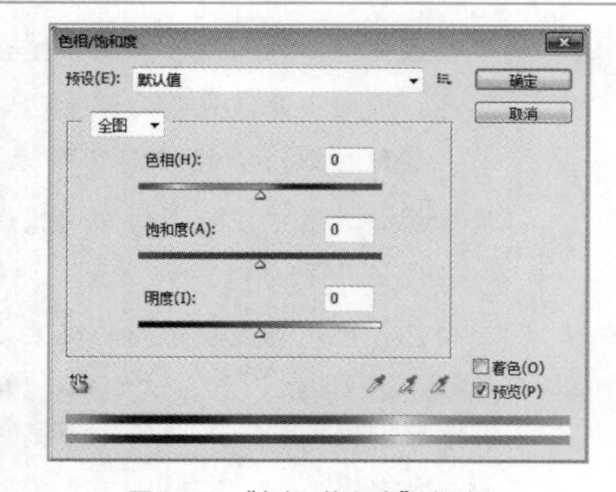

图7-15 “色相/饱和度”对话框

对话框中相关选项的含义如下。

- “全图”下拉列表框：在其下拉列表中可以选择调整范围，系统默认选择“全图”选项，即对图像中的所有颜色有效；也可以选择单个的颜色进行调整，有红色、黄色、绿色、青色、蓝色和洋红这6个选项。

- “色相”数值框：通过拖曳滑块或输入数值，可以调整图像中的色相。
- “饱和度”数值框：通过拖曳滑块或输入数值，可以调整图像中的饱和度。
- “明度”数值框：通过拖曳滑块或输入数值，可以调整图像中的明度。
- “着色”复选框：单击选中该复选框，可使用同种颜色来置换原图像中的颜色。

彩图查看
“色相/饱和度”命令调整前后对比

图7-16所示为使用“色相/饱和度”命令调整图像前后的效果。

图7-16　调整前后的效果

7.1.5 “照片滤镜”命令

“照片滤镜”命令用来模拟传统光学滤镜特效，使图像呈暖色调、冷色调或其他颜色色调显示。其方法为：选择【图像】/【调整】/【照片滤镜】命令，打开“照片滤镜”对话框，如图7-17所示。

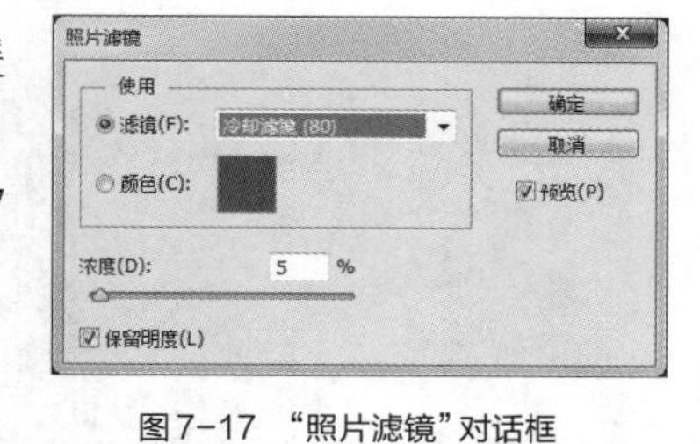

图7-17　“照片滤镜”对话框

“照片滤镜”对话框中相关选项的含义如下。

- “滤镜”下拉列表框：在其下拉列表中可以选择滤镜类型。
- “颜色”单选项：单击右侧的色块，可以在打开的对话框中自定义滤镜的颜色。
- “浓度”数值框：通过拖曳滑块或输入数值来调整所添加颜色的浓度。
- “保留明度”复选框：单击选中该复选框后，添加颜色滤镜时仍然保持原图像的明度。

彩图查看
“照片滤镜”命令调整前后对比

图7-18所示为使用“照片滤镜”命令调整图像前后的效果。

图7-18　调整前后的效果

7.1.6 “亮度/对比度”命令

“亮度/对比度”命令用来调整图像的亮度和对比度。其方法为：选择【图像】/【调整】/【亮度/对比度】命令，打开“亮度/对比度”对话框，如图7-19所示。

图7-19 “亮度/对比度”对话框

“高度/对比度”对话框中相关选项的含义如下。

- “亮度”数值框：拖曳亮度下方的滑块或在右侧的数值框中输入数值，可以调整图像的明亮度。
- “对比度”数值框：拖曳对比度下方的滑块或在右侧的数值框中输入数值，可以调整图像的对比度。
- “使用旧版”复选框：单击选中该复选框，可得到与Photoshop CC以前版本相同的调整结果。

课堂练习——调整长城图像

本练习将打开曝光不足的“素材\第7章\长城.jpg”图像，要求将其调整为明媚大气、具有艺术气息的效果，完成后的参考效果如图7-20所示（效果\第7章\长城.jpg）。

图7-20 长城图像效果

7.2 图像的色彩调整

想要得到出色的图像效果，合理使用及搭配色彩十分重要，此时就需要掌握图像色彩的调整方法。本节将以课堂案例的形式介绍如何使用色彩调整命令快速调整图像中的色彩，使读者掌握图像色彩调整的方法，再对相关的基础知识进行介绍。

7.2.1 课堂案例—— 制作冬日图像效果

案例目标：本例将打开暖色调照片“冬日.jpg”图像，通过“色调平衡”命令增强图像中的冷色调，再使用“自然饱和度”命令，增强图像的饱和度，使图像呈现冬日太阳的清冷感，完成后的参考效果如图7-21所示。

知识要点：“色彩平衡”命令；“阴影/高光”命令；“自然饱和度”命令；“通道混合器”命令；“镜头光晕”命令。

素材位置：素材\第7章\冬日图像\冬日.jpg、文字.psd

效果文件：效果\第7章\冬日.psd

视频教学
制作冬日图像效果

图7-21 完成后的对比效果

其具体操作步骤如下。

STEP 01 打开“冬日.jpg”图像，按【Ctrl+J】组合键复制图层，如图7-22所示。

STEP 02 选择【图像】/【调整】/【色彩平衡】命令，打开“色彩平衡”对话框，单击选中“高光”单选项，设置“色阶”为“-34、+8、+45”，如图7-23所示。

图7-22 素材效果

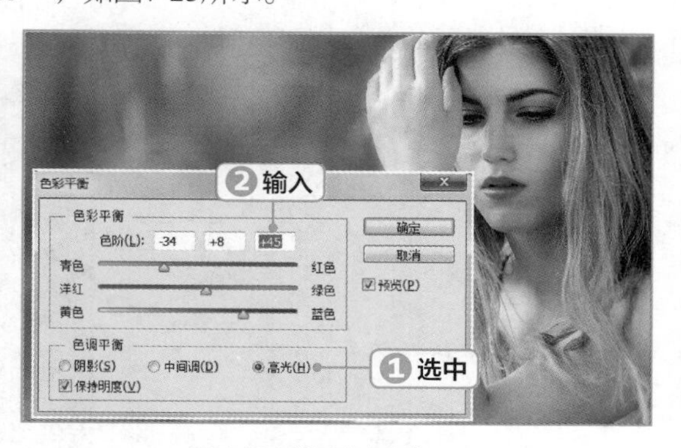

图7-23 设置高光参数

STEP 03 在“色彩平衡”对话框中单击选中“阴影”单选项，设置“色阶”为“-20、0、40”，单击 确定 按钮，如图7-24所示。

STEP 04 选择【图像】/【调整】/【自然饱和度】命令，打开“自然饱和度”对话框，在其中设置“自然饱和度、饱和度”分别为“-10、+20”，单击 确定 按钮，如图7-25所示。

STEP 05 选择【图像】/【调整】/【阴影/高光】命令，打开“阴影/高光”对话框，设置“阴影、高光”分别为“50%、0%”，单击 确定 按钮，如图7-26所示。

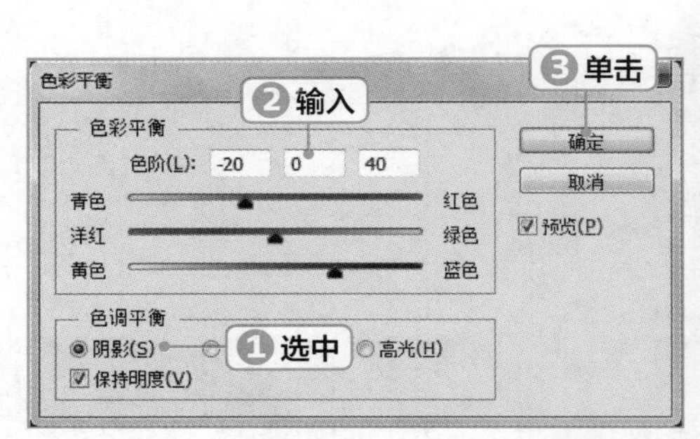

图7-24　设置阴影参数

图7-25　设置自然饱和度参数

图7-26　设置阴影/高光参数

STEP 06　选择【图像】/【调整】/【通道混合器】命令，打开“通道混合器”对话框，设置“红色、绿色、蓝色”分别为“+110%、+6%、-6%”，单击 确定 按钮，如图7-27所示。

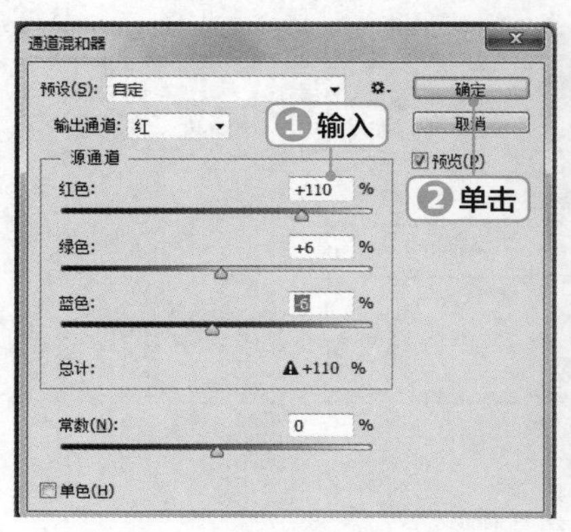

图7-27　设置通道混合器参数

STEP 07　选择【滤镜】/【渲染】/【镜头光晕】命令，打开“镜头光晕”对话框，单击选中“电影镜头”单选项，设置亮度为“130%”，最后使用鼠标在图像缩略图中调整光晕的位置，单击 确定 按钮，如图7-28所示。

STEP 08　打开“文字.psd”图像，将其中的文字拖动到图像左侧，保存图像，查看调整后的图像效果，如图7-29所示。

图7-28 设置镜头光晕参数

图7-29 查看完成后的效果

7.2.2 “色彩平衡”命令

“色彩平衡”命令用来在图像原色的基础上根据需要来添加其他颜色，或通过增加某种颜色的补色以减少该颜色的数量，从而改变图像的原色彩，多用于调整明显偏色的图像。其方法为：选择【图像】/【调整】/【色彩平衡】命令，或按【Ctrl+B】组合键打开“色彩平衡”对话框，如图7-30所示。“色彩平衡”对话框中相关选项的含义如下。

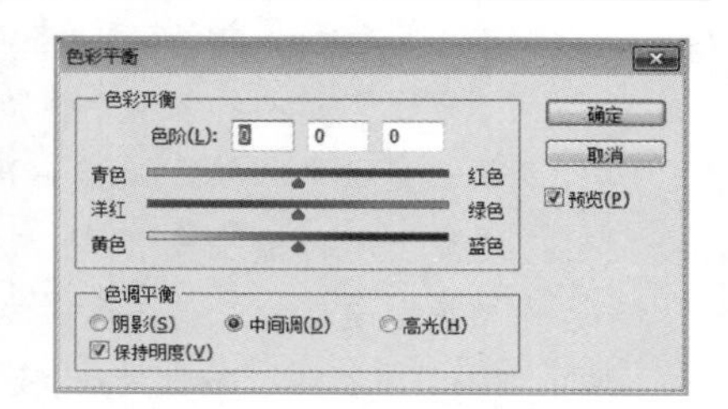

图7-30 “色彩平衡”对话框

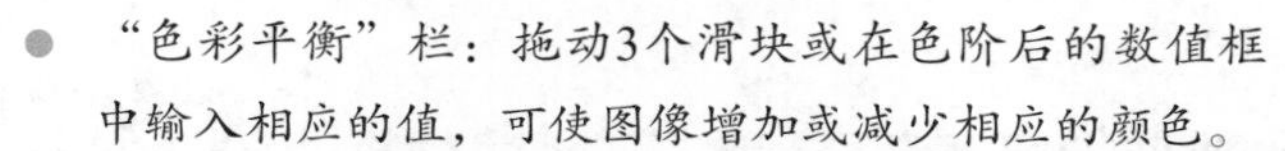

- “色彩平衡”栏：拖动3个滑块或在色阶后的数值框中输入相应的值，可使图像增加或减少相应的颜色。
- “色调平衡”栏：用于选择需要着重进行调整的色彩范围。单击选中“阴影”“中间调”“高光”单选项，就会对相应色调的像素进行调整。单击选中“保持明度”复选框，可保持图像的色调不变，防止亮度值随颜色变化而发生改变。

7.2.3 “阴影/高光”命令

“阴影/高光”命令用来修复图像中过亮或过暗的区域，从而使图像尽可能显示更多的细节。其方法为：打开一张图片，选择【图像】/【调整】/【阴影/高光】命令，打开“阴影/高光”对话框，设置图像的阴影数量和高光数量，单击 确定 按钮，调整“阴影/高光”前后的对比效果如图7-31所示。

彩图查看
“阴影/高光”命令调整前后对比

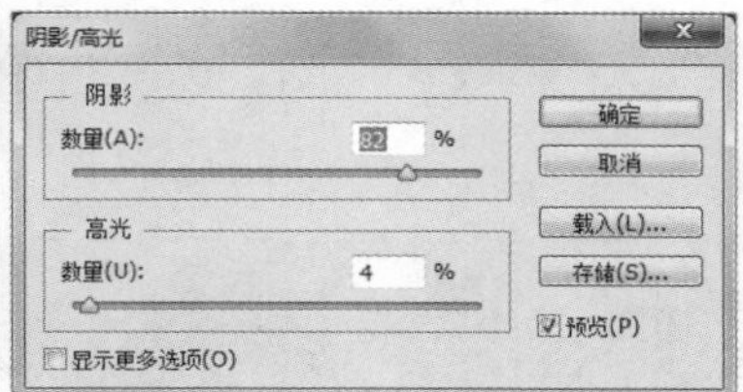

图7-31 调整阴影和高光

“阴影/高光”对话框中相关选项的含义如下。

- “阴影”栏：用来增加或降低图像中的暗部色调。

- “高光”栏：用来增加或降低图像中的高光色调。

7.2.4 “通道混合器”命令

“通道混合器”命令（软件显示为“通道混合器”）用来对图像不同通道中的颜色进行混合，从而改变图像色彩。其方法为：选择【图像】/【调整】/【通道混合器】命令，打开“通道混合器”对话框，如图7-32所示。

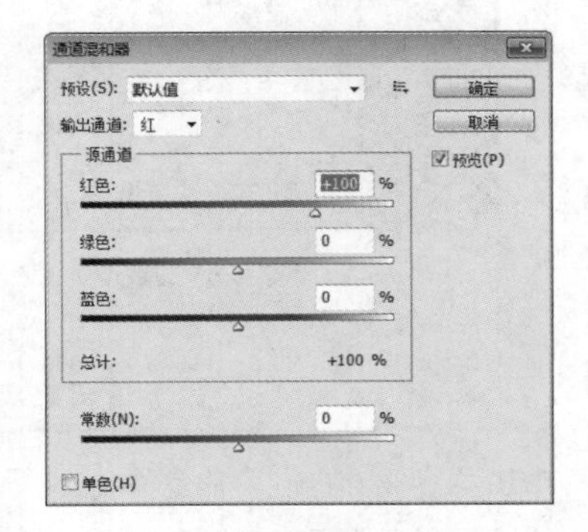

图7-32 “通道混合器”对话框

“通道混合器”对话框中相关选项的含义如下。

- “输出通道”下拉列表框：单击其右侧的下拉按钮，在打开的下拉列表中选择需要调整的颜色通道。不同颜色模式的图像，其颜色通道的选项也各不相同。
- “源通道”栏：拖曳下方的颜色通道滑块，可调整源通道在输出通道中所占的颜色百分比。
- “常数”数值框：用于调整输出通道的灰度值，负值将增加黑色，正值将增加白色。
- “单色”复选框：单击选中该复选框，可以将图像转换为灰度模式。

使用“通道混合器”命令对图像进行颜色调整前后的效果，如图7-33所示。

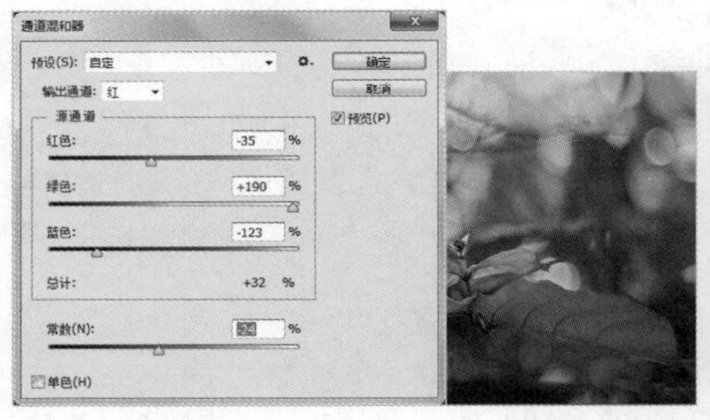

图7-33 使用“通道混合器”命令调整颜色

7.2.5 “自然饱和度”命令

“自然饱和度”命令用来增加图像色彩的饱和度，常用于在增加饱和度的同时，防止颜色过于饱和而出现溢色，适用于处理人物图像。其方法为：选择【图像】/【调整】/【自然饱和度】命令，打开“自然饱和度”对话框，在“自然饱和度”和“饱和度”文本框中分别输入对应的值，单击 确定 按钮，如图7-34所示。

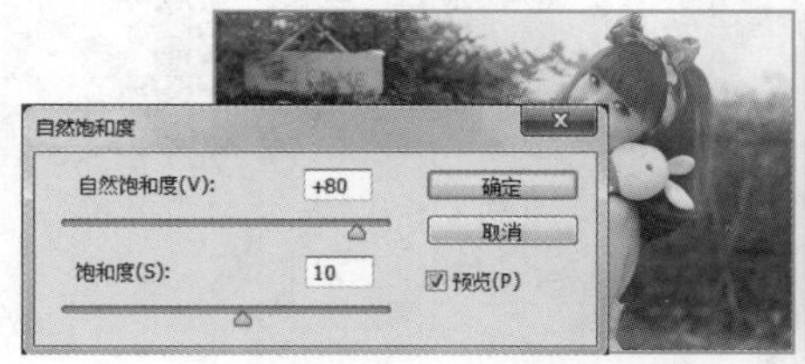

图7-34 自然饱和度效果

7.2.6 “匹配颜色”命令

“匹配颜色”命令用来匹配不同图像之间、多个图层之间或者多个颜色选区之间的颜色，还可以通过更改图像的亮度、色彩范围、中和色调来调整图像的颜色。其方法为：选择【图像】/【调整】/【匹配颜色】命令，打开“匹配颜色”对话框，如图7-35所示。

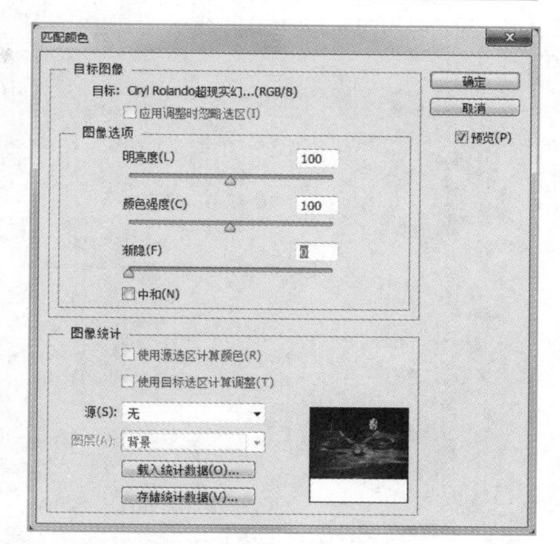

图7-35 “匹配颜色”对话框

“匹配颜色”对话框中相关选项的含义如下。

- “目标”栏：用于显示当前图像文件的名称。
- “图像选项”栏：用于调整匹配颜色时的明亮度、颜色强度、渐隐效果。单击选中“中和”复选框，对两幅图像的中间色进行色调的中和。
- “图像统计”栏：用于选择匹配颜色时图像的来源或所在的图层。

使用“匹配颜色”命令对图像进行调整的效果，如图7-36所示。

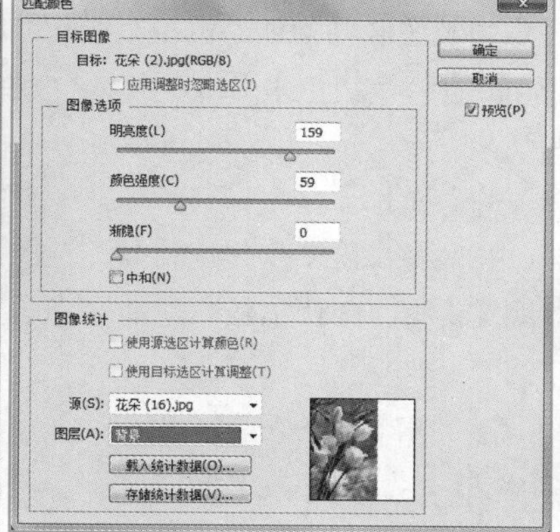

图7-36 使用“匹配颜色”命令调整颜色

7.2.7 “可选颜色”命令

“可选颜色”命令用来对RGB、CMYK、灰度等图像模式中的某种颜色进行调整，而不影响其他颜色。选择【图像】/【调整】/【可选颜色】命令，打开“可选颜色”对话框，如图7-37所示。

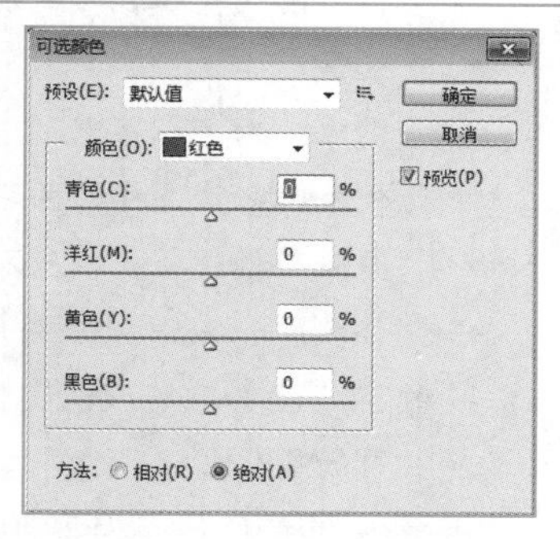

图7-37 “可选颜色”对话框

“可选颜色”对话框中相关选项的含义如下。

- “颜色”下拉列表框：设置要调整的颜色，拖曳下面的各个颜色色块或在数值框中输入相应的值，即可调整所选颜色中青色、洋红、黄色、黑色的含量。
- “方法”栏：选择增减颜色模式，单击选中“相对”单选项，按CMYK总量的百分比来调整颜色；单击选中

“绝对”单选项，按CMYK总量的绝对值来调整颜色。

对图像中的深蓝色进行调整，使其变为紫色，前后对比效果如图7-38所示。

图7-38　将图像中的深蓝色调整为紫色

7.2.8 “替换颜色”命令

“替换颜色”命令用来改变图像中某些区域颜色的色相、饱和度、明暗度，从而达到改变图像色彩的目的。选择【图像】/【调整】/【替换颜色】命令，打开“替换颜色”对话框，如图7-39所示。

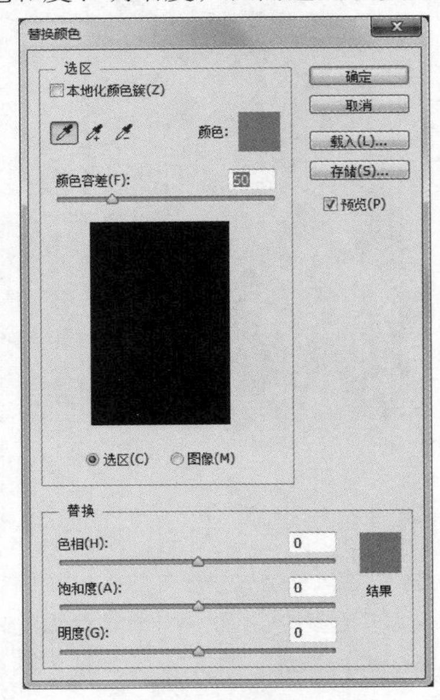

图7-39　“替换颜色”对话框

“替换颜色”对话框中相关选项的含义如下。

- “本地化颜色簇”复选框：若需要在图像中选择相似且连续的颜色，单击选中该复选框，可使选择范围更加精确。
- 吸管工具按钮组、、：选择这3个吸管工具在图像中单击，可分别进行拾取、增加、减少颜色的操作。
- “颜色容差”栏：用于控制颜色选择的精度，值越高，选择的颜色范围越广。在该对话框的预览区域中，白色代表已选的颜色。
- “选区”单选项：以白色蒙版的方式在预览区域中显示图像，白色代表已选区域，黑色代表未选区域，灰色代表部分被选择的区域。
- “图像”单选项：以原图的方式在预览区域中显示图像。
- “替换”栏：该栏分别用于调整图像所拾取颜色的色相、饱和度、明度的值。调整后的颜色变化将显示在“结果”缩略图中，原图像也会发生相应的变化。

将图像中的红色替换为蓝色的前后效果，如图7-40所示。

图7-40 替换颜色效果

课堂练习——制作邮票效果

本练习将打开“素材\第7章\汽车.jpg”图像，使用“曲线”命令将图像调整出怀旧的效果。再为图像绘制一个邮票相框，以美化图像效果，完成后的参考效果如图7-41所示（效果\第7章\邮票相框.psd）。

图7-41 完成后的邮票效果

7.3 特殊图像的调整

除了上述讲到的对图像的明暗度和色彩进行调整，还可以对图像进行“反相”“色调分离”“阈值”“渐变映射”“曝光度”等特殊命令的处理，以满足于一些特殊图像的设计要求。下面将通过课堂案例讲解特殊图像的调整方法，再对相应的基础知识进行讲解。

7.3.1 课堂案例—— 制作装饰画效果

案例目标：装饰画不但要迎合装饰环境的整体风格，还要兼顾图像本身的美观效果。下面将打开3张不同的图像，对其进行调整，并将其添加到客厅背景的画框中，完成后的参考效果如图7-42所示。

知识要点：“黑白”命令；“曝光度”命令；“色调分离”命令；“渐变映射”命令；“阈值”命令。

素材位置：素材\第7章\装饰画\

效果文件：效果\第7章\装饰画.psd

视频教学
制作装饰画效果

图7-42　查看完成后的效果

其具体操作步骤如下。

STEP 01 打开“图片1.jpg”图像，选择【图像】/【调整】/【黑白】命令，打开“黑白”对话框，在其中设置如图7-43所示的参数，完成后单击 确定 按钮。

STEP 02 选择【图像】/【调整】/【曝光度】命令，打开“曝光度”对话框，在其中设置“曝光度、位移、灰度系数校正”分别为“+0.3、-0.07、0.88”，完成后单击 确定 按钮，如图7-44所示。

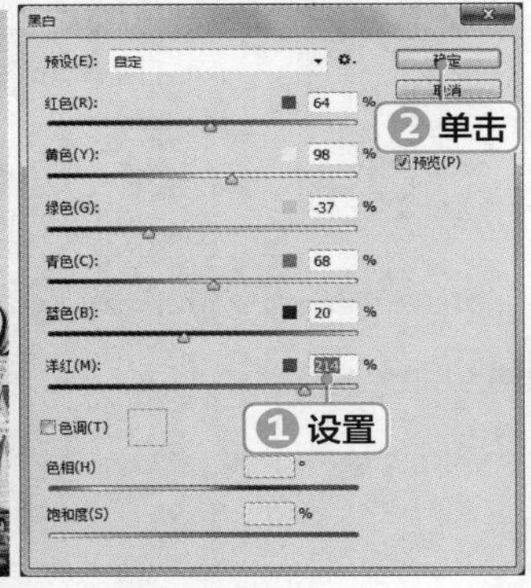

图7-43　设置黑白参数

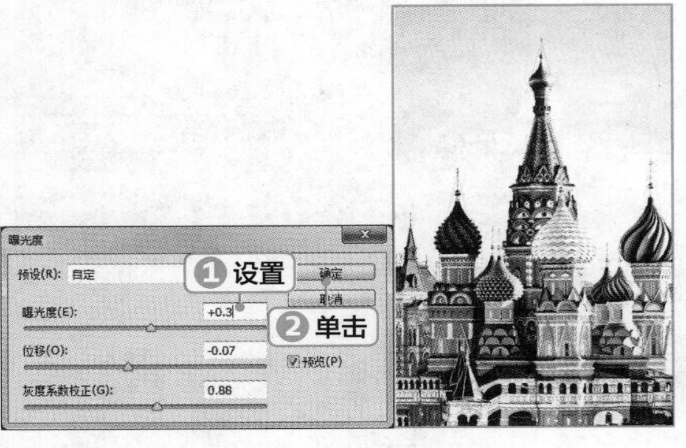

图7-44　设置曝光度参数

STEP 03 选择【图像】/【调整】/【色调分离】命令，打开“色调分离”对话框，在其中设置“色阶”为“2”，完成后单击 确定 按钮，如图7-45所示。

STEP 04 打开“图片2.jpg”图像，选择【图像】/【调整】/【阈值】命令，打开“阈值”对话框，在其中设置“阈值色阶”为“95”，完成后单击 确定 按钮，如图7-46所示。

STEP 05 打开“图片3.jpg”图像，选择【图像】/【调整】/【渐变映射】命令，打开“渐变映射”对话框，在“灰度映射所用的渐变”下拉列表中选择“黑，白渐变”选项，完成后单击 确定 按钮，如图7-47所示。

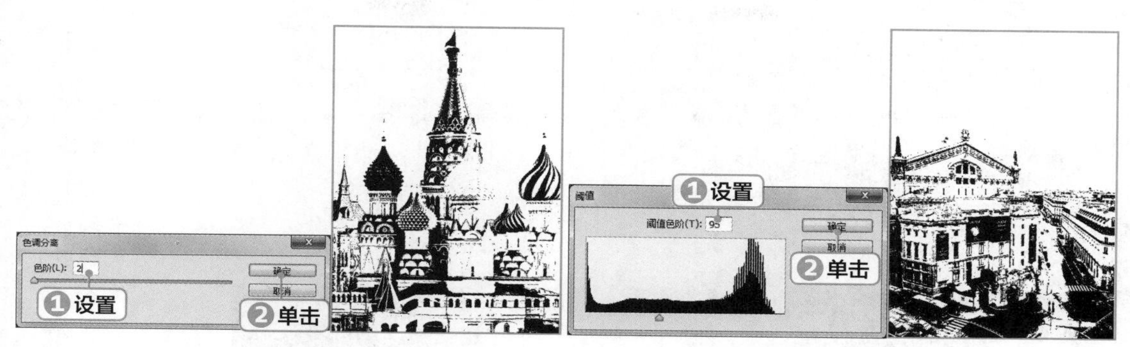

图7-45 设置色调分离

图7-46 设置阈值

STEP 06 选择【图像】/【调整】/【曝光度】命令，打开“曝光度”对话框，在其中设置“曝光度、位移、灰度系数校正”分别为“+3.5、-0.3214、0.58”，完成后单击确定按钮，如图7-48所示。

图7-47 设置渐变映射

图7-48 设置曝光度

STEP 07 选择【图像】/【调整】/【阈值】命令，打开“阈值”对话框，在其中设置“阈值色阶”为“188”，完成后单击确定按钮，如图7-49所示。

STEP 08 打开“画框.jpg”图像，选择移动工具，依次将调整后的图像拖动到画框中，调整图像大小和位置，完成后保存图像，效果如图7-50所示。

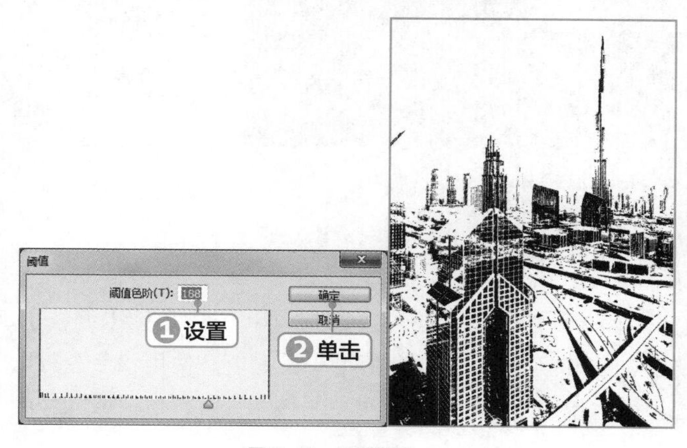

图7-49 设置阈值

图7-50 查看完成后的效果

7.3.2 “黑白”命令

“黑白”命令能够将彩色图像转换为黑白图像，并能对图像中各颜色的色调深浅进行调整，使黑白照片更有层次感。选择【图像】/【调整】/【黑白】命令，打开“黑白”对话框，在其中可以调整图像的颜色，当数值低时图像中对应的颜色将变暗，当数值高时图像中对应的颜色将变亮，如图7-51所示。

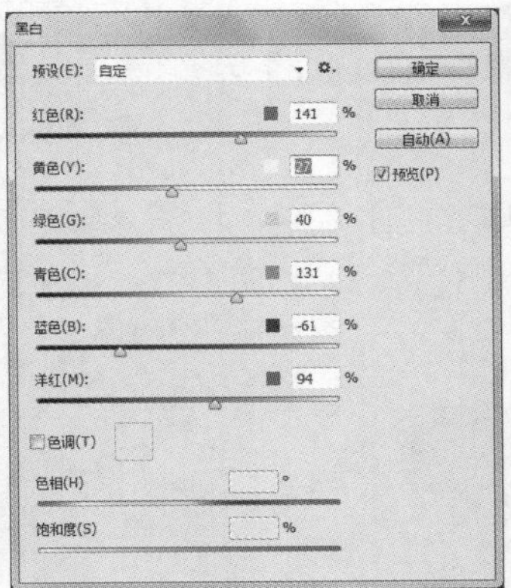

图7-51　黑白效果

7.3.3 “去色”命令

“去色”命令用来去除图像中的所有颜色信息，从而使图像呈黑白色显示。选择【图像】/【调整】/【去色】命令或按【Ctrl+Shift+U】组合键即可为图像去色。使用“去色”命令制作旧照片的效果，如图7-52所示。

图7-52　去色效果

7.3.4 “反相”命令

“反相”命令用来反转图像中的颜色信息，常用于制作胶片效果。选择【图像】/【调整】/【反相】命令，图像中每个通道的像素亮度值将转换为256级颜色值上相反的值。使用该命令可以创建边缘蒙版，以便向图像的选定区域应用锐化和其他操作。当再次使用该命令时，可还原图像颜色，如图7-53所示。

图7-53　反相效果

7.3.5 “色调分离”命令

使用“色调分离”命令可以指定图像的色调级数，并按此级数将图像的像素映射为最接近的颜色。选择【图像】/【调整】/【色调分离】命令，打开“色调分离”对话框，在“色阶”数值框中输入不同的数值即可。设置色阶值分别为“3”和“30”时的对比效果，如图7-54所示。

图7-54　查看完成后的效果

7.3.6 “阈值”命令

“阈值”命令可以将一张彩色图像或灰度图像调整成高对比度的黑白图像，常用于确定图像的最亮和最暗区域。其方法为：选择【图像】/【调整】/【阈值】命令，打开“阈值”对话框。该对话框显示了当前图像亮度值的坐标图，通过拖曳滑块或者在“阈值色阶”数值框中输入数值来设置阈值，其取值范围为1～255。完成后单击确定按钮，如图7-55所示。

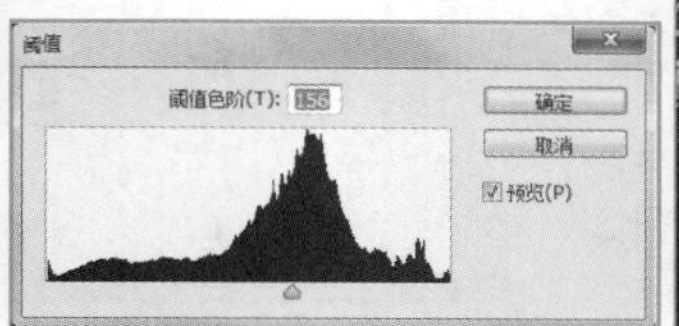

图7-55　阈值效果

7.3.7 “渐变映射”命令

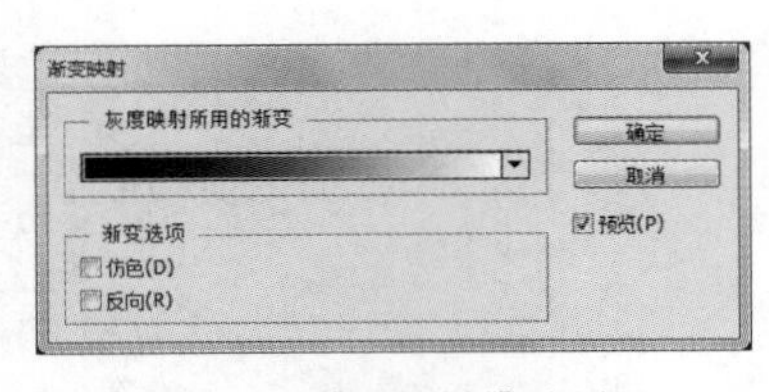

图7-56 “渐变映射”对话框

“渐变映射”命令可使图像颜色根据指定的渐变颜色进行改变。选择【图像】/【调整】/【渐变映射】命令，打开“渐变映射”对话框，如图7-56所示。

“渐变映射”对话框中相关选项的含义如下。

- “灰底映射所用的渐变”下拉列表：单击渐变条右边的下拉按钮，在打开的下拉列表中将出现一个包含预设效果的选择面板，在其中可选择需要的渐变样式。
- “仿色”复选框：单击选中该复选框，可以添加随机的杂色来平滑渐变填充的外观，让渐变更加平滑。
- “反向”复选框：单击选中该复选框，可以反转渐变颜色的填充方向。

7.3.8 “曝光度”命令

“曝光度”命令可以通过对曝光度、位移和灰度系数的控制来调整图像的明亮程度，使图像变亮或变暗。其方法为：选择【图像】/【调整】/【曝光度】命令，打开如图7-57所示的“曝光度”对话框。

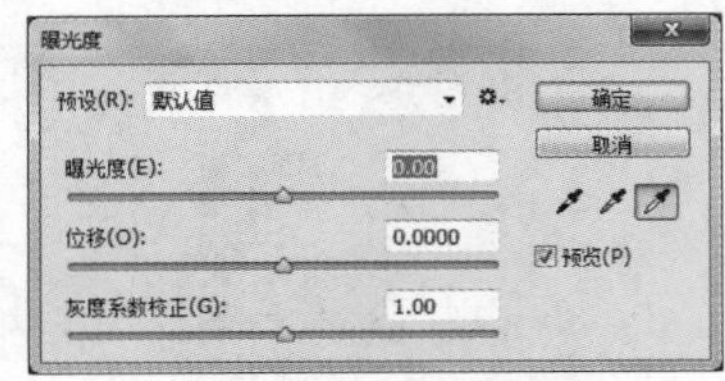

图7-57 “曝光度”对话框

“曝光度”对话框中相关选项的含义如下。

- “曝光度”数值框：拖动滑块或在其数值框中输入数值，将对图像中的阴影区域进行调整。
- “位移”数值框：拖动滑块或在其数值框中输入数值，将对图像中的中间色调区域进行调整。
- “灰度系数校正”数值框：拖动滑块或在数值框中输入数值，将对图像中的高光区域进行调整。

课堂练习——制作六色城海报

本练习将打开“素材\第7章\六色城\城市.jpg”图像，使用矩形选区工具分割图像，再使用“替换颜色”命令逐一为分割的图像调整不同的颜色，使图像呈现出6种不同的颜色效果，然后添加“素材\第7章\六色城\文字.psd”素材，完成后的参考效果如图7-58所示（效果\第7章\六色城.psd）。

图7-58 完成后的效果

7.4 上机实训 —— 恢复玻璃杯真实效果

7.4.1 实训要求

本实训首先打开需要调整的商品图像，发现图像灰暗，亮度和对比度不够，因此需先增加亮度，再通过图层混合模式和锐化的叠加使用，增强画面感和轮廓立体程度，以恢复玻璃杯的真实效果。

7.4.2 实训分析

玻璃、水晶、冰块等商品，因为材质的特殊性，有时候会因为光线等原因，出现灰暗、不晶莹剔透的情况。此时可通过后期调整，更明显地突出其晶莹剔透的特点。调整后的效果如图7-59所示。

素材所在位置： 素材\第7章\夏日饮品.jpg

效果所在位置： 效果\第7章\夏日饮品.psd

图7-59 调整后的玻璃杯效果

视频教学
恢复玻璃杯
真实效果

7.4.3 操作思路

用户掌握了一定的图像色彩调整的方法后，便可开始本练习的设计与制作。根据前面的实训分析，本练习的操作思路如图7-60所示。

①打开素材文件

②调整阴影与高光

③智能锐化图像

图7-60 操作思路

【步骤提示】

STEP 01 打开“夏日饮品.jpg”图像文件，发现图片偏暗，视觉效果不强，打开“图层”面板，按【Ctrl+J】组合键，复制背景图层。

STEP 02 选择【图像】/【调整】/【阴影/高光】命令，打开“阴影/高光”对话框，设置阴影为“20%”，单击 确定 按钮。

STEP 03 打开“图层”面板，在其下方单击“创建新的填充或调整图层”按钮，在打开的下拉列表中选择“黑白”选项，打开“黑白”属性面板，设置“红色、黄色、绿色、青色、蓝色、洋红”的值分别为“43、36、4、0、20、19”。

STEP 04 选择“黑白”调整图层，设置图层混合模式为“叠加”，查看完成后的效果。

STEP 05 复制图层1，选择【滤镜】/【锐化】/【智能锐化】命令，打开“智能锐化”对话框，设置“半径”为“4像素”，单击 确定 按钮。

STEP 06 返回图像窗口，查看完成后的效果，然后按【Ctrl+S】组合键保存文件。

7.5 课后练习

1. 练习1——*调整不锈钢锅颜色*

金属制品在拍摄过程中，由于反光太强烈，往往会打散光进行拍摄，但这样金属感会受到影响，视觉感不够强烈。下面打开“不锈钢锅.jpg”图像文件，对颜色进行调整，以凸显商品的金属感，完成后的参考效果如图7-61所示。

素材所在位置：素材\第7章\不锈钢锅.jpg

效果所在位置：效果\第7章\不锈钢锅.psd

图7-61　不锈钢锅效果

2. 练习2——*矫正建筑后期效果图*

本练习需要对某建筑园林后期效果图进行调色，矫正其偏红的色彩，使其恢复正常。矫正图像的对比效果如图7-62所示。

素材所在位置：素材\第7章\园林后期.psd

效果所在位置：效果\第7章\园林后期.psd

图7-62　矫正园林效果图前后的对比效果

CHAPTER 8

第 8 章 使用通道和蒙版

除了对图像进行编辑与美化外，蒙版也是重要的图像处理工具。应用蒙版可以制作出很多复杂、美观的图像。通道是一个存储图像颜色信息和选区信息的容器，是制作图像的主体。本章将分别对通道和蒙版的相关知识进行介绍。

课堂学习目标

- 掌握通道的使用方法
- 掌握蒙版的使用方法

课堂案例展示

女装海报　　金鱼灯效果

8.1 通道的使用

通道用于存放颜色和选区信息，一个图像最多可以有56个通道。在实际应用中，通道是选取图层中某部分图像的重要工具。用户可以分别对每个颜色通道进行明暗度、对比度的调整，从而产生各种图像特效。下面先通过课堂案例讲解通道的使用方法，再对通道的基础知识进行介绍。

8.1.1 课堂案例——制作女装海报

案例目标：女装海报主要在淘宝店铺首页的首屏进行展现，常用于展现店铺的促销内容、店铺上新、新品展现推广等，通过海报可以让展现的效果更加美观。下面将使用通道抠取素材文件“女装模特.jpg”中的人物，并将其放置到“女装海报.psd”图像中，完成后的参考效果如图8-1所示。

视频教学
制作女装海报

知识要点：复制删除通道；编辑通道。

素材位置：素材\第8章\女装模特.jpg、女装海报.psd

效果文件：效果\第8章\女装海报.psd

图8-1 完成后的效果

其具体操作步骤如下。

STEP 01 打开“女装模特.jpg”素材文件，按【Ctrl+J】组合键复制背景图层，得到“图层1”，如图8-2所示。

STEP 02 打开“通道”面板，在“蓝”通道上单击鼠标右键，在弹出的快捷菜单中选择“复制通道”命令，如图8-3所示，在打开的对话框中单击 确定 按钮。

STEP 03 此时除了“蓝”通道外，其他通道都已隐藏，按【Ctrl+I】组合键反相显示图像，效果如图8-4所示。

STEP 04 选择【图像】/【调整】/【色阶】命令，打开“色阶”对话框，拖动“输入色阶”栏中的黑色滑块、灰色滑块、白色滑块，将其值分别设置为“30、1.3、180”，效果如图8-5所示。

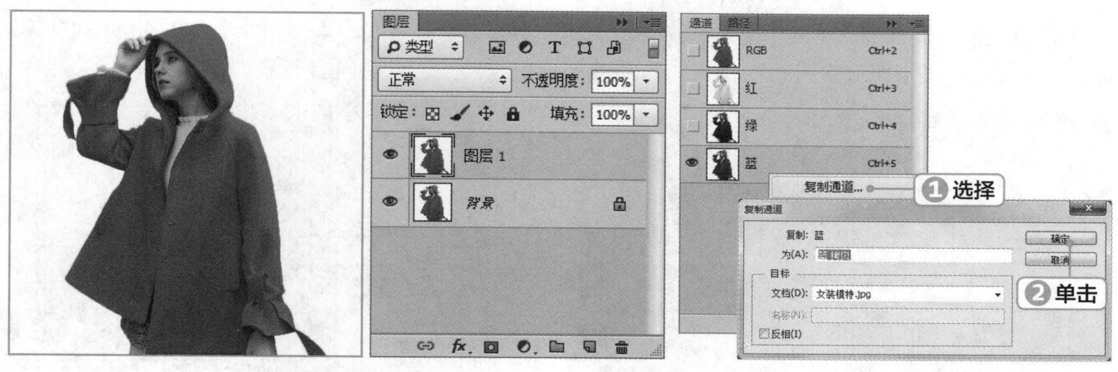

图8-2　复制背景图层　　　　图8-3　复制蓝通道

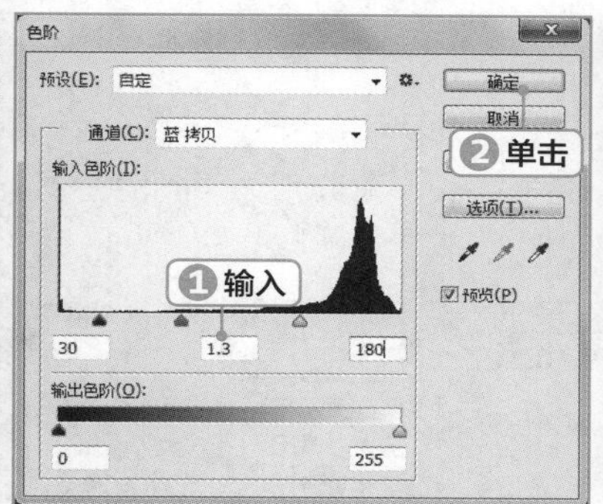

图8-4　反相显示图像　　　　图8-5　调整图像色阶

STEP 05 在工具箱中选择快速选择工具，将人物绘制到选区内，如图8-6所示。

STEP 06 选择【编辑】/【填充】命令，打开“填充”对话框，在“使用”下拉列表中选择“白色”选项，完成后单击 确定 按钮，如图8-7所示。

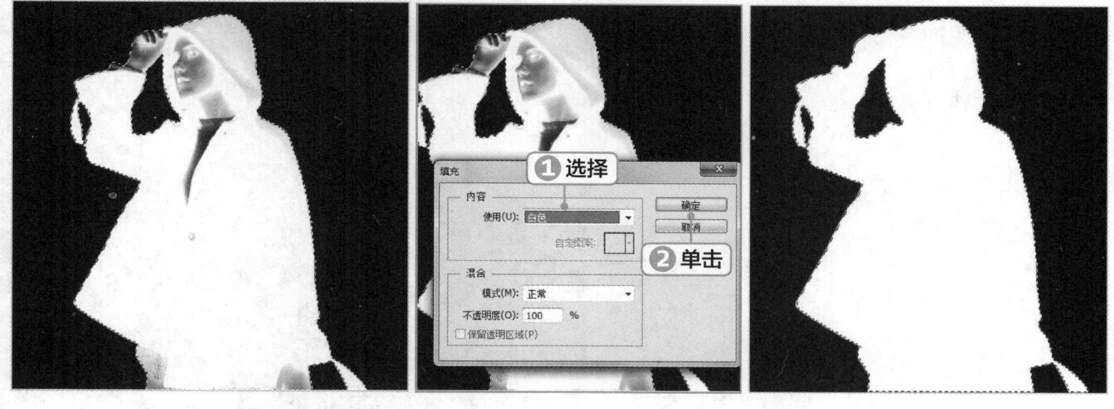

图8-6　绘制选区　　　　图8-7　填充人物

STEP 07 返回“图层”面板，在“图层”面板中选择“图层 1”图层，按【Ctrl+J】组合键创建通道选区的人物图像“图层 2”，隐藏“背景”图层和“图层 1”图层，得到图8-8所示的抠图效果。

STEP 08 打开“女装海报.psd”图像，使用移动工具将“图层 2”图层拖动到背景中合适的位置，按【Ctrl+T】组合键进行变换操作，调整四周的控制点，使其符合背景，如图8-9所示。

图8-8　图层2效果

图8-9　移动图层2并调整

STEP 09 双击抠取后的图层，打开“图层样式”对话框，单击选中“投影”复选框，在右侧设置“投影颜色、不透明度、角度、大小”分别为“#8b3238、80%、124度、16像素”，单击 确定 按钮，如图8-10所示。

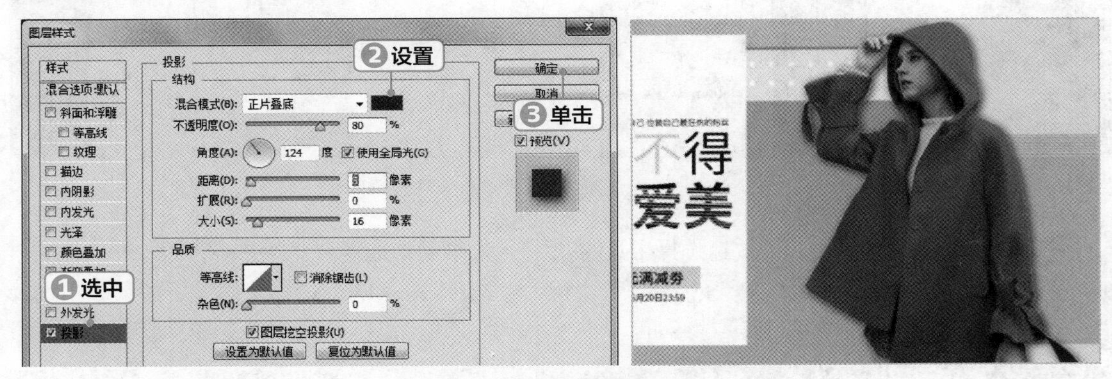

图8-10　添加投影效果

STEP 10 保存文件完成本案例的操作，得到的效果如图8-11所示。

图8-11　查看完成后的效果

8.1.2 认识通道

通道是存储颜色信息的独立颜色平面，Photoshop通常都具有一个或多个通道。通道的颜色与选区有直接关系，完全为黑色的区域表示完全没有选择，完全为白色的区域表示完全选择，灰度的区域由灰度的深浅来决定选择程度，所以对通道的应用实质就是对选区的应用。通过对各通道的颜色、对比度、明暗度、滤镜添加等进行编辑，可得到特殊的图像效果。

通道可以分为颜色通道、Alpha通道、专色通道3种。在Photoshop CC中打开或创建一个新的图像文件后，“通道”面板将默认创建颜色通道。而Alpha通道和专色通道都需要手动进行创建，其含义与创建方法将在后面进行讲解。图像的颜色模式不同，包含的颜色通道也有所不同。下面对常用图像模式的通道进行介绍。

- RGB图像的颜色通道：包括红（R）、绿（G）、蓝（B）3个颜色通道，用于保存图像中相应的颜色信息。
- CMYK图像的颜色通道：包括青色（C）、洋红（M）、黄色（Y）、黑色（K）4个颜色通道，分别用于保存图像中相应的颜色信息。
- Lab图像的颜色通道：包括亮度（L）、色彩（a）、色彩（b）3个颜色通道。其中a色彩通道包括的颜色是从深绿色到灰色再到亮粉红色；b色彩通道包括的颜色是从亮蓝色到灰色再到黄色。
- 灰色图像的颜色通道：该模式只有一个颜色通道，用于保存纯白、纯黑两者中的一系列从黑到白的过渡色信息。
- 位图图像的颜色通道：该模式只有一个颜色通道，用于表示图像的黑白两种颜色。
- 索引图像的颜色通道：该模式只有一个颜色通道，用于保存调色板的位置信息，具体的颜色由调色板中该位置所对应的颜色决定。

8.1.3 认识“通道”面板

在“通道”面板中可以进行通道的各种操作。默认情况下，“通道”面板、“图层”面板、“路径”面板在同一组面板中，可以直接单击“通道”选项卡，打开“通道”面板。图8-12所示为RGB图像的颜色通道。

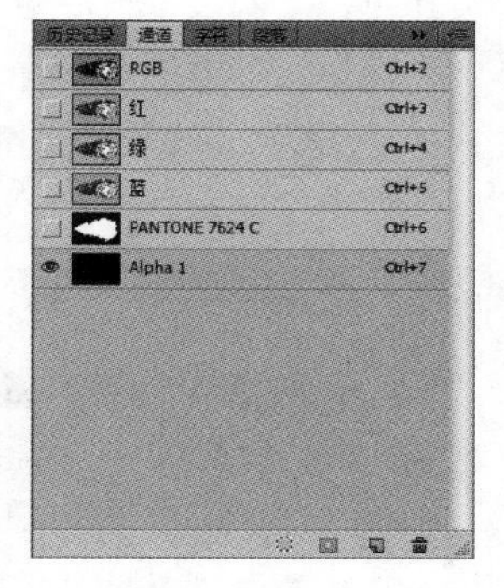

图8-12 “通道”面板

“通道”面板中相关选项的含义如下。

- “将通道作为选区载入”按钮：单击该按钮可以将当前通道中的图像内容转换为选区。选择【选择】/【载入选区】命令和单击该按钮的效果一样。
- “将选区存储为通道”按钮：单击该按钮可以自动创建Alpha通道，并保存图像中的选区。选择【选择】/【存储选区】命令和单击该按钮的效果一样。
- “创建新通道”按钮：单击该按钮可以创建新的Alpha通道。
- “删除当前通道”按钮：单击该按钮可以删除选择的通道。

8.1.4 创建Alpha通道

Alpha通道主要用于保存图像的选区，新创建的Alpha通道名称默认为Alpha X（X为按创建顺序依次排列的数字）通道。其方法为：选择【窗口】/【通道】命令，打开“通道”面板，单击“通道”面板下方的创建新通道按钮，即可新建一个Alpha通道。此时可看到图像被黑色覆盖，通道信息栏中出现“Alpha1”通道，选择“RGB”通道，可发现红色铺满整个画面，如图8-13所示。

图8-13　创建Alpha通道

提示 在Alpha通道中，白色代表可被选择的选区，黑色代表不可被选择的区域，灰色代表可被部分选择的区域，即羽化区域。因此使用白色画笔涂抹Alpha通道可扩大选区范围，使用黑色画笔涂抹Alpha通道可收缩选区范围，使用灰色画笔涂抹Alpha通道可增加羽化范围。

8.1.5 创建专色通道

专色是指使用一种预先混合好的颜色替代或补充除了CMYK的油墨，如明亮的橙色、绿色、荧光色、金属金银色油墨。如果要印刷带有专色的图像，就需要在图像中创建一个存储这种颜色的专色通道。其方法为：在打开的图像中单击“通道”面板右上角的按钮，在打开的下拉列表中选择“新建专色通道”选项，如图8-14所示。在打开的“新建专色通道”对话框中输入新通道名称后，单击“颜色”色块，在打开的对话框中设置专色的油墨颜色，在“密度”数值框中设置油墨的密度，单击确定按钮，如图8-15所示。新建的专色通道，如图8-16所示。

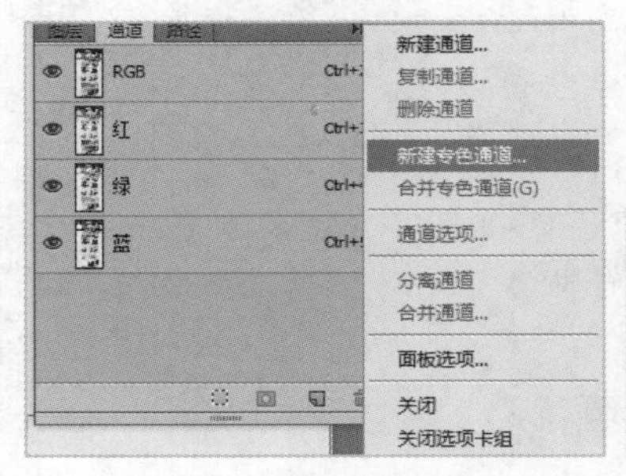

图8-14　选择“新建专色通道”选项

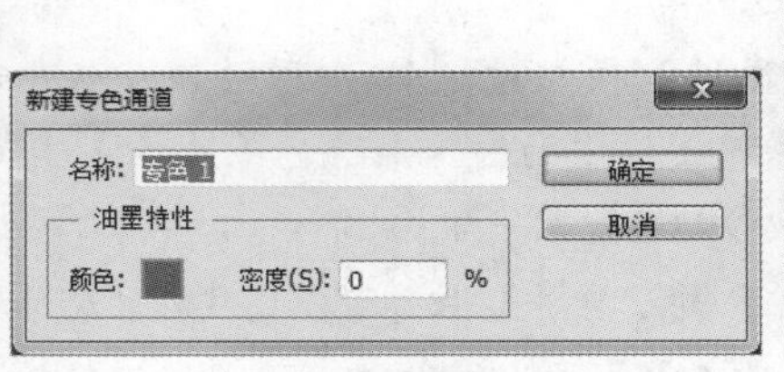

图8-15　设置专色通道

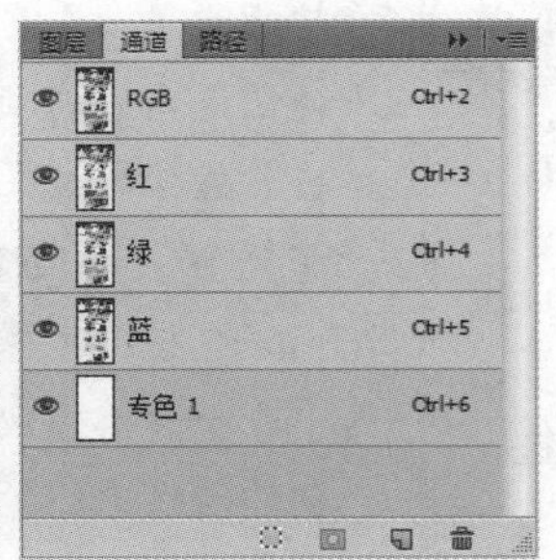

图8-16　创建的专色通道

提示 按住【Ctrl】键的同时单击"通道"面板底部的"创建新通道"按钮，也可以打开"新建专色通道"对话框。

8.1.6 复制与删除通道

在对通道进行处理时，为了不对原通道造成影响，往往需要对通道进行复制操作，而对于不需要的通道，则需要进行删除。

1. 复制通道

为了防止对通道的操作发生错误，可在操作前先复制通道。复制通道的方法主要有以下两种。

- 通过鼠标拖曳复制：在"通道"面板中选择需要复制的通道，按住鼠标左键不放，将其拖曳到"通道"面板下方的按钮上，释放鼠标左键，即可查看新复制的通道。
- 通过右键菜单复制：在需要复制的通道上单击鼠标右键，在弹出的快捷菜单中选择"复制通道"命令，完成复制操作。

2. 删除通道

当图像中的通道过多时，会影响图像的大小。此时可将不需要的通道删除，Photoshop CC主要提供了以下3种删除通道的方法。

- 通过鼠标拖曳删除：打开"通道"面板，选择需要删除的通道，按住鼠标左键不放，将其拖曳到"通道"面板下方的按钮上，释放鼠标左键，即可完成删除操作。
- 通过右键菜单删除：在需要删除的通道名称上单击鼠标右键，在弹出的快捷菜单中选择"删除通道"命令，完成删除操作。
- 通过删除按钮删除：选择需要删除的通道，再单击"通道"面板中的删除当前通道按钮，删除该通道。

8.1.7 分离与合并通道

在使用Photoshop CC编辑图像时，除了复制和删除通道，有时还需要将图像文件中的各通道分开单独进行编辑，编辑完成后又需要将分离的通道进行合并，以制作出奇特的效果。下面讲解分离通道和合并通道的方法。

- 分离通道：图像的颜色模式直接影响通道分离出的文件个数，如RGB颜色模式的图像会分离出3个独立的灰度文件，CMYK会分离出4个独立的文件。被分离出的文件分别保存了原文件各颜色通道的信息。分离通道的方法为：打开需要分离通道的图像文件，在"通道"面板右上角单击按钮，在弹出的下拉列表中选择"分离通道"选项，此时Photoshop CC将立刻对通道进行分离操作，如图8-17所示。
- 合并通道：分离的通道以灰度模式显示，无法正常使用，当需使用时，可将分离的通道进行合并。合并通道的方法为：打开当前图像窗口中的"通道"面板，在右上角单击按钮，在打开的列表中选择"合并通道"选项。此时将打开"合并通道"对话框，在"模式"下拉列表框中选择颜色选项，单击 确定 按钮。这里在打开的对话框中保持指定通道的默认设置，单击 确定 按钮，如图8-18所示。

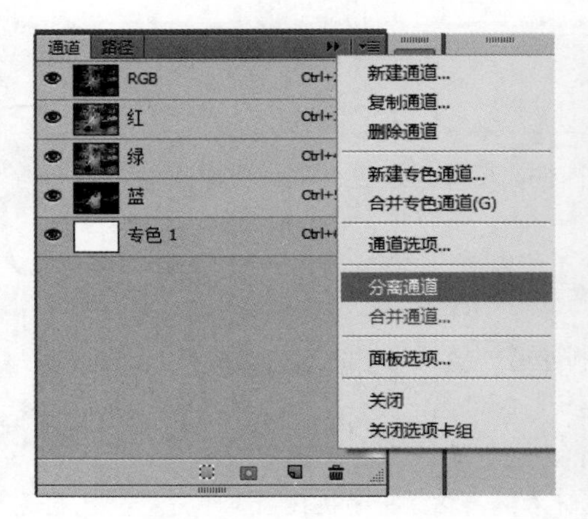

图8-17　分离通道

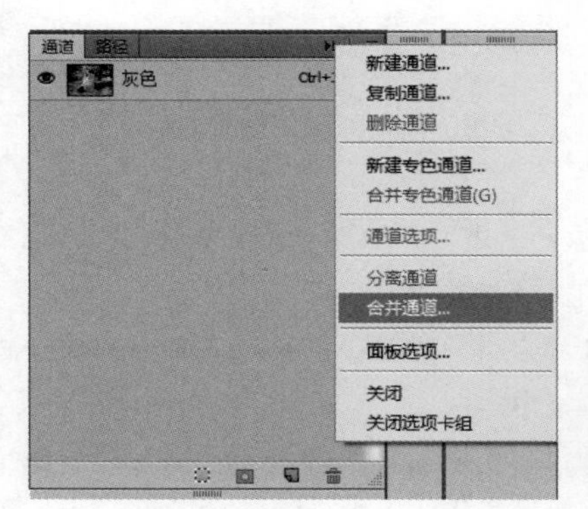

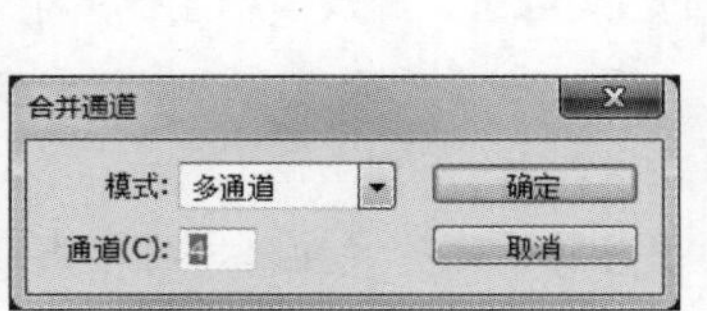

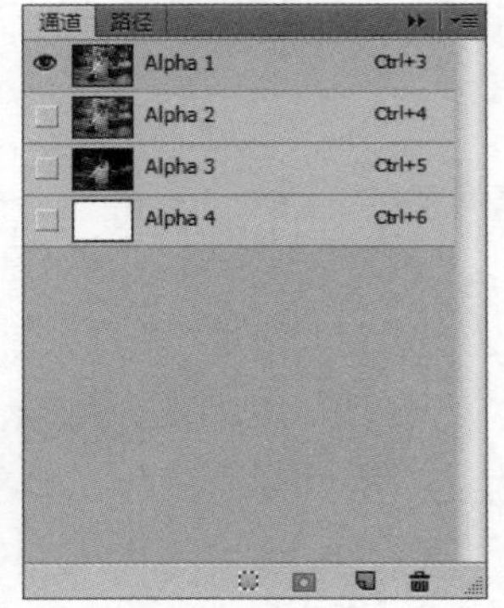

图8-18　合并通道

课堂练习——使用通道抠取人物图像

本练习将打开“素材\第8章\模特.jpg”图像，使用通道抠取人物图像，完成后的参考效果如图8-19所示（效果\第8章\模特.psd）。

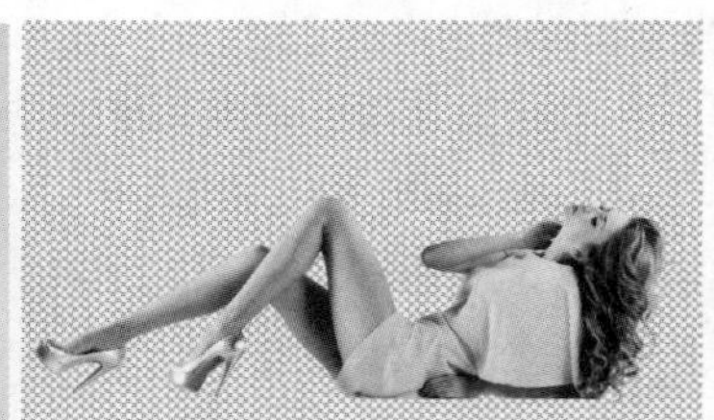

图8-19　人物抠取前后的对比效果

8.2 蒙版的使用

在制作人物摄影海报和商业海报时，经常会使用蒙版，来轻松地完成图像的合成，避免用户在使用橡皮擦或删除功能时造成误操作，同时还能在蒙版中应用滤镜，制作出一些让人惊奇的效果。在使用蒙版前需要掌握创建蒙版的方法，包括创建快速蒙版、创建剪贴蒙版、创建矢量蒙版、创建图层蒙版等。

8.2.1 课堂案例—— 合成金鱼灯特效

案例目标：金鱼灯是一种合成后的特效效果。本例将打开“灯.jpg”图像，编辑并复制通道，再打开“金鱼.jpg”图像，使用移动工具将“金鱼”图像移动到“灯”图像上，创建图层蒙版，完成前后的对比效果如图8-20所示。

知识要点：创建快速蒙版；创建图层蒙版。

素材位置：素材\第8章\金鱼灯\灯.jpg、金鱼.jpg

效果文件：效果\第8章\金鱼灯.psd

视频教学
合成金鱼灯特效

图8-20 完成前后的对比效果

其具体操作步骤如下。

STEP 01 打开“灯.jpg”图像，选择【窗口】/【通道】命令，打开“通道”面板。选择颜色对比度最强的“红”通道，并将其拖动到“创建新通道”按钮上，复制“红”通道，如图8-21所示。

STEP 02 在工具箱中单击“以快速蒙版模式编辑”按钮，进入快速蒙版编辑状态，将前景色设置为“黑色”，选择画笔工具，使用画笔工具在图像上进行涂抹，查看涂抹后的效果，如图8-22所示。

STEP 03 再次单击“以标准模式编辑”按钮，退出蒙版编辑状态，此时可发现涂抹的灯泡以外的区域自动形成选区，如图8-23所示。

STEP 04 设置背景色为黑色，完成后按【Ctrl+Delete】组合键，填充背景色，如图8-24所示。

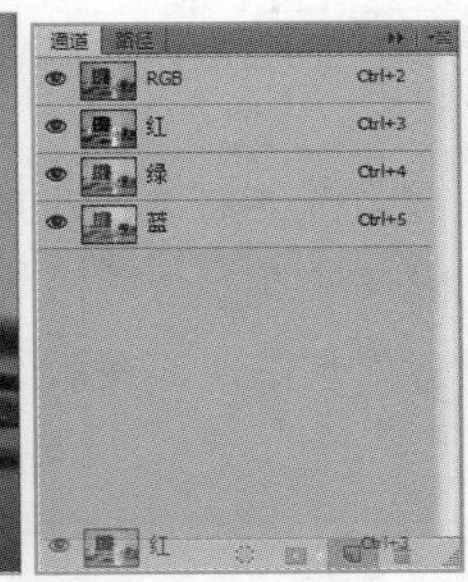

图8-21　复制“红”通道

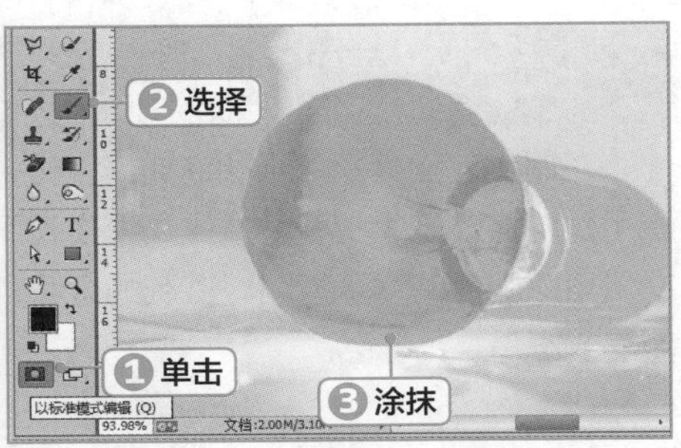

图8-22　使用黑色画笔进行涂抹

图8-23　创建选区

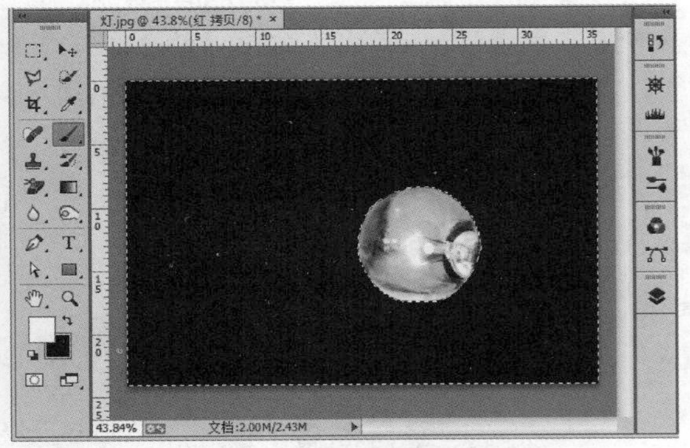

图8-24　反相并填充背景色

STEP 05　按【Ctrl+A】组合键，再按【Ctrl+C】组合键，复制通道。隐藏复制的通道，在“通道”面板中选择“RGB”通道，显示通道，此时发现灯泡变得更加明亮，如图8-25所示。

STEP 06　打开“金鱼.jpg”图像，使用移动工具将“金鱼”图像移动到“灯”图像中，并将其缩小，在“图层”面板中单击“添加图层蒙版”按钮，创建图层蒙版，如图8-26所示。

图8-25　复制通道

图8-26　创建图层蒙版

STEP 07　按住【Alt】键的同时，单击图层蒙版，进入图层蒙版编辑模式。按【Ctrl+V】组合键，粘贴复制的通道内容，如图8-27所示。

STEP 08　取消选区并选择背景图层，将显示添加图层蒙版后的图层效果。在“图层1”面板中单击按钮，取消图层与蒙版的链接，按【Ctrl+T】组合键，显示变形框，如图8-28所示。

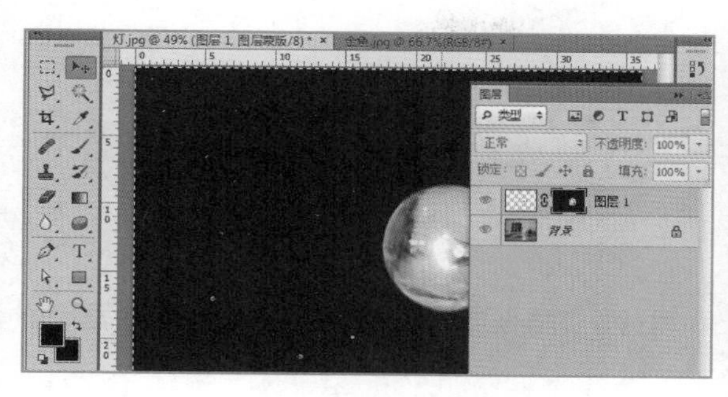

图8-27 粘贴通道

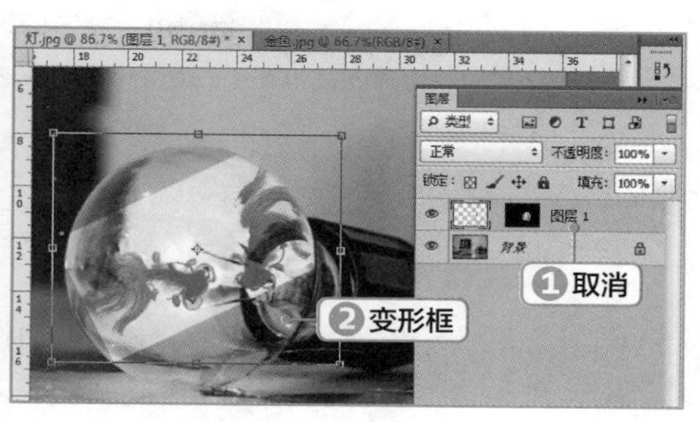

图8-28 显示变形框

STEP 09 在变形图像上单击鼠标右键，在弹出的快捷菜单中选择“变形”命令。拖曳鼠标调整调节点，制作透视效果，如图8-29所示。

STEP 10 按【Enter】键确定变形，在“图层”面板中恢复图层与图层蒙版之间的链接，查看调整后的效果，如图8-30所示。

图8-29 变形图像

图8-30 恢复链接并查看调整后的效果

STEP 11 选择图层蒙版，再选择画笔工具，使用鼠标涂抹金鱼图像中的白色背景，隐藏多余的背景，查看调整后的效果，如图8-31所示。

STEP 12 按【Ctrl+Alt+Shift+E】组合键盖印图层，按【Ctrl+M】组合键，打开“曲线”对话框，使用鼠标拖动曲线调整颜色，单击 确定 按钮，如图8-32所示。

STEP 13 返回图像编辑区，即可发现图像颜色更加唯美，保存图像并查看完成后的效果。

图8-31 调整图像区域

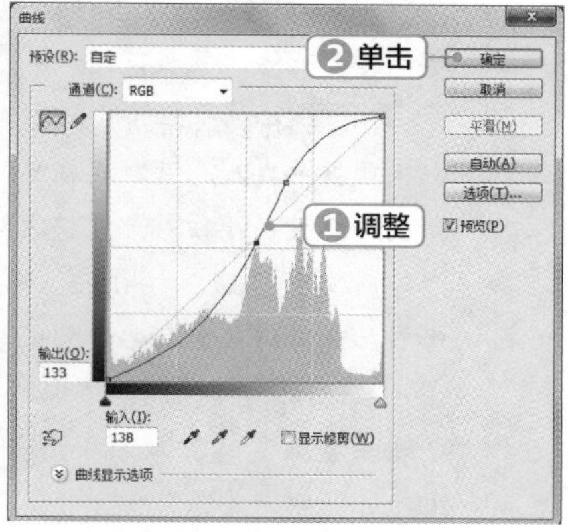

图8-32 调整曲线

8.2.2 认识蒙版

为了更好地使用蒙版，下面先认识蒙版的类型、“蒙版”面板，再学习矢量蒙版、图层蒙版、剪贴蒙版、快速蒙版的创建与编辑方法。

1. 蒙版的类型

Photoshop CC提供了4种类型的蒙版，用户在编辑时可根据情况进行选择。这4种类型的蒙版的作用如下。

- 矢量蒙版：通过路径和矢量形状来控制图像的显示区域。
- 图层蒙版：通过控制蒙版中的灰度信息来控制图像的显示区域，常用于图像的合成。
- 剪贴蒙版：可使用一个对象的形状来控制其他图层的显示范围。
- 快速蒙版：可以在编辑的图像上暂时产生蒙版效果，常用于选区的创建。

2. 认识“蒙版”面板

“蒙版”面板可进行蒙版的管理。在为图层添加蒙版后，选择【窗口】/【属性】命令，即可打开“蒙版”面板。在其中可设置与该蒙版相关的属性，如图8-33所示。

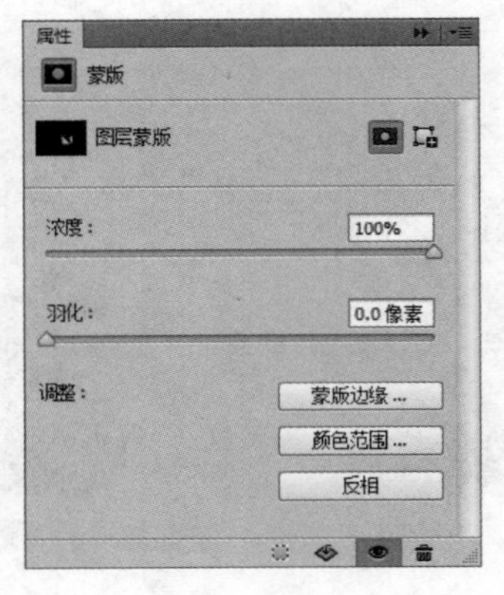

图8-33 “蒙版”面板

“蒙版”面板中相关参数的含义介绍如下。

- 当前选择的蒙版：显示了在“图层”面板中选择的蒙版类型，图8-33中即为“图层蒙版”。
- “选择图层蒙版”按钮：单击该按钮，可选择图层蒙版。
- “选择矢量蒙版”按钮：单击该按钮，可选择矢量蒙版。
- “浓度”数值框：拖动滑块可控制蒙版的不透明度，即蒙版的遮盖强度。
- “羽化”数值框：拖动滑块可柔化蒙版边缘。
- 蒙版边缘...按钮：单击该按钮，可对图像进行视图模式、边缘检测、调整边缘和输出设置。
- 颜色范围...按钮：单击该按钮，可打开“色彩范围”对话框，此时可在图像中取样并调整颜色容差来修改蒙版范围。
- 反相按钮：单击该按钮，可翻转蒙版的遮盖区域。
- “从蒙版中载入选区”按钮：可载入蒙版中包含的选区。
- “应用蒙版”按钮：可将蒙版应用到图像中，同时删除被蒙版遮盖的图像。
- “停用/启用蒙版”按钮：单击“停用/启用蒙版”按钮或按住【Shift】键不放单击蒙版缩略图，可停用或重新启用蒙版。停用蒙版时，蒙版缩略图或图层缩略图后会出现一个红色的“×”标记。
- “删除蒙版”按钮：可删除当前蒙版。将蒙版缩略图拖动到“图层”面板底部的按钮上，也可删除蒙版。

8.2.3 创建矢量蒙版

矢量蒙版是由钢笔工具和自定形状工具等矢量工具创建的蒙版，它与分辨率无关，无限放大都能保持图像的清晰度。使用矢量蒙版抠图，不仅可以保证原图不受损，并且可以用钢笔工具修改形状。创建矢量蒙版的方法为：选择需要添加矢量蒙版的图层。使用矢量工具绘制路径，选择【图层】/【矢量蒙版】/【当前路径】命令，即可基于当前路径创建矢量蒙版，如图8-34所示。

图8-34　创建矢量蒙版

8.2.4 创建图层蒙版

图层蒙版是指遮盖在图层上的一层灰度遮罩，通过使用不同的灰度级别进行涂抹，以设置其透明程度。图层蒙版主要用于合成图像，在创建调整图层、填充图层、智能滤镜时，Photoshop CC也会自动为其添加图层蒙版，以控制颜色调整和滤镜范围。创建图层蒙版的方法为：选择要创建图层蒙版的图层，在“图层”面板中单击“添加图层蒙版”按钮 或选择【图层】/【图层蒙版】/【显示选区】命令，即可为图像添加蒙版，然后将前景色设置为“黑色”，使用画笔工具 在图像上进行涂抹，即可对涂抹区域创建图层蒙版，如图8-35所示。

图8-35　创建图层蒙版

8.2.5 创建剪贴蒙版

剪贴蒙版主要由基底图层和内容图层组成，是指通过使用处于下层图层的形状（基底图层）来限制上层图层（内容图层）的显示状态。剪贴蒙版可通过一个图层控制多个图层的可见内容，而图层蒙版和矢量蒙版只能控制一个图层。创建剪贴蒙版的方法为：将需要创建剪贴蒙版的图片图层，移动到形状的上方，选择图片图层，选择【图层】/【创建剪贴蒙版】命令或按【Alt+Ctrl+G】组合键，将该图层与下面的图层创建为一个剪贴蒙版，如图8-36所示。

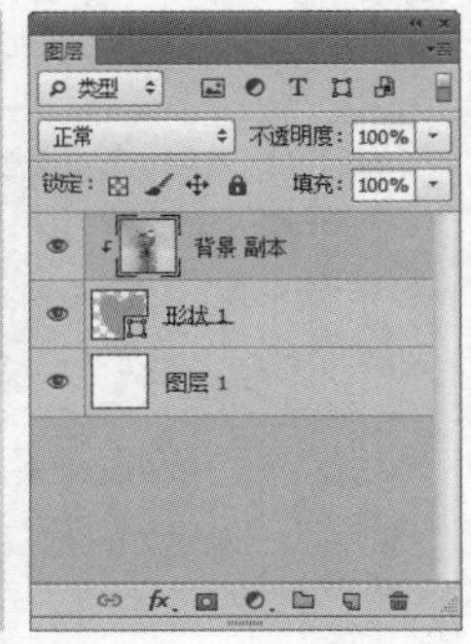

图8-36 创建剪贴蒙版

提示 选择【图层】/【图层蒙版】/【隐藏全部】命令，可创建隐藏图层内容的黑色蒙版。若图层中包含透明区域,可选择【图层】/【图层蒙版】/【从透明区域】命令创建蒙版，并将透明区域隐藏。

8.2.6 创建快速蒙版

快速蒙版又称为临时蒙版，可以将任何选区作为蒙版编辑，还可以使用多种工具和滤镜命令来修改蒙版，常用于选取复杂图像或创建特殊图像的选区。创建快速蒙版的方法为：打开图像文件，单击工具箱下方的“以快速蒙版模式编辑”按钮，进入快速蒙版编辑状态，此时使用画笔工具在蒙版区域进行涂抹，绘制的区域将呈半透明的红色显示，如图8-37所示，该区域就是设置的保护区域。单击工具箱中的“以标准模式编辑”按钮，将退出快速蒙版模式，此时在蒙版区域中呈红色显示的图像将位于生成的选区之外，如图8-38所示。

图8-37 在蒙版区域涂抹

图8-38 蒙版转换为选区

提示 当用户进入快速蒙版后，如果原图像颜色与红色保护颜色较为相近，不利于编辑，可以通过在“快速蒙版选项”对话框中设置快速蒙版的选项参数来改变颜色。双击工具箱中的“以快速蒙版模式编辑”按钮◎，即可打开该对话框，单击色块可设置蒙版颜色。

8.2.7 编辑剪贴蒙版

创建剪贴蒙版后，用户还可以根据实际情况对剪贴蒙版进行编辑，包括释放剪贴蒙版、设置蒙版的不透明度和混合模式，下面分别进行介绍。

1. 释放剪贴蒙版

为图层创建剪贴蒙版后，若效果不佳可取消剪贴蒙版，即释放剪贴蒙版。释放剪贴蒙版的方法有以下3种。

- “释放剪贴蒙版”命令：选择需要释放的剪贴蒙版，再选择【图层】/【释放剪贴蒙版】命令，或按【Ctrl+Alt+G】组合键释放剪贴蒙版。
- 快捷菜单：在内容图层上单击鼠标右键，在弹出的快捷菜单中选择“释放剪贴蒙版”命令。
- 拖曳鼠标：按住【Alt】键，将鼠标放置到内容图层和基底图层中间的分割线上，当鼠标指针变为↖□形状时单击鼠标，释放剪贴蒙版。

2. 设置剪贴蒙版的不透明度和混合模式

用户还可以通过设置剪贴蒙版的不透明度和混合模式使图像的效果发生改变。只要在“图层”面板中选择剪贴蒙版，在“不透明度”数值框中输入需要的透明度或在“模式”下拉列表框中选择需要的混合模式选项即可。图8-39所示分别为剪贴蒙版不透明度为80%和50%，混合模式分别为“正片叠底”和“强光”时的图像效果。

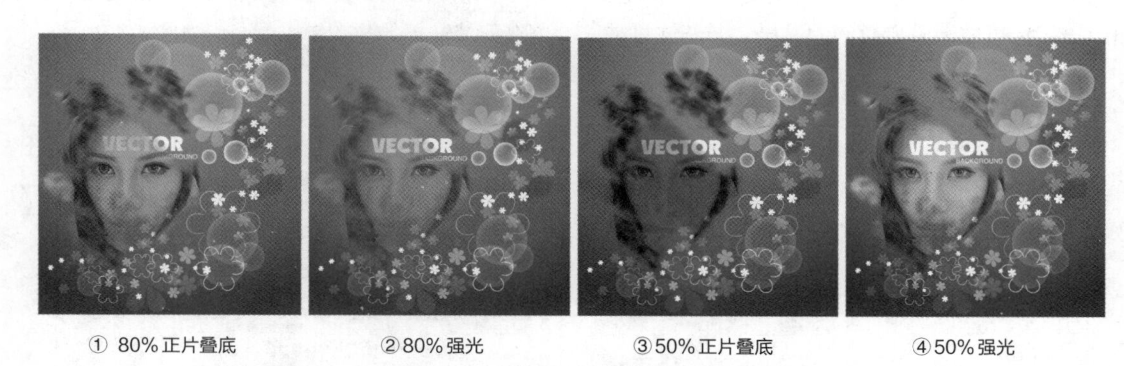

① 80% 正片叠底 ②80% 强光 ③50% 正片叠底 ④50% 强光

图8-39 设置剪贴蒙版不透明度和混合模式

8.2.8 编辑矢量蒙版

和剪贴蒙版相同，在创建矢量蒙版后，用户也可对矢量蒙版进行编辑。下面讲解一些矢量蒙版的常见编辑方式，包括将矢量蒙版转化为图层蒙版、删除矢量蒙版、链接/取消链接矢量蒙版、停用矢量蒙版等。

1. 将矢量蒙版转化为图层蒙版

在编辑过程中，图层蒙版的使用非常频繁，有时为了便于编辑，会将矢量蒙版转化为图层蒙版。其方法为：在矢量蒙版缩略图上单击鼠标右键，在弹出的快捷菜单中选择“栅格化矢量蒙版”命令，栅格化后的矢量蒙版将会变为图层蒙版，不会再有矢量形状存在，如图8-40所示。

2. 删除矢量蒙版

矢量蒙版和其他蒙版一样都可删除，只需在矢量蒙版缩略图上单击鼠标右键，在弹出的快捷菜单中选择“删除矢量蒙版”命令即可，如图8-41所示。

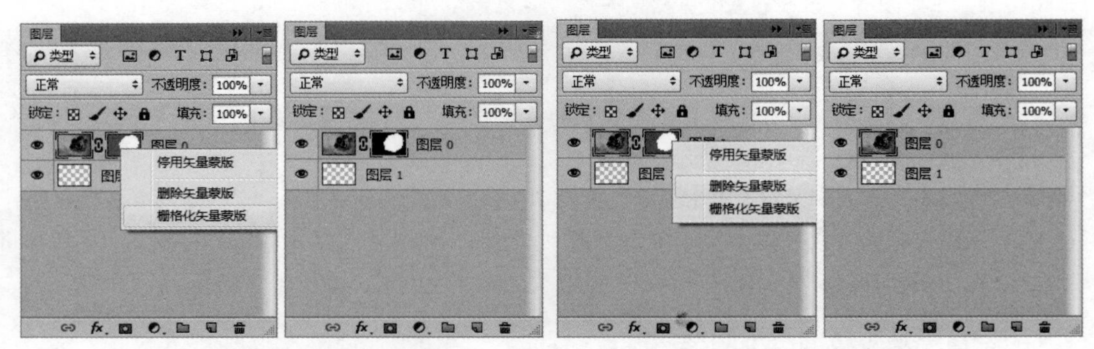

图8-40 将矢量蒙版转化为图层蒙版　　图8-41 删除矢量蒙版

3. 链接/取消链接矢量蒙版

默认情况下，图层和其矢量蒙版之间有个图标，表示图层与矢量蒙版相互链接。当移动或交换图层时，矢量蒙版将会跟着发生变化。若不想图层或矢量蒙版影响到与之链接的图层或矢量蒙版，单击图标可取消它们之间的链接。若想恢复链接，可在取消链接的位置单击鼠标，如图8-42所示。

4. 停用/启用矢量蒙版

停用矢量蒙版可将蒙版还原到编辑前的状态，选择矢量蒙版后，在其上单击鼠标右键，在弹出的快捷菜单中选择“停用矢量蒙版”命令，即可对编辑的矢量蒙版进行停用操作。当需要恢复时，只需单击鼠标右键，在弹出的快捷菜单中选择“启用矢量蒙版”命令即可，如图8-43所示。

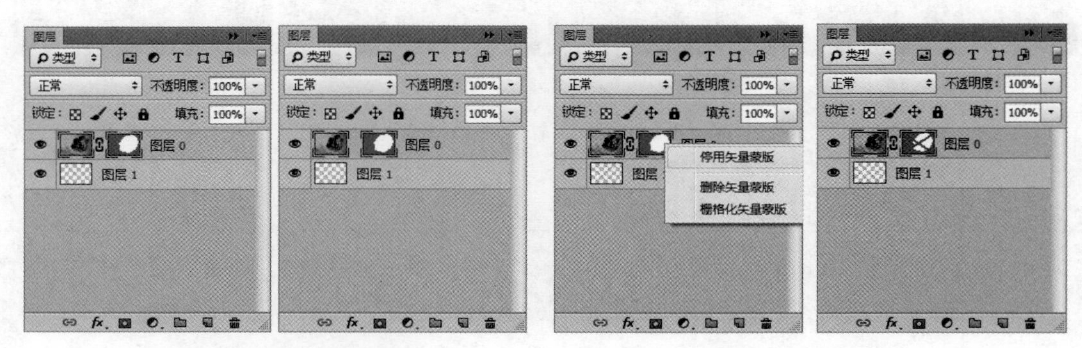

图8-42 链接/取消链接矢量蒙版　　图8-43 停用矢量蒙版

8.2.9 编辑图层蒙版

图层蒙版是一种常用的图层样式。对于已经编辑好的图层蒙版，可以进行停用图层蒙版、启用图层蒙版、删除图层蒙版、复制与转移图层蒙版等操作，使图层蒙版更符合需要。

1. 停用图层蒙版

若想暂时隐藏图层蒙版，以查看图层的原始效果，可将图层蒙版停用。被停用的图层蒙版将会在"图层"面板的图层蒙版上显示为☒，停用图层蒙版的方法有如下3种。

- "停用"命令：选择【图层】/【图层蒙版】/【停用】命令，即可停用当前选择的图层蒙版。
- 快捷菜单：在需要停用的图层蒙版上单击鼠标右键，在弹出的快捷菜单中选择"停用图层蒙版"命令。
- "属性"面板：选择要停用的图层蒙版，在"属性"面板中单击👁按钮，即可在"属性"面板中看到图层蒙版已被禁用。

2. 启用图层蒙版

停用图层蒙版后，还可将其重新启用，继续实现遮罩效果。启用图层蒙版有以下3种方法。

- "启用"命令：选择【图层】/【图层蒙版】/【启用】命令，即可启用当前选择的图层蒙版。
- "图层"面板：在"图层"面板中单击已经停用的图层蒙版，即可启用图层蒙版。
- "属性"面板：选择要启用的图层蒙版，在"属性"面板中单击👁按钮，即可在"属性"面板中看到图层蒙版已被启用。

3. 删除图层蒙版

如果创建的图层蒙版不再使用，可将其删除。其方法是：在"图层"面板中选择要删除的图层蒙版，选择【图层】/【图层蒙版】/【删除】命令，或在图层蒙版上单击鼠标右键，在弹出的快捷菜单中选择"删除图层蒙版"命令，即可删除图层蒙版。

提示 添加图层蒙版后，如要对图层蒙版进行操作，需要在图层中选择图层蒙版缩略图；而如果要编辑图像，在图层中选择图像缩略图即可。

4. 复制与转移图层蒙版

复制图层蒙版是指将该图层中创建的图层蒙版复制到另一个图层中，这两个图层同时拥有创建的图层蒙版；而转移图层蒙版则是将该图层中创建的图层蒙版移动到另一个图层中，原图层中的图层蒙版将不再存在。复制和转移图层蒙版的方法分别介绍如下。

- 复制图层蒙版：将鼠标光标移动到图层蒙版上，按住【Alt】键，拖曳鼠标将图层蒙版拖动到另一个图层上，然后释放鼠标，如图8-44所示。
- 转移图层蒙版：将鼠标光标移动到图层蒙版略缩图上，按住鼠标左键不放将其拖动到另一个图层上，即将该图层蒙版移动到目标图层中，原图层中将不再有图层蒙版，如图8-45所示。

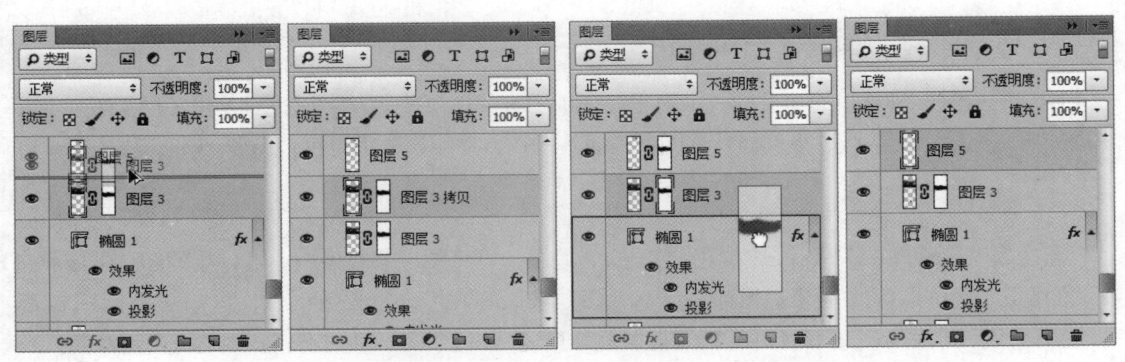

图8-44　复制图层蒙版　　图8-45　转移图层蒙版

5. 图层蒙版与选区的运算

在使用蒙版时，用户也可以通过对选区的运算得到复杂的蒙版。在图层蒙版缩略图上单击鼠标右键，在弹出的快捷菜单中有3个关于蒙版与选区的命令，其作用如下。

- 添加蒙版到选区：若当前没有选区，在图层蒙版上单击鼠标右键，在弹出的快捷菜单中选择“添加蒙版到选区”命令，将载入图层蒙版的选区。若当前有选区，选择该命令，可以将蒙版的选区添加到当前选区中。
- 从选区中减去蒙版：若当前有选区，选择“从选区中减去蒙版”命令可以从当前选区中减去蒙版的选区。
- 蒙版与选区交叉：若当前有选区，选择“蒙版与选区交叉”命令可以得到当前选区与蒙版选区的交叉区域。

课堂练习——制作装饰画效果

本练习将打开“素材\第8章\装饰画\”文件夹中的素材，使用魔棒工具抠取相框的中间部分，并使用矢量蒙版将风景图片创建到抠取的部分中，完成后的参考效果如图8-46所示（效果\第8章\装饰画.psd）。

图8-46　完成后的效果

8.3 上机实训——制作人物海报

8.3.1 实训要求

使用通道的相关知识制作人物海报，在制作时先通过通道调整人物图像，再将处理好的效果移动到背景图像中，并为人物添加蒙版，擦除多余的背景部分使其更加融合，完成本例的制作。

8.3.2 实训分析

本例将使用通道调整数码照片的颜色，并使用分离通道和合并通道的方法调整图像色调，然后通过“计算”命令对人物进行磨皮处理，使皮肤光滑。完成后的效果如图8-47所示。

视频教学
制作人物海报

图8-47 完成后的效果

素材所在位置： 素材\第8章\人物海报\
效果所在位置： 效果\第8章\人物海报.psd

8.3.3 操作思路

在掌握了通道和蒙版的使用方法后，便可开始本练习的设计与制作。根据上面的实训分析，本练习的操作思路如图8-48所示。

①原始图像

②调整红色通道曲线效果

③高反差保留后的效果

④完成人物的调整

图8-48 操作思路

【步骤提示】

STEP 01 打开“数码照片.jpg”图像，打开“通道”面板，单击“通道”面板右上角的按钮，在打开的下拉列表中选择“分离通道”选项，此时图像将按每个颜色通道进行分离，且每个通道分别以单独的图像窗口显示，可查看各个通道显示的效果。

STEP 02 切换到“数码照片.jpg_红”图像窗口，选择【图像】/【调整】/【曲线】命令，打开“曲线”对话框，在曲线上单击添加控制点，然后拖曳曲线弧度调整曲线，这里直接在“输入”和“输出”数值框中输入“42”和“55”，单击确定按钮。

STEP 03 将当前图像窗口切换到“数码照片.jpg_绿”图像窗口，选择【图像】/【调整】/【色阶】命令，打开“色阶”对话框，在其中拖曳滑块调整颜色，或是在下方的数值框中分别输入“3、1.06、222”，单击确定按钮。

STEP 04 将当前图像窗口切换到“数码照片.jpg_蓝”图像窗口，打开“曲线”对话框，在其中拖曳曲线调整颜色，单击确定按钮。打开当前图像窗口中的“通道”面板，在右上角单击按钮，在打开的下拉列表中选择“合并通道”选项，此时将打开“合并通道”对话框，在“模式”下拉列表框中选择“RGB颜色”选项，单击确定按钮。

STEP 05 打开“合并 RGB 通道”对话框，保持指定通道的默认设置，单击确定按钮。返回图像编辑窗口即可发现合并通道后的图像效果已发生变化，查看完成后的效果。

STEP 06 选择并复制绿通道，选择【滤镜】/【其他】/【高反差保留】命令，打开“高反差保留”对话框，在其中设置“半径”为“40像素”，单击确定按钮，然后对保留区域进行计算。

STEP 07 打开“调整”面板，在其上单击“曲线”按钮，创建曲线调整图层，在打开的“曲线”面板中单击曲线，创建控制点，向上拖动控制点调整亮度，再在曲线下方单击插入控制点，向下拖动调整暗部。按【Ctrl+Shift+Alt+E】组合键盖印图层，设置图层混合模式为“滤色”，再设置图层不透明度为“40%”，此时图像的亮度将提升，而且人物的肤色将更加光滑。

STEP 08 选择【滤镜】/【模糊】/【表面模糊】命令，打开“表面模糊”对话框，设置“半径、阈值”分别为“20像素、15色阶”，单击确定按钮。

STEP 09 打开“调整”面板，在其上单击“色阶”按钮，打开“色阶”面板，设置色阶的参数为“18、0.90、255”，查看调整后的效果。打开“背景.jpg”图像文件，将图像拖动到背景图，对人物添加图层蒙版，并使用画笔工具虚化人物右侧部分，使其与背景融合。最后添加“文字.psd”和“星光气泡.psd”图像文件中的内容到背景中，调整其位置，完成本例的制作。

8.4 课后练习

1. 练习 1——制作荷兰宣传海报

本练习将打开“荷兰.jpg”图像，进入快速蒙版，使用画笔工具绘制蒙版，并使用滤镜编辑蒙版，最后填充图像，完成后的参考效果如图8-49所示。

素材所在位置：素材\第8章\荷兰.jpg

效果所在位置：效果\第8章\荷兰.psd

2. 练习 2——为人物照添加相框

本练习将打开“背景.jpg”图像，使用选框工具在图像上绘制选区并填充选区，再打开“人物.jpg”图像，将“人物”图像移动到“背景”图像中，创建剪贴蒙版，完成后的效果如图8-50所示。

素材所在位置：素材\第8章\相框\

效果所在位置：效果\第8章\人物相框.psd

图8-49　荷兰宣传海报

图8-50　为人物添加相框

CHAPTER 9

第9章 使用滤镜制作特效图像

滤镜是Photoshop CC中使用非常频繁的功能之一，可以帮助用户制作油画、扭曲、马赛克和浮雕等艺术性很强的专业图像效果。本章将对滤镜的常用操作进行介绍，读者通过本章的学习能够熟练掌握各种滤镜的使用方法，并能熟练结合多个滤镜制作出特效图像效果。

课堂学习目标

- 掌握设置和应用独立滤镜的方法
- 掌握设置和应用特效滤镜的方法

课堂案例展示

欧洲风情海报

燃烧的星球

水墨荷花

9.1 设置和应用独立滤镜

Photoshop CC提供了滤镜库、液化、油画、消失点、自适应广角、镜头矫正等几个常用的独立滤镜。这些滤镜不但能制作不同特效的图像效果，还能让展现的效果更加美观。下面将先通过课堂案例讲解滤镜的使用方法，再对基础知识进行介绍。

9.1.1 课堂案例——制作欧洲风情海报

案例目标： 旅行海报主要用于展现旅行地点，其内容不但包括目的地风景，还包括地点介绍和攻略。本案例将对提供的“欧洲风景.jpg”素材图像进行海报化处理，调整图像色彩和不协调因素，完成图片的编辑，再将其移动到背景中进行显示，完成后的参考效果如图9-1所示。

视频教学
制作欧洲风情海报

知识要点： 滤镜库；油画滤镜；Camera Raw滤镜。

素材位置： 素材\第9章\欧洲风景.jpg、欧洲海报.psd

效果文件： 效果\第9章\欧洲风情海报.psd

图9-1 完成后的效果

其具体操作步骤如下。

STEP 01 打开“欧洲风景.jpg”图像，打开“图层”面板，单击“创建新图层”按钮新建图层，完成后双击“背景”图层，打开“新建图层”对话框，保持默认设置不变，单击确定按钮，完成后将其拖到“图层1”上方，如图9-2所示。

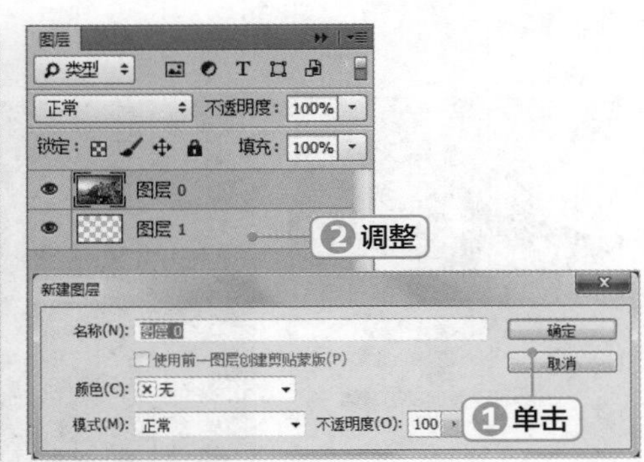

图9-2 打开素材并新建图层

STEP 02 选择【滤镜】/【Camera Raw滤镜】命令，打开“Camera Raw”对话框，在右侧设置“色温、色调、曝光、对比度、高光、白色、清晰度、自然饱和度”分别为“+15、+25、+0.45、+2、+30、+70、+45、+30”，完成后单击确定按钮，如图9-3所示。

图9-3 调整Camera Raw滤镜

STEP 03 选择【滤镜】/【油画】命令，打开“油画”对话框，在右侧设置“描边样式、描边清洁度、缩放、硬笔刷细节、角方向、闪亮”分别为“0.89、0.4、1.24、8、50、1.20”，此时在左侧可查看设置后的油画效果，完成后单击 确定 按钮即可，如图9-4所示。

图9-4 调整油画滤镜

STEP 04 在工具箱中单击“以快速蒙版模式编辑”按钮，选择画笔工具，在工具属性栏中设置“画笔样式”为“干画笔尖浅描”，“大小”为“125像素”，完成后在图像中进行涂抹，确定模式区域，如图9-5所示。

STEP 05 在工具箱中再次单击“以标准模式编辑”按钮，退出快速蒙版模式，按【Shift+Ctrl+I】组合键，反选选区，完成后按【Delete】键删除选区，如图9-6所示。

STEP 06 选择【滤镜】/【滤镜库】命令，打开“滤镜库”对话框，在中间的“画笔描边”选项下选择“烟灰墨”选项，在右侧设置“描边宽度、描边压力、对比度”分别为“11、6、21”，单击 确定 按钮，查看设置后的效果，如图9-7所示。

STEP 07 打开“欧洲海报.psd”图像，将添加滤镜后的图像效果拖动到海报中，调整海报大小和位置，得到图9-8所示的抠图效果。

图9-5　添加快速蒙版

图9-6　删除选区

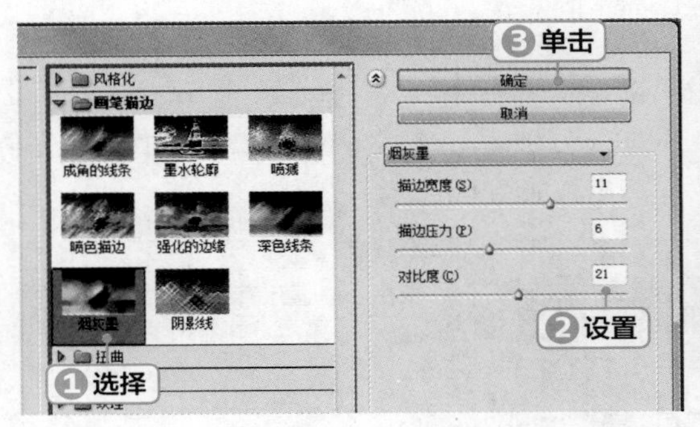

图9-7　设置烟灰墨

STEP 08 选择蓝色背景所在图层，打开"滤镜库"对话框，在中间的"艺术效果"选项下选择"调色刀"选项，在右侧设置"描边大小、描边细节、软化度"分别为"25、3、5"，单击 确定 按钮，如图9-9所示。

STEP 09 返回图像编辑区，可发现背景中已存在肌理效果，此时按【Ctrl+J】组合键复制图层，并设置图层混合模式为"正片叠底"。完成后保存图像，查看完成后的效果，如图9-10所示。

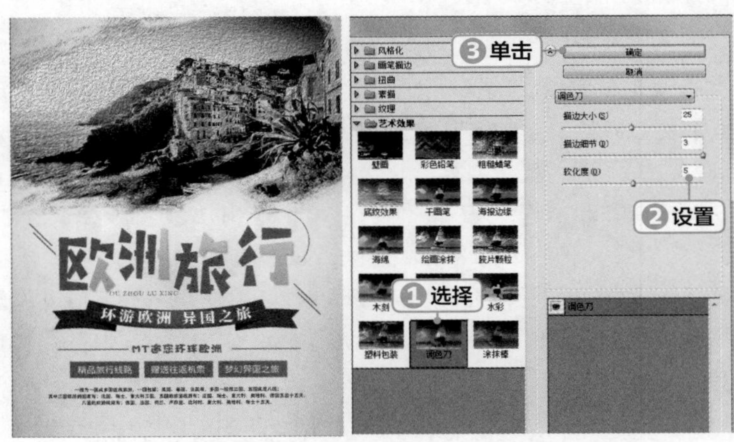

图9-8　添加图像　　图9-9　设置调色刀效果

图9-10　查看完成后的效果

9.1.2 认识滤镜库

Photoshop CC中的滤镜库整合了“风格化”“画笔描边”“扭曲”“素描”“纹理”“艺术效果”6种滤镜功能。通过该滤镜库，可对图像应用这6种滤镜效果。只需打开一张图像，选择【滤镜】/【滤镜库】命令，即可打开“滤镜库”对话框，如图9-11所示。

图9-11 “滤镜库”对话框

该对话框的使用方法如下。

- 在展开的滤镜效果中，单击其中一个效果选项，可在左边的预览框中查看应用该滤镜后的效果。
- 单击对话框右下角的“新建效果图层”按钮，可新建一个效果图层。单击“删除效果图层”按钮，可删除效果图层。
- 在对话框中单击按钮，可隐藏效果选项，从而增加预览框中的视图范围。

下面分别介绍这6种滤镜功能。

1. 风格化

风格化滤镜组用于生成印象派风格的图像效果，在滤镜库中只有照亮边缘一种风格化滤镜效果。使用“照亮边缘”滤镜可以照亮图像边缘轮廓。

2. 画笔描边

画笔描边滤镜组用于模拟使用不同的画笔或油墨笔刷来勾画图像，产生绘画效果。该滤镜组提供了8种滤镜效果。

- 成角的线条：“成角的线条”滤镜可以使图像中的颜色按一定的方向进行流动，从而产生类似倾斜划痕的效果。
- 墨水轮廓：“墨水轮廓”滤镜模拟使用纤细的线条在图像原细节上重绘图像，从而生成钢笔画风格的图像效果。

- 喷溅：“喷溅”滤镜可以使图像产生类似笔墨喷溅的自然效果。
- 喷色描边：“喷色描边”滤镜和“喷溅”滤镜效果比较类似，可以使图像产生斜纹飞溅的效果。
- 强化的边缘：“强化的边缘”滤镜可以对图像的边缘进行强化处理。
- 深色线条：“深色线条”滤镜是用短而密的线条来绘制图像的深色区域，用长而白的线条来绘制图像的浅色区域。
- 烟灰墨：“烟灰墨”滤镜模拟使用蘸满黑色油墨的湿画笔在宣纸上绘画的效果。
- 阴影线：“阴影线”滤镜可以使图像表面生成交叉状倾斜划痕的效果。其中“强度”数值框用来控制交叉划痕的强度。

3. 扭曲

扭曲滤镜组可以对图像进行扭曲变形处理，在该滤镜组中提供了3种滤镜效果。

- 玻璃：“玻璃”滤镜可以制造出不同的纹理，让图像产生一种隔着玻璃观看的效果。
- 海洋波纹：“海洋波纹”滤镜可以扭曲图像表面，使图像产生在水面下方的效果。
- 扩散亮光：“扩散亮光”滤镜可以背景色为基色对图像进行渲染，产生透过柔和漫射滤镜观看的效果。亮光从图像的中心位置逐渐隐没。

4. 素描

素描滤镜组用来在图像中添加纹理，使图像产生素描、速写、三维等艺术绘画效果。该滤镜组提供了14种滤镜效果。

- 半调图案：“半调图案”滤镜可以用前景色和背景色在图像中模拟半调网屏的效果。
- 便条纸：“便条纸”滤镜能模拟凹陷压印图案，产生草纸画效果。
- 粉笔和炭笔：“粉笔和炭笔”滤镜可以使图像产生被粉笔和炭笔涂抹的草图效果。在处理过程中，粉笔使用背景色用来处理图像较亮的区域；而炭笔使用前景色用来处理图像较暗的区域。
- 铬黄渐变：“铬黄渐变”滤镜可以让图像像擦亮的铬黄表面一样，类似于液态金属的效果。
- 绘图笔：“绘图笔”滤镜可以生成一种钢笔画素描效果。
- 基底凸现：“基底凸现”滤镜可模拟浅浮雕在光照下的效果。
- 石膏效果：“石膏效果”滤镜可以使图像看上去好像用立体石膏压模而成。使用前景色和背景色上色，图像中较暗的区域突出、较亮的区域下陷。
- 水彩画纸：“水彩画纸”滤镜可以模拟在潮湿的纤维纸上涂抹颜色，产生画面浸湿、纸张扩散的效果。
- 撕边：“撕边”滤镜可以使图像呈粗糙和撕破的纸片状，并使用前景色与背景色为图像着色。
- 炭笔：“炭笔”滤镜将产生色调分离的涂抹效果，主要边缘用粗线条绘制，而中间色调用对角描边绘制。
- 炭精笔：“炭精笔”滤镜可以模拟使用炭精笔绘制图像的效果，在暗区使用前景色绘制，在亮区使用背景色绘制。
- 图章：“图章”滤镜能简化图像、突出主体，产生类似橡皮和木制图章的效果。

- 网状："网状"滤镜能模拟胶片感光乳剂的受控收缩和扭曲的效果，使图像的暗色调区域好像被结块，高光区域好像被颗粒化。
- 影印："影印"滤镜可以模拟影印效果，并用前景色填充图像的亮区，用背景色填充图像的暗区。

5. 纹理

纹理滤镜组可以为图像应用多种纹理效果，产生材质感。该滤镜组提供了6种滤镜效果。

- 龟裂缝："龟裂缝"滤镜可以在图像中随机生成龟裂纹理，并使图像产生浮雕效果。
- 颗粒："颗粒"滤镜可以模拟将不同种类的颗粒纹理添加到图像中的效果。在"颗粒类型"下拉列表框中可以选择多种颗粒形态。
- 马赛克拼贴："马赛克拼贴"滤镜可以产生分布均匀但形状不规则的马赛克拼贴效果。
- 拼缀图："拼缀图"滤镜可以使图像产生由多个方块拼缀的效果，每个方块的颜色是由该方块中像素的平均颜色决定的。
- 染色玻璃："染色玻璃"滤镜可以使图像产生不规则的玻璃网格拼凑出来的效果。
- 纹理化："纹理化"滤镜可以向图像中添加系统提供的各种纹理效果，或者根据另一个图像文件的亮度值向图像中添加纹理效果。

6. 艺术效果

艺术效果滤镜组为用户提供了模仿传统绘画手法的途径，可以为图像添加绘画效果或艺术特效。该滤镜组提供了15种滤镜效果。

- 壁画："壁画"滤镜将用短而圆、粗而轻的小块颜料涂抹图像，产生风格较粗犷的效果。
- 彩色铅笔："彩色铅笔"滤镜可以模拟用彩色铅笔在纸上绘图的效果，同时保留重要边缘，外观呈粗糙阴影线。
- 粗糙蜡笔："粗糙蜡笔"滤镜可以模拟蜡笔在纹理背景上绘图，产生一种纹理浮雕的效果。
- 底纹效果："底纹效果"滤镜可以使图像产生喷绘效果。
- 干画笔："干画笔"滤镜能模拟用干画笔绘制图像边缘的效果。该滤镜通过将图像的颜色范围减少为常用颜色区来简化图像。
- 海报边缘："海报边缘"滤镜可以根据设置的海报化选项，减少图像中的颜色数目，查找图像的边缘并在上面绘制黑线。
- 海绵："海绵"滤镜可以模拟海绵在图像上绘画的效果，使图像带有强烈的对比色纹理。
- 绘画涂抹："绘画涂抹"滤镜可以模拟使用各种画笔涂抹的效果。
- 胶片颗粒："胶片颗粒"滤镜可以在图像表面产生胶片颗粒状的纹理效果。
- 木刻："木刻"滤镜可以使图像产生木雕画效果。
- 霓虹灯光："霓虹灯光"滤镜可以将各种类型的发光添加到图像中的对象上，产生彩色氖光灯照射的效果。
- 水彩："水彩"滤镜可以简化图像细节，以水彩的风格绘制图像，产生一种水彩画效果。
- 塑料包装："塑料包装"滤镜可以使图像表面产生类似透明塑料袋包裹物体的效果。
- 调色刀："调色刀"滤镜可以减少图像中的细节，生成描绘得很淡的图像效果。

- 涂抹棒：“涂抹棒”滤镜可以用短的对角线涂抹图像的较暗区域来柔和图像，增大图像的对比度。

9.1.3 液化滤镜

液化滤镜可以对图像的任意部分进行各种类似液化效果的变形处理，如收缩、膨胀、旋转等，多用于人物修身。液化滤镜是修饰图像和创建艺术效果的有效方法。在液化过程中，可以对各种效果程度进行随意控制。选择【滤镜】/【液化】命令，即可打开“液化”对话框，如图9-12所示。

图9-12 “液化”对话框

“液化”对话框中主要选项的含义如下。

- 向前变形工具：可使被涂抹区域内的图像产生向前位移的效果。
- 重建工具：在液化变形后的图像上涂抹，可将图像中的变形效果还原为原图像。
- 褶皱工具：可以使图像产生向内压缩变形的效果。
- 膨胀工具：可以使图像产生向外膨胀放大的效果。
- 左推工具：可以使图像中的像素发生位移的变形效果。
- 抓手工具：单击该工具按钮，可在预览窗口中抓取图像，以查看图像显示区域。
- 缩放工具：单击该工具按钮，在图像预览窗口上单击鼠标，可放大/缩小图像显示区域。
- “高级模式”复选框：单击选中该复选框，将激活更多液化选项设置，如顺时针旋转扭曲工具、冻结蒙版工具和解冻蒙版工具，以及右侧的工具选项、重建选项、显示图像、显示蒙版和显示背景等，可以对图像进行更丰富的设置。若不需要这些设置，则可撤销选中该复选框，恢复到简单模式。
- “工具选项”栏：“画笔大小”数值框用于设置扭曲图像的画笔的宽度；“画笔压力”数值框用于设置画笔在图像上产生的扭曲速度，较低的压力可减慢更改速度，易于对变形效果进行控制。
- 恢复全部(A)按钮：设置效果后，单击该按钮，可恢复原图。

9.1.4 油画滤镜

油画滤镜可以将普通的图像效果转换为手绘油画效果，通常用于制作风格画。选择【滤镜】/

【油画】命令，打开“油画”对话框，在“油画”对话框中设置参数可制作油画效果，如图9-13所示。

图9-13 “油画”对话框

“油画”对话框中各选项的作用如下。

- 描边样式：用于设置描边的大小。
- 描边清洁度：用于设置纹理的柔化程度。
- 缩放：用于设置纹理的缩放效果。
- 硬毛刷细节：用于设置画笔细节的丰富程度，数值越高，毛刷纹理越清晰。
- 角方向：用于设置光线的照射角度。
- 闪亮：可以提高纹理的清晰度，产生弱化效果，数值越高，纹理越明显。

9.1.5 消失点滤镜

消失点滤镜可以在极短的时间内达到令人称奇的效果。在消失点滤镜工具选择的图像区域内进行克隆、喷绘、粘贴图像等操作时，操作会自动应用透视原理，按照透视的角度和比例来适应图像的修改，从而大大节约制作时间。选择【滤镜】/【消失点】命令或按【Ctrl+Alt+V】组合键，打开“消失点”对话框，如图9-14所示。

图9-14 “消失点”对话框

“消失点”对话框中各选项的含义如下。

- 编辑平面工具：单击该工具按钮，可以选择、编辑网格。
- 创建平面工具：单击该工具按钮，可从现有的平面伸展出垂直的网格。
- 选框工具：单击该工具按钮，可移动粘贴的图像。
- 图章工具：单击该工具按钮，可产生与仿制图章工具相同的效果。
- 画笔工具：单击该工具按钮，可对图像使用画笔功能绘制图像。
- 变换工具：单击该工具按钮，可对网格区域的图像进行变换操作。
- 吸管工具：单击该工具按钮，可设置绘图的颜色。

9.1.6 自适应广角滤镜

自适应广角滤镜能对图像的范围进行调整，使图像得到类似使用不同镜头拍摄的视觉效果。选择【滤镜】/【自适应广角】命令，打开“自适应广角”对话框，如图9-15所示。

图9-15 “自适应广角”对话框

“自适应广角”对话框中各选项的作用如下。

- 校正：用于选择校正的类型。
- 缩放：用于设置图像的缩放情况。
- 焦距：用于设置图像的焦距情况。
- 裁剪因子：用于设置需进行裁剪的像素。
- 约束工具：单击该工具按钮，再使用鼠标在图像上单击或拖曳设置线性约束。
- 多边形约束工具：单击该工具按钮，再使用鼠标在图像上单击，可设置多边形约束。
- 移动工具：单击该工具按钮，拖曳鼠标可移动图像内容。
- 抓手工具：单击该工具按钮，放大图像后可移动显示区域。
- 缩放工具：单击该工具按钮，单击图像即可缩放显示比例。

9.1.7 镜头矫正滤镜

使用相机拍摄照片时可能因为一些外在因素造成如镜头失真、晕影、色差等情况。这时可通过镜头矫正滤镜对图像进行矫正，修复因为镜头的原因而出现的问题。选择【滤镜】/【镜头矫正】命令，打开“镜头矫正”对话框，可在其中设置矫正参数，如图9-16所示。

图9-16 “镜头矫正”对话框

“镜头矫正”对话框中各选项的作用如下。

- 移去扭曲工具：单击该工具按钮，使用鼠标拖曳图像可矫正镜头的失真。
- 拉直工具：单击该工具按钮，拖曳鼠标绘制一条直线，可以将图像拉直到新的横轴或纵轴。
- 移动网格工具：单击该工具按钮，使用鼠标可移动网格，使网格和图像对齐。
- “几何扭曲”复选框：用于配合移去扭曲工具矫正镜头失真。当数值为负值时，图像将向外扭曲；当数值为正值时，图像将向内扭曲。
- “色差”复选框：用于矫正图像的色边。
- “晕影”复选框：用于矫正因为拍摄原因产生边缘较暗的图像。其中“数量”选项用于设置沿图像边缘变亮或变暗的程度，“中点”选项用于控制校正的范围区域。
- 变换：用于矫正相机向上或向下出现的透视问题。设置“垂直透视”为“-100”时图像将变为俯视效果；设置“水平透视”为“100”时图像将变为仰视效果。“角度”选项用于旋转图像，可矫正相机的倾斜。“比例”选项用于控制镜头矫正的比例。

课堂练习——制作水墨小镇效果

本练习将打开“素材\第9章\水墨小镇\”文件夹中的“小镇.jpg”图像，先使用“喷溅”滤镜和“模糊工具”滤镜制作水墨画整体效果，再通过涂抹等工具对照片进行精修处理，最后进行色彩的调整，让风格更加突出，添加文字和“山”素材完成制作，最终参考效果如图9-17所示（效果\第9章\水墨小镇.psd）。

图9-17 制作水墨小镇效果

9.2 设置和应用特效滤镜

除了独立滤镜，还有很多不同特效的其他滤镜，这些滤镜以滤镜组的方式出现，可以快速对图像进行处理。常见的特效滤镜包括风格化滤镜组、模糊滤镜组、扭曲滤镜组、像素化滤镜组、渲染滤镜组、杂色滤镜组和其他滤镜组等，下面将先使用课堂案例讲解特效滤镜的使用方法，再对各个滤镜组的基础知识进行介绍。

9.2.1 课堂案例——制作“燃烧的星球”图像

案例目标： 火焰燃烧的效果能在视觉上给人强烈的冲击感，有时，设计师会采用为图像添加火焰效果的方法来增强图像的感染力和震撼力，这种效果可以在Photoshop CC中通过滤镜来实现。本实例将练习使用滤镜制作燃烧的星球效果，完成后的前后对比效果如图9-18所示。

视频教学
制作“燃烧的星球”图像

知识要点： 风格化滤镜组；扭曲滤镜组；模糊滤镜组。

素材位置： 素材\第9章\燃烧的星球\

效果文件： 效果\第9章\燃烧的星球.psd

图9-18 完成前后的对比效果

其具体操作步骤如下。

STEP 01 打开“红色星球.jpg”素材文件，在工具箱中选择快速选择工具，在图像的黑色区域单击拖动鼠标创建选区，然后按【Ctrl+Shift+I】组合键反选选区，按【Ctrl+J】组合键，复制选区并创建图层，按住【Ctrl】键的同时单击“图层1”缩略图载入选区，如图9-19所示。

STEP 02 切换到“通道”面板，单击“将选区存储为通道”按钮，得到“Alpha 1”通道，按【Ctrl+D】组合键取消选区，显示并选择“Alpha 1”通道，隐藏其他通道，如图9-20所示。

STEP 03 选择【滤镜】/【风格化】/【扩散】命令，打开“扩散”对话框，在“模式”栏中单击选中“正常”单选项，单击确定按钮应用设置，然后按两次【Ctrl+F】组合键，重复应用扩散滤镜，如图9-21所示。

STEP 04 选择【滤镜】/【滤镜库】命令，打开“滤镜库”对话框，在“扭曲”滤镜组中选择“海洋波纹”滤镜，在右侧设置“波纹大小、波纹幅度”分别为“5、8”，单击确定按钮，如图9-22所示。

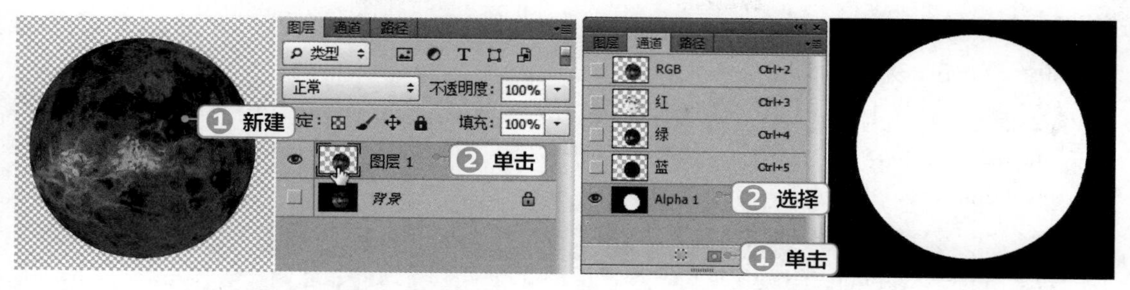

图9-19 创建选区

图9-20 创建通道

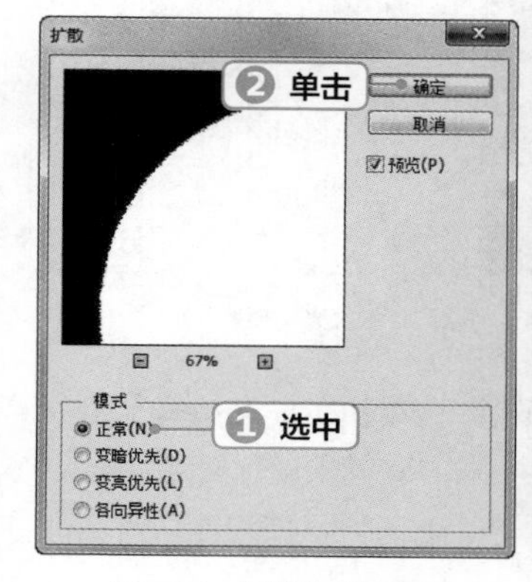

图9-21 “扩散”对话框

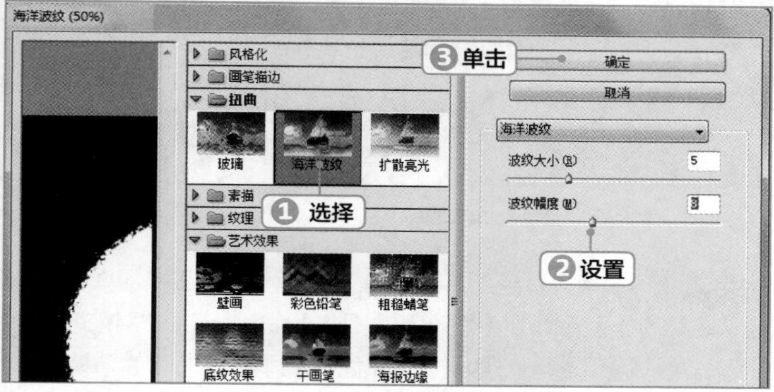

图9-22 设置海洋波纹参数

STEP 05 选择【滤镜】/【风格化】/【风】命令，打开“风”对话框，在“方法”栏中单击选中“风”单选项，在“方向”栏中单击选中“从右”单选项，单击 确定 按钮，如图9-23所示。然后使用相同的方法，打开“风”对话框，设置风的方向为“从左”。

STEP 06 选择【图像】/【图像旋转】/【90度（顺时针）】命令，旋转画布，按两次【Ctrl+F】组合键，重复应用风滤镜，将“Alpha 1”通道拖曳到“通道”面板底部的“创建新通道”按钮上，复制通道得到“Alpha 1拷贝”通道，按【Ctrl+F】组合键重复应用风滤镜，选择【图像】/【图像旋转】/【90度（逆时针）】命令，旋转画布，如图9-24所示。

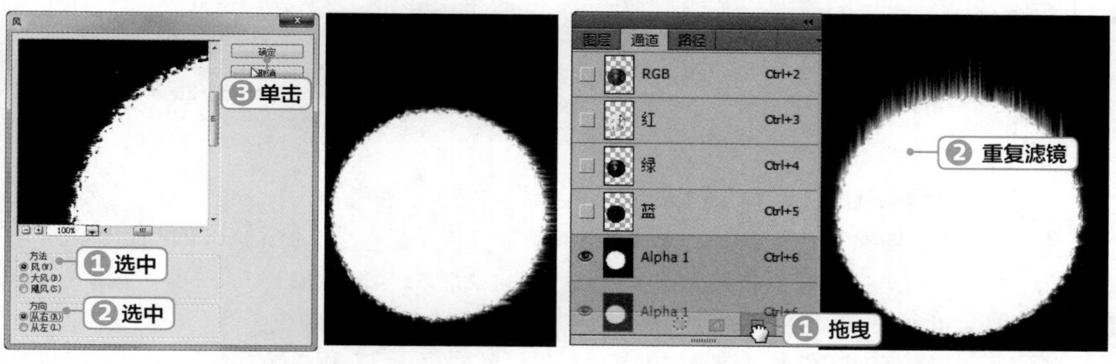

图9-23 设置风向从右

图9-24 复制通道并重复使用风滤镜

STEP 07 选择“Alpha 1拷贝”通道，选择【滤镜】/【滤镜库】命令，打开“滤镜库”对话框开“扭曲”滤镜组，选择“玻璃”滤镜，设置“扭曲度、平滑度、缩放”分别为“20、14、105%”，单击 确定 按钮，如图9-25所示。

STEP 08 选择【滤镜】/【滤镜库】命令，打开“滤镜库”对话框，打开“扭曲”滤镜组，选择“扩散亮光”滤镜，设置“粒度、发光量、清除数量”分别为“6、10、15”，单击 确定 按钮，如图9-26所示。

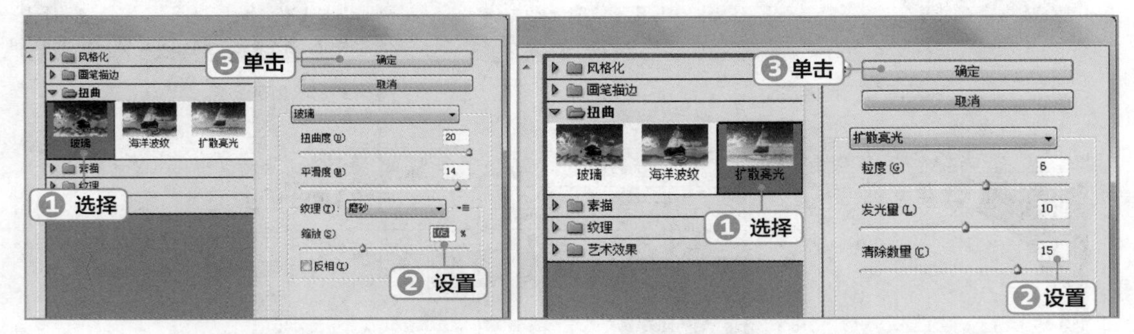

图9-25 设置“玻璃”滤镜　　图9-26 设置“扩散亮光”滤镜

STEP 09 选择魔棒工具，在“红色星球”图像上单击载入选区，按【Ctrl+Shift+I】组合键反选选区，选择【选择】/【修改】/【羽化】命令，打开“羽化选区”对话框，在其中设置羽化半径为“6像素”，单击 确定 按钮。选择【滤镜】/【模糊】/【高斯模糊】命令，打开“高斯模糊”对话框，设置半径为“1.0像素”，单击 确定 按钮，如图9-27所示。

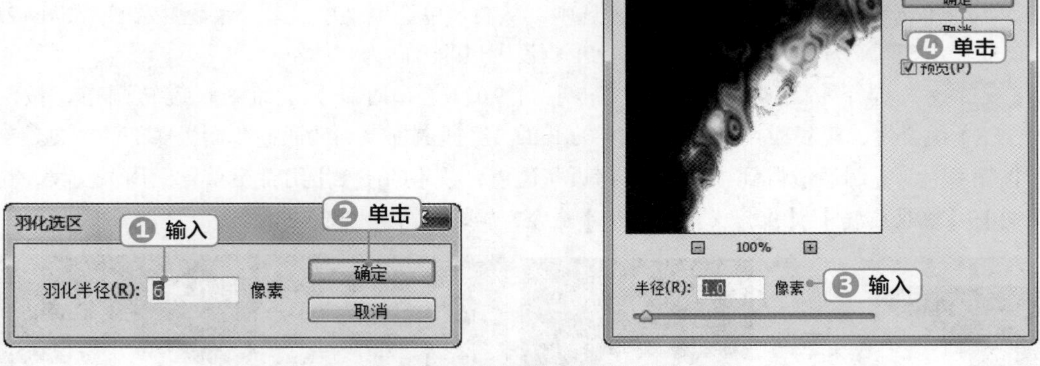

图9-27 羽化选区并应用高斯模糊滤镜

STEP 10 取消选区，按【Ctrl】键单击“Alpha 1拷贝”通道，载入红色星球的选区，切换到“图层”面板，新建一个图层，按【D】键复位前景色和背景色，按【Ctrl+Delete】组合键填充选区为“白色”；再次新建一个图层，将其移动到图层2下方，按【Alt+Delete】组合键填充“黑色”，如图9-28所示。

STEP 11 选择图层2，在“调整”面板中单击“色相/饱和度”按钮，打开“色相/饱和度”属性面板，在其中设置“色相、饱和度”分别为“40、100”，单击选中“着色”复选框，如图9-29所示。

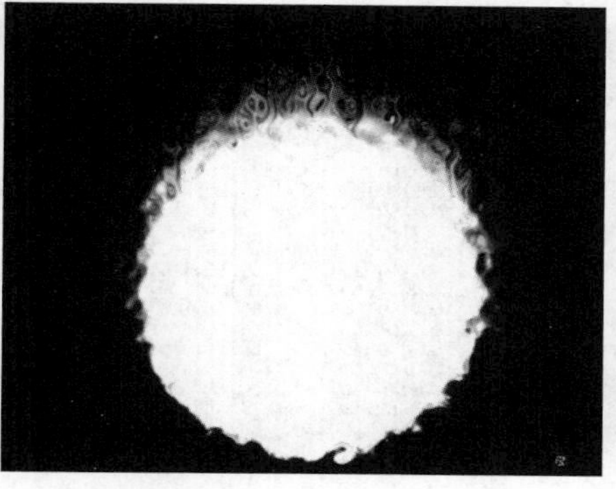

图9-28 载入并填充选区

图9-29 设置色相/饱和度效果

STEP 12 在“调整”面板中单击“色彩平衡”按钮，打开“色彩平衡”属性面板，在“色调”下拉列表中选择“中间调”选项，设置青色到红色为“+100”；在“色调”下拉列表中选择“高光”选项，设置“青色到红色”为“+100”，如图9-30所示。

STEP 13 按【Ctrl+Shift+Alt+E】组合键盖印图层，将盖印图层的混合模式设置为“线性减淡（添加）”，如图9-31所示。

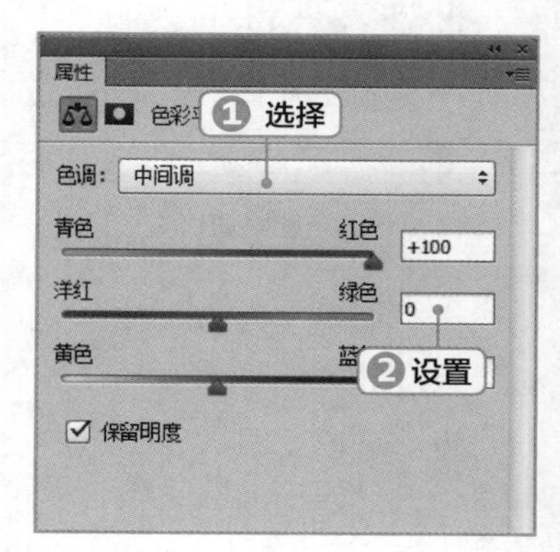

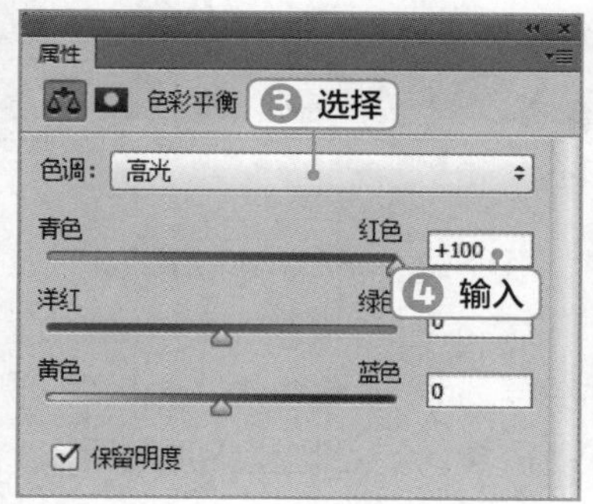

图9-30 设置色彩平衡

图9-31 设置图层混合模式

STEP 14 使用魔棒工具选择星球图像，按【Alt+Delete】组合键为选区填充“黑色”，取消选区，删除“图层 2”图层，此时将显示出填充的黑色星球，并与黑色背景融为一体，得到火环效果，如图9-32所示。

STEP 15 切换到“通道”面板，选择“Alpha 1拷贝”通道，选择【滤镜】/【滤镜库】命令，打开“滤镜库”对话框，选择“扭曲”滤镜组中的“玻璃”滤镜，在其中设置“扭曲度、平滑度、缩放”分别为“20、15、52%”，单击 确定 按钮，如图9-33所示。

STEP 16 使用魔棒工具选择星球，按【Shift+Ctrl+I】组合键反选选区，按【Shift+F6】组合键打开“羽化选区”对话框，设置羽化半径为“6像素”，单击 确定 按钮，如图9-34所示。

STEP 17 选择【滤镜】/【模糊】/【高斯模糊】命令，打开“高斯模糊”对话框，设置半径为“2像素”，单击 确定 按钮，返回图像编辑窗口取消选区，如图9-35所示。

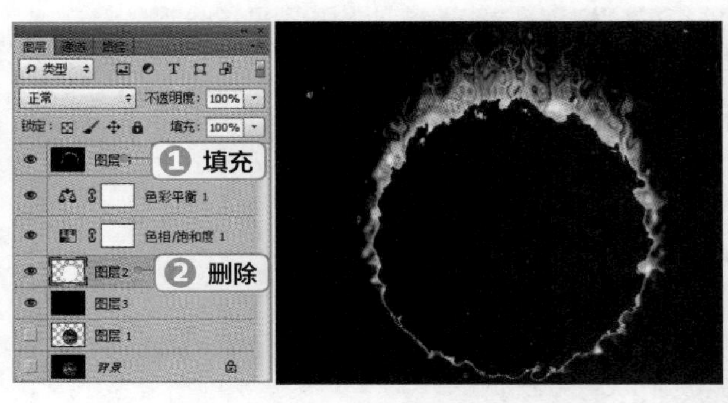

图9-32 填充选区

图9-33 设置"玻璃"滤镜参数

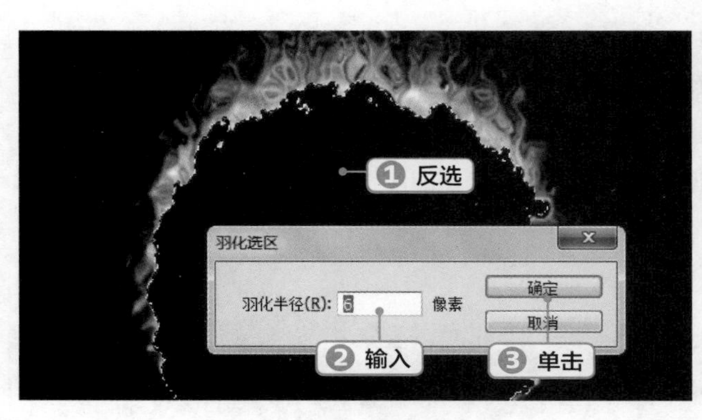

图9-34 羽化选区

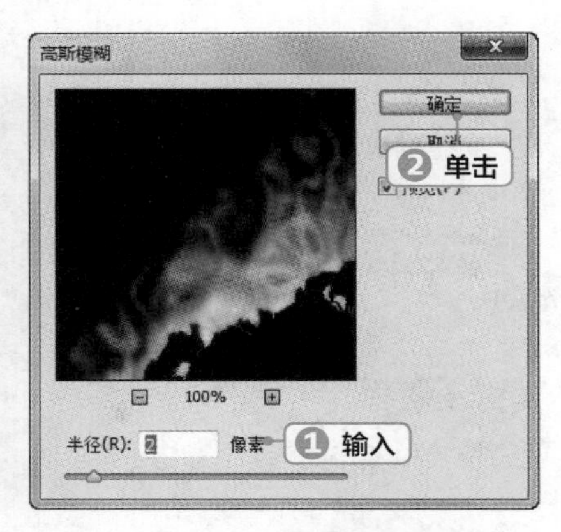

图9-35 应用高斯模糊滤镜

STEP 18 切换到"通道"面板，选择"Alpha 1"通道，单击"将通道作为选区载入"按钮，将"Alpha 1"通道中的图像载入选区。切换到"图层"面板，隐藏"图层 4"，然后新建一个"图层 5"，用白色填充新建的图层，并将其移动到"色相/饱和度 1"图层的下方，如图9-36所示。

STEP 19 按【Ctrl+Shift+Alt+E】组合键盖印图层，得到"图层 6"，将盖印图层的混合模式设置为"变亮"，并将其移动到最上方，取消显示"图层 4"并选择"图层 6"，按【Ctrl+E】组合键向下合并图层，如图9-37所示。

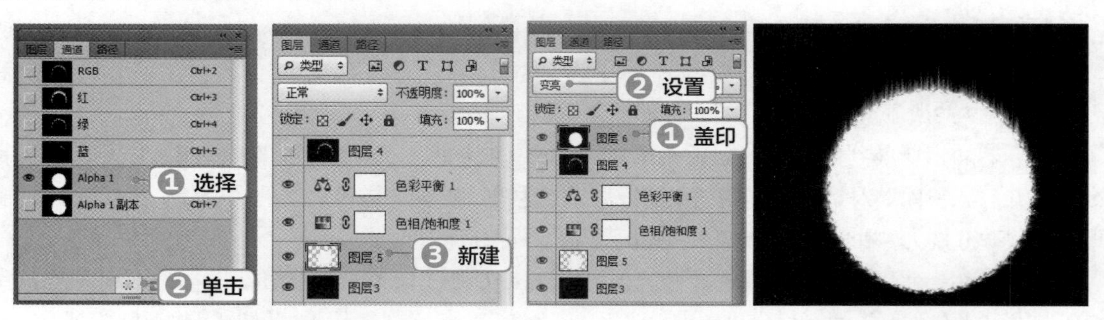

图9-36 新建图层并填充选区

图9-37 盖印图层并设置图层混合模式

STEP 20 将图层 1拖曳到图层 4上方，然后复制图层 1，设置图层混合模式为"线性减淡（添加）"，如图9-38所示。

STEP 21 打开“星球背景.jpg”和“星球文本.psd”素材文件，使用移动工具将其拖曳到红色星球图像中，调整文本和星球的大小与位置，完成本例的操作，效果如图9-39所示。

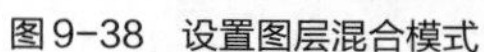
图9-38 设置图层混合模式

图9-39 查看完成后的效果

9.2.2 风格化滤镜组

风格化滤镜组能对图像的像素进行位移、拼贴及反色等操作。风格化滤镜组包括滤镜库中的“照亮边缘”滤镜，以及选择【滤镜】/【风格化】命令后在弹出的子菜单中包括的“查找边缘”“等高线”“风”“浮雕效果”“扩散”“拼贴”“曝光过度”“凸出”这8种滤镜。

- 查找边缘：“查找边缘”滤镜可以查找图像中主色块颜色变化的区域，并为查找到的边缘轮廓描边，使图像看起来像用笔刷勾勒的轮廓一样。该滤镜无参数对话框。
- 等高线：“等高线”滤镜可以沿图像的亮部区域和暗部区域的边界，绘制出颜色比较浅的线条效果。
- 风：“风”滤镜一般应用在文字中产生的效果比较明显，它可以将图像的边缘以一个方向为基准向外移动远近不同的距离，实现类似风吹的效果。
- 浮雕效果：“浮雕效果”滤镜可以将图像中颜色较亮的图像分离出来，再将周围的颜色降低生成浮雕效果。
- 扩散：“扩散”滤镜可以使图像产生看起来像透过磨砂玻璃一样的模糊效果。
- 拼贴：“拼贴”滤镜可以根据对话框中设定的值将图像分成许多小贴块，看上去整幅图像像画在方块瓷砖上。
- 曝光过度：“曝光过度”滤镜可以使图像的正片和负片混合产生类似于摄影中增加光线强度产生的过度曝光的效果。该滤镜无参数对话框。
- 凸出：“凸出”滤镜可以将图像分成数量不等、大小相同并有序叠放的立体方块，用来制作图像的三维背景。

9.2.3 模糊滤镜组

模糊滤镜组通过削弱图像中相邻像素的对比度，使相邻的像素产生平滑过渡效果，从而产生边缘柔和、模糊的效果。模糊滤镜组共14种滤镜，它们按模糊方式不同对图像起到不同的作用。使用时只需选择【滤镜】/【模糊】命令，在弹出的子菜单中选择相应的滤镜命令即可。下面分别对这些滤镜进行介绍。

- 场景模糊："场景模糊"滤镜可以使画面不同区域呈现不同模糊程度的效果。
- 光圈模糊："光圈模糊"滤镜可以将一个或多个焦点添加到图像中，用户可以对焦点的大小、形状，以及焦点区域外的模糊数量和清晰度等进行设置。
- 移轴模糊："移轴模糊"滤镜可用于模拟相机拍摄的移轴效果，其效果类似于微缩模型。
- 表面模糊："表面模糊"滤镜在模糊图像时可保留图像边缘，用于创建特殊效果以及去除杂点和颗粒。
- 动感模糊："动感模糊"滤镜可通过对图像中某一方向上的像素进行线性位移来产生运动模糊效果。
- 方框模糊："方框模糊"滤镜以邻近像素颜色平均值为基准值模糊图像。
- 高斯模糊："高斯模糊"滤镜可根据高斯曲线对图像进行选择性模糊，以产生强烈的模糊效果，是比较常用的模糊滤镜。在"高斯模糊"对话框中，"半径"数值框可以调节图像的模糊程度，数值越大，模糊效果越明显。
- 径向模糊："径向模糊"滤镜可以使图像产生旋转或放射状模糊效果。
- 镜头模糊："镜头模糊"滤镜可使图像模拟摄像时镜头抖动产生的模糊效果。
- 模糊："模糊"滤镜通过对图像中边缘过于清晰的颜色进行模糊处理来达到模糊效果。该滤镜无参数设置对话框。只使用一次该滤镜，效果不会太明显，若重复使用多次该滤镜，效果尤为明显。
- 进一步模糊："进一步模糊"滤镜可以使图像产生一定程度的模糊效果。它与"模糊"滤镜效果类似，该滤镜无参数设置对话框。
- 平均："平均"滤镜通过对图像中的平均颜色值进行柔化处理，从而产生模糊效果。该滤镜无参数设置对话框。
- 特殊模糊："特殊模糊"滤镜通过找出图像的边缘以及模糊边缘以内的区域，从而产生一种边界清晰、中心模糊的效果。在"特殊模糊"对话框的"模式"下拉列表框中选择"仅限边缘"选项，模糊后的图像呈黑色效果显示。
- 形状模糊："形状模糊"滤镜使图像按照某一指定的形状作为模糊中心来进行模糊。在"形状模糊"对话框下方选择一种形状，然后在"半径"数值框中输入数值决定形状的大小，数值越大，模糊效果越强。

9.2.4 扭曲滤镜组

扭曲滤镜组主要用于对图像进行扭曲变形，该滤镜组提供了12种滤镜效果，其中"玻璃""海洋波纹""扩散亮光"滤镜位于滤镜库中，其他滤镜可以选择【滤镜】/【扭曲】命令，然后在弹出的子菜单中选择相应的滤镜命令即可。下面分别对这些滤镜进行介绍。

- 波浪："波浪"滤镜通过设置波长使图像产生波浪涌动的效果。
- 波纹："波纹"滤镜可以使图像产生水波荡漾的涟漪效果。它与"波浪"滤镜相似，除此之外，"波纹"对话框中的"数量"还能用于设置波纹的数量，该值越大，产生的涟漪效果越强。

- 极坐标："极坐标"滤镜可以通过改变图像的坐标方式，使图像产生极端的变形。
- 挤压："挤压"滤镜可以使图像产生向内或向外挤压变形的效果，主要通过在打开的"挤压"对话框的"数量"数值框中输入数值来控制挤压效果。
- 切变："切变"滤镜可以使图像在竖直方向产生弯曲效果。在"切变"对话框左上侧的方格框的垂直线上单击，可创建切变点，拖曳切变点可实现图像的切变变形。
- 球面化："球面化"滤镜就是模拟将图像包在球上并伸展来适合球面，从而产生球面化的效果。
- 水波："水波"滤镜可以使图像产生起伏状的波纹和旋转效果。
- 旋转扭曲："旋转扭曲"滤镜可产生旋转扭曲效果，且旋转中心为物体的中心。在"旋转扭曲"对话框中，"角度"用于设置旋转方向，为正值时将顺时针扭曲；为负值时将逆时针扭曲。
- 置换："置换"滤镜可以使图像产生位移效果，位移的方向不仅跟参数设置有关，还跟位移图有密切关系。使用该滤镜需要两个文件才能完成，一个是要编辑的图像文件；另一个是位移图文件，其中位移图文件充当位移模板，用于控制位移的方向。

9.2.5 锐化滤镜组

锐化滤镜组可以使图像更清晰，一般用于调整模糊的照片。在使用锐化滤镜时要注意，使用过度会造成图像失真。锐化滤镜组包括"USM锐化""防抖""进一步锐化""锐化""锐化边缘""智能锐化"6种滤镜。使用时只需选择【滤镜】/【锐化】命令，在弹出的子菜单中选择相应的滤镜命令即可。下面分别对这些滤镜进行介绍。

- USM锐化："USM锐化"滤镜可以在图像边缘的两侧分别制作一条明线或暗线来调整边缘细节的对比度，将图像边缘轮廓锐化。
- 防抖："防抖"滤镜能够将因抖动而导致模糊的照片修改成正常的清晰效果，常用于解决拍摄不稳导致的图像模糊。
- 进一步锐化："进一步锐化"滤镜可以增加像素之间的对比度，使图像变得清晰，但锐化效果比较微弱。该滤镜无参数对话框。
- 锐化："锐化"滤镜和"进一步锐化"滤镜相同，都是通过增强像素之间的对比度增强图像的清晰度，其效果比"进一步锐化"滤镜明显。该滤镜无参数对话框。
- 锐化边缘："锐化边缘"滤镜可以锐化图像的边缘，并保留图像整体的平滑度。该滤镜无参数对话框。
- 智能锐化："智能锐化"滤镜的功能很强大，可以设置锐化算法、控制阴影和高光区域的锐化量。

9.2.6 像素化滤镜组

像素化滤镜组主要通过将图像中相似颜色值的像素转化成单元格，使图像分块或平面化。像素化滤镜一般用于增强图像质感，使图像的纹理更加明显。像素化滤镜组包括7种滤镜，使用时只需选择

【滤镜】/【像素化】命令，在弹出的子菜单中选择相应的滤镜命令即可。下面分别对这些滤镜进行介绍。

- 彩块化：“彩块化”滤镜可以使图像中的纯色或相似颜色凝结为彩色块，从而产生类似宝石刻画般的效果。该滤镜无参数对话框。
- 彩色半调：“彩色半调”滤镜可以模拟在图像每个通道上应用半调网屏的效果。
- 晶格化：“晶格化”滤镜可以使图像中相近的像素集中到一个像素的多角形网格中，从而使图像清晰化。在“晶格化”对话框中，“单元格大小”数值框用于设置多角形网格的大小。
- 点状化：“点状化”滤镜可以在图像中随机产生彩色斑点，点与点之间的空隙用背景色填充。在“点状化”对话框中，“单元格大小”数值框用于设置点状网格的大小。
- 马赛克：“马赛克”滤镜可以把图像中具有相似彩色的像素统一合成更大的方块，从而产生类似马赛克般的效果。在“马赛克”对话框中，“单元格大小”数值框用于设置马赛克的大小。
- 碎片：“碎片”滤镜可以将图像的像素复制4遍，然后将它们平均移位并降低不透明度，从而形成一种不聚焦的“四重视”效果。
- 铜版雕刻：“铜版雕刻”滤镜可以在图像中随机分布各种不规则的线条和虫孔斑点，从而产生镂刻的版画效果。在“铜版雕刻”对话框中，“类型”下拉列表框用于设置铜版雕刻的样式。

9.2.7 渲染滤镜组

在制作和处理一些风格照或模拟不同光源下不同的光线照明效果时，可以使用渲染滤镜组。渲染滤镜组主要用于模拟光线照明效果，该组提供了5种渲染滤镜，分别为“分层云彩”“光照效果”“镜头光晕”“纤维”“云彩”。使用时只需选择【滤镜】/【渲染】命令，在弹出的子菜单中选择相应的滤镜命令即可。下面分别对这些滤镜进行介绍。

- 分层云彩：“分层云彩”滤镜产生的效果与原图像的颜色有关，它会在图像中添加一个分层云彩效果。该滤镜无参数对话框。
- 光照效果：“光照效果”滤镜的功能相当强大，可以设置光源、光色、物体的反射特性等，然后根据这些设置产生光照，模拟3D绘画效果。使用时只需拖曳白色框线调整光源大小，再调整白色圈线中间的强度环，最后按【Enter】键。
- 镜头光晕：“镜头光晕”滤镜可以通过为图像添加不同类型的镜头来模拟镜头产生眩光的效果。
- 纤维：“纤维”滤镜可以根据当前设置的前景色和背景色生成一种纤维效果。
- 云彩：“云彩”滤镜可以通过在前景色和背景色之间随机抽取像素并完全覆盖图像，从而产生类似云彩的效果。该滤镜无参数对话框。

9.2.8 其他滤镜组

其他滤镜组主要用来处理图像的某些细节部分，也可自定义特殊效果滤镜。该组包括5种滤镜，分别为“高反差保留”“自定”“位移”“最大值”“最小值”。使用时只需选择【滤镜】/

【其他】命令，在弹出的子菜单中选择相应的滤镜命令即可。下面分别对这些滤镜进行介绍。

- 高反差保留："高反差保留"滤镜可以删除图像中色调变化平缓的部分而保留色彩变化最大的部分，使图像的阴影消失而亮点突出。其对话框中的"半径"数值框用于设置该滤镜分析处理的像素范围，值越大，效果图中保留原图像的像素越多。
- 自定："自定"滤镜可以创建自定义的滤镜效果，如锐化、模糊和浮雕等滤镜效果。"自定"对话框中有一个5×5的数值框矩阵，最中间的方格代表目标像素，其余的方格代表目标像素周围对应位置上的像素。在"缩放"数值框中输入一个值后，将以该值去除计算中包含像素的亮度部分；在"位移"数值框中输入的值与缩放计算结果相加，自定义后再单击 存储(S)... 按钮，可将设置的滤镜存储到系统中，以便下次使用。
- 位移："位移"滤镜可根据"位移"对话框中设定的值来偏移图像，偏移后留下的空白可以用当前的背景色填充、重复边缘像素填充或折回边缘像素填充。
- 最大值/最小值："最大值"滤镜可以将图像中的明亮区域扩大，将阴暗区域缩小，产生较明亮的图像效果。"最小值"滤镜可以将图像中的明亮区域缩小，将阴暗区域扩大，产生较阴暗的图像效果。

课堂练习——制作小雏菊油画效果

本练习将打开"素材\第9章\小雏菊.jpg"图像，使用油画、杂色、锐化等滤镜制作油画效果，完成前后的对比效果如图9-40所示（效果\第9章\小雏菊.psd）。

彩图查看
小雏菊油画效果
前后对比

图9-40 完成前后的对比效果

9.3 上机实训 —— 制作水墨荷花

9.3.1 实训要求

本实训要求使用滤镜将拍摄的荷花效果制作为水墨效果，在制作时先将其处理成黑白效果，再调整滤镜效果使其符合水墨效果。

9.3.2 实训分析

荷花通常是雅居装饰不可缺少的元素，常用水墨效果进行展现，在绘制时不但要注重荷叶的纹理，还要注重明暗的对比。下面使用Photoshop CC中的调整滤镜组、滤镜库以及其他滤镜组中的滤镜，将荷花照片处理成水墨荷花效果。完成前后的对比效果如图9-41所示。

素材所在位置： 素材\第9章\水墨荷花\

效果所在位置： 效果\第9章\水墨荷花.psd

视频教学
制作水墨荷花

图9-41 水墨荷花完成前后的对比效果

9.3.3 操作思路

掌握了滤镜的使用方法后，便可开始本练习的设计与制作。根据上面的实训分析，本练习的操作思路如图9-42所示。

①原始图像

②调整为黑白效果

③使用喷溅滤镜后的效果

④添加照片滤镜后的效果

图9-42 操作思路

【步骤提示】

STEP 01 打开“荷花.jpg”图像，按【Ctrl+J】组合键复制背景图层。

STEP 02 选择【图像】/【调整】/【阴影/高光】命令，打开“阴影/高光”对话框，设置“数量”为“60%”，值越大，暗部越亮，设置“高光”为“20%”，值越大，亮部越暗，单击 确定 按钮。

STEP 03 选择【图像】/【调整】/【黑白】命令，打开“黑白”对话框，在“预设”下拉列表框中选择“中灰密度”选项，单击 确定 按钮，将图像处理成黑白照片。

STEP 04 返回图像编辑窗口，选择【图像】/【调整】/【反相】命令，把黑色背景转换为白色。

STEP 05 将当前图层复制两层，将最上面的图层混合模式设置为“颜色减淡”。

STEP 06 按【Ctrl + I】组合键反相，画布变为白色，选择【滤镜】/【其他】/【最小值】命令，打开“最小值”对话框，设置“半径”为“2像素”，单击 确定 按钮。

STEP 07 合并“图层 1拷贝”和“图层 2拷贝”图层，选择“图层1”，选择【滤镜】/【滤镜库】命令，打开“滤镜库”对话框，选择“画笔描边”滤镜组中的“喷溅”滤镜，设置“喷色半径”为“10”，设置“平滑度”为“4”，单击 确定 按钮。

STEP 08 返回图像编辑窗口，查看应用喷溅滤镜后的效果，选择“图层 1 拷贝”图层，设置混合模式为“柔光”。

STEP 09 合并“图层 1”与“图层 1 拷贝”图层，选择【图像】/【调整】/【色阶】命令，打开“色阶”对话框，更改“阴影值”为“30”，单击 确定 按钮，返回图像编辑窗口，使用加深工具涂抹，以加深荷叶。

STEP 10 选择【滤镜】/【滤镜库】命令，打开“滤镜库”对话框，打开“纹理”滤镜组，选择“纹理化”滤镜，设置“纹理”为“画布”，设置“缩放”为“50%”，设置“凸现”为“2”，控制纹理效果的强弱，单击 确定 按钮。

STEP 11 选择【图像】/【调整】/【照片滤镜】命令，打开“照片滤镜”对话框，选择滤镜为“加温滤镜（85）”，设置“浓度”为“12”，单击 确定 按钮。

STEP 12 打开“水墨画文本.psd”图像文件，将其中的文字与印章添加到当前编辑窗口中，选择矩形工具，在工具属性栏中设置描边颜色为“黑色”，描边粗细为“19.4点”，“描边样式”为“实线”，沿着页面边框绘制矩形，为荷花图像添加边框效果，完成水墨荷花的制作。

9.4 课后练习

1. 练习 1——*制作水果融化效果*

本练习将先制作背景效果，再打开“草莓.jpg”图像，使用“液化”滤镜制作水果融化效果，然后使用“油画”滤镜对草莓添加油画效果，并打开“滤镜库”对话框，设置粗糙蜡笔效果，完成后的参考效果如图9-43所示。

素材所在位置：素材\第9章\草莓.jpg

效果所在位置： 效果\第9章\草莓.psd

2. 练习2——*制作晶体纹理*

晶体纹理是一种纹理体现形式，具有凹凸感，因此在制作时需要有起伏性。本练习将新建图像文件，再使用渐变工具、“壁画”滤镜、“凸出”滤镜制作晶体纹理效果，最后添加文字完成晶体纹理的制作，完成后的效果如图9-44所示。

效果所在位置： 效果\第9章\晶体纹理.psd

图9-43　水果融化效果

图9-44　晶体纹理

CHAPTER 10

第10章 动作、切片与打印输出

完成图像的基本处理后，还需要进行一些其他相关操作，如将一个图像的操作重复应用到多个图像（涉及动作和批处理功能），将制作的网页效果图切片输出为一张张小图像，以及将处理完成的图像打印或印刷出来等。本章将主要讲解这些图像处理的后续常见操作，以解决实际工作中的问题。

课堂学习目标

- 掌握动作与批处理图像的方法
- 掌握切片图像的方法
- 掌握打印图像的方法

课堂案例展示

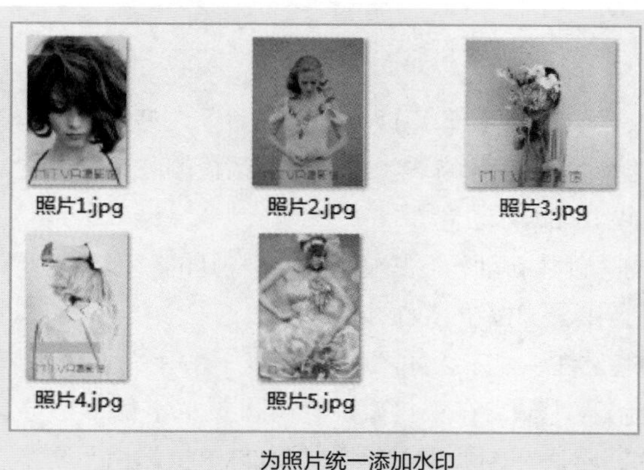

为照片统一添加水印

网页切片

10.1 动作与批处理图像

动作是Photoshop 的一大特色功能，通过它可以快速对不同的图像进行相同的处理，大大简化重复性的操作。动作会将不同的操作、命令及命令参数记录下来，以一个可执行文件的形式存在，供用户对其他图像执行相同操作时使用。下面将先通过课堂案例讲解动作与批处理的使用方法，再对基础知识进行介绍。

10.1.1 课堂案例——为照片统一添加水印

案例目标：通过动作的创建与保存，用户可以将自己制作的图像效果（如画框效果或文字效果等）做成动作保存在计算机中，以避免重复的处理操作。当需要对某些图像统一进行相同的处理时，可通过动作来快速完成。本案例提供了一组照片，要求统一为它们创建水印，制作前后的效果如图10-1所示。

视频教学
为照片统一添加水印

知识要点：创建与保存动作；自动处理图像；载入和播放动作。

素材位置：素材\第10章\照片\

效果文件：效果\第10章\照片\

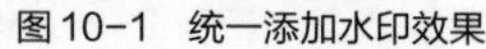

图10-1 统一添加水印效果

其具体操作步骤如下。

STEP 01 打开“照片1.jpg”图像文件，选择【窗口】/【动作】命令，打开“动作”面板，单击“动作”面板底部的“创建新组”按钮，在打开的“新建组”对话框的“名称”文本框中输入“我的动作”，单击 确定 按钮，如图10-2所示。

STEP 02 单击“动作”面板底部的“创建新动作”按钮，在打开的“新建动作”对话框的“名称”文本框中输入“印记”，单击 记录 按钮，如图10-3所示。

STEP 03 此时“开始记录”按钮呈红色显示，如图10-4所示。

STEP 04 在工具箱中选择横排文字工具，在工具属性栏中设置“字体、字号、颜色”分别为“汉仪漫步体简、35点、#5a5a5a”，然后在图像下方输入“MITVR摄影馆”文字，如图10-5所示。

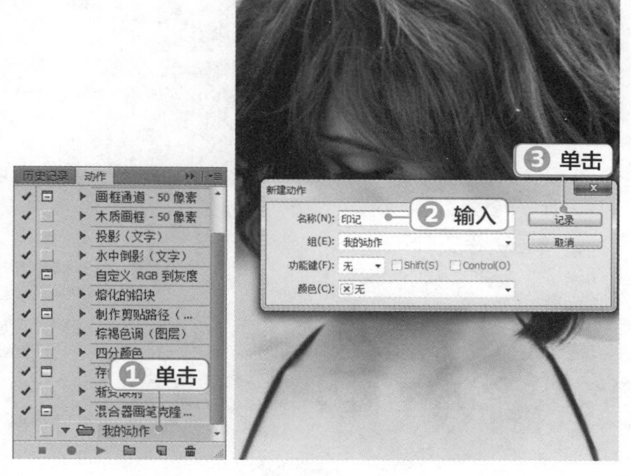

图10-2　创建动作组　　　　图10-3　新建动作

STEP 05 在工具箱中选择矩形工具，在文字下方绘制颜色为“#d2d2d2”，大小为“380像素×60像素”的矩形，如图10-6所示。

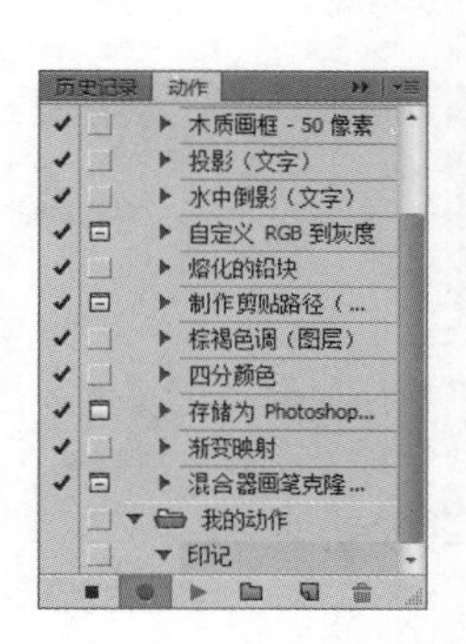

图10-4　开始动作　　　　图10-5　输入文字　　　　图10-6　绘制矩形

STEP 06 选择文字图层，在其上单击鼠标右键，在弹出的快捷菜单中选择“栅格化文字”命令。然后同时选择文字图层和矩形图层，在其上单击鼠标右键，在弹出的快捷菜单中选择“合并图层”命令，如图10-7所示。

STEP 07 选择【滤镜】/【风格化】/【风】命令，打开“风”对话框，单击选中“风”和“从右”单选项，单击 确定 按钮，如图10-8所示。

STEP 08 在“图层”面板中设置“MITVR摄影馆”图层的混合模式为“深色”，查看设置后的效果，如图10-9所示。

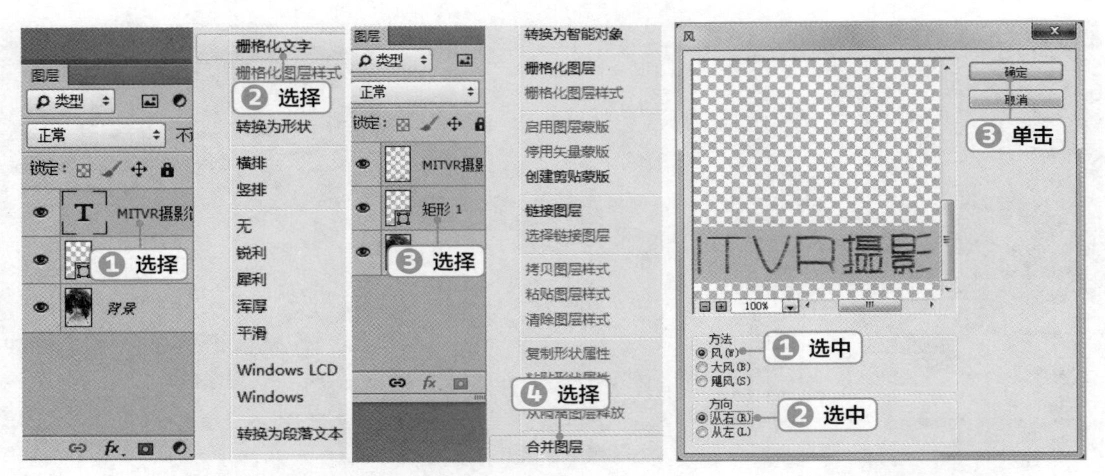

图 10-7 栅格化文字并合并图层　　图 10-8 设置风参数

STEP 09 在“图层”面板的该图层上单击鼠标右键，在弹出的快捷菜单中选择“合并可见图层”命令，合并图层，如图10-10所示。

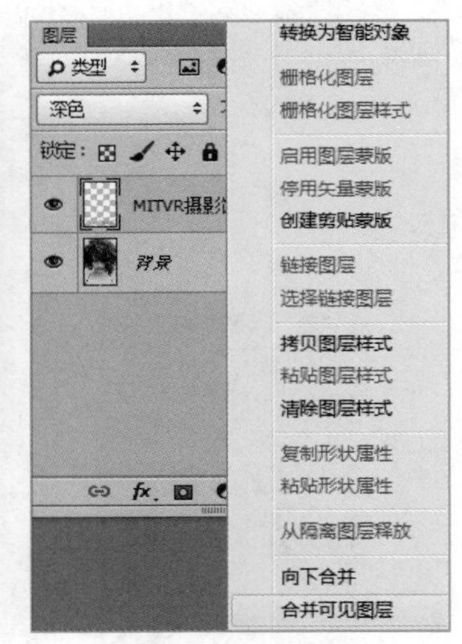

图 10-9 设置图层混合模式　　图 10-10 合并可见图层

STEP 10 然后选择【文件】/【存储】命令，保存照片，然后关闭图像。单击“动作”面板中的“停止播放/记录”按钮■完成录制，如图10-11所示。

STEP 11 选择【文件】/【自动】/【批处理】命令，打开“批处理”对话框，在“播放”栏的“组”下拉列表框中选择“我的动作”选项，在“动作”下拉列表框中选择“印记”选项；在“源”栏中的“源”下拉列表中选择“文件夹”选项，单击下方的 选择(H)... 按钮，在打开的对话框中选择需要使用“印记”动作的图像所在的文件夹；使用相同方法，在“目标”栏中选择应用了“印记”动作后文件夹保存的位置，返回“批处理”对话框，单击 确定 按钮，如图10-12所示。

STEP 12 可看到选择的文件夹中所有照片都添加了水印动作，如图10-13所示。

STEP 13 在“动作”面板中选择“我的动作”选项，然后单击右上角的 按钮，在打开的下拉列表中选择“存储动作”选项，在打开的“另存为”对话框中指定保存位置和文件名，单击保存(S)按钮，如图10-14所示。

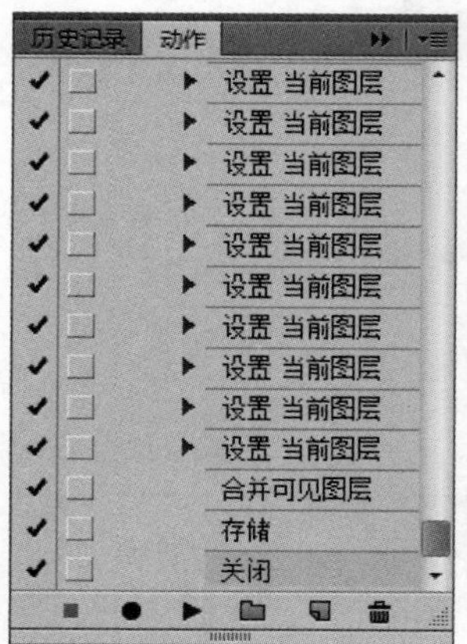

图10-11 完成动作录制

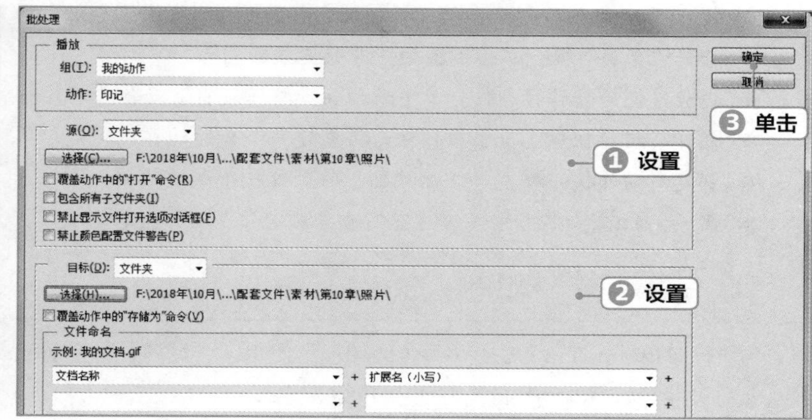

图10-12 设置“批处理”对话框

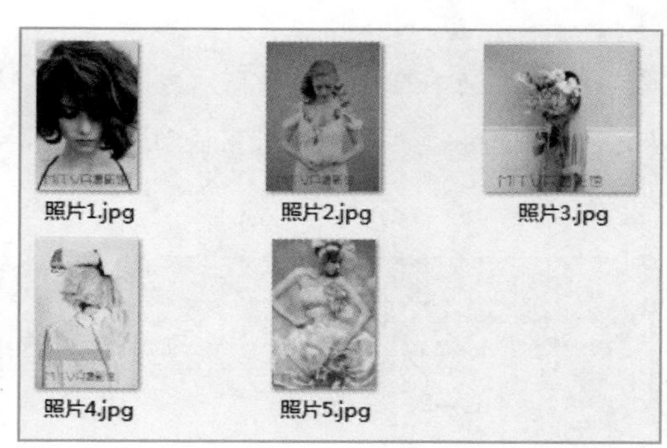

图10-13 查看效果

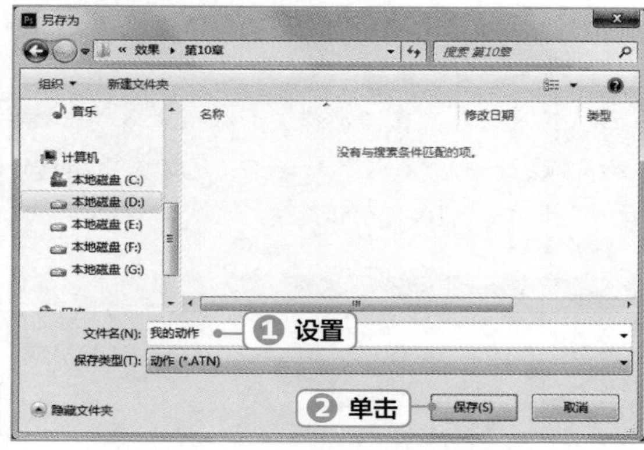

图10-14 存储动作

10.1.2 认识“动作”面板

“动作”面板可以用于创建、播放、修改和删除动作。用户在Photoshop CC中选择【窗口】/【动作】命令，可打开“动作”面板，在其中可以进行动作的有关操作。在处理图像的过程中，用户的每一步操作都可看作是一个动作，如果将若干步操作放到一起，就成了一个动作组。单击▶按钮可以展开动作组或动作，同时该按钮将变为向下的按钮▼，再次单击即可恢复原状，如图10-15所示。

图10-15 “动作”面板

“动作”面板中各选项的作用如下。

- 切换项目开/关✓：若动作组、动作和命令前面有✓图标，表示该动作组、动作和命令可以执行。若动作组、动作和命令前面没有图标，则表示该动作组、动作和命令不可被执行。

- 切换对话开/关▣：若命令前有该图标，表示执行到该命令时，将暂停并打开对应的对话框，用户可在该对话框中进行设置。单击 记录 按钮后，动作将继续往后执行。
- 停止播放/记录按钮■：单击该按钮，将停止播放动作或停止记录动作。
- 开始记录按钮●：单击该按钮，开始记录新动作。
- 播放选定的动作按钮▶：单击该按钮，将播放当前动作或动作组。
- 创建新组按钮▭：单击该按钮，将创建一个新的动作组。
- 创建新动作按钮▣：单击该按钮，将创建一个新动作。
- 删除按钮🗑：单击该按钮，可删除当前动作或动作组。

10.1.3 存储和载入动作

为了保证Photoshop CC中的动作能够正常使用，可对其进行存储和载入操作，以备不时之需。下面分别对存储和载入动作的方法进行介绍。

- 存储动作：在“动作”面板中选择需要存储的动作组，单击右上角的☰按钮，在打开的下拉列表中选择“存储动作”选项。打开“另存为”对话框，设置存放动作文件的目标文件夹，并输入要保存的动作名称，完成后单击 保存(S) 按钮即可，如图10-16所示。
- 载入动作：在“动作”面板右上角单击☰按钮，在打开的下拉列表中选择“载入动作”选项，打开“载入”对话框，选择需要加载的动作，单击 载入(L) 按钮，即可完成动作的载入操作，如图10-17所示。

图10-16　存储动作　　　　图10-17　载入动作

10.1.4 自动处理图像

Photoshop CC提供了一些自动处理图像的功能，通过这些功能用户可以轻松地完成对多个图像的同时处理。

1. 使用“批处理”命令

对图像应用“批处理”命令前，需要先通过“动作”面板录制图像需要执行的各种操作，然后存储动作，从而进行批处理操作。打开需要批处理的所有图像文件或将所有文件移动到相同的文件夹中，选择【文件】/【自动】/【批处理】命令，打开“批处理”对话框，如图10-18所示。

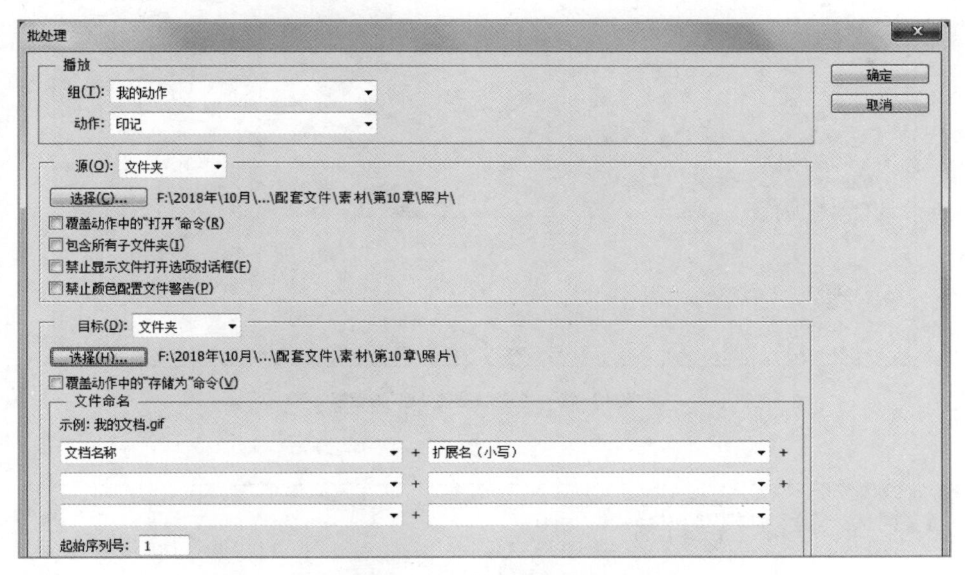

图 10–18 “批处理”对话框

“批处理”对话框中各选项的含义如下。

- “组”下拉列表：用于选择要执行的动作所在的组。
- “动作”下拉列表：用于选择需要应用的动作。
- “源”下拉列表：用于选择需要批处理的图像文件来源。该列表中包含4个选项：选择“文件夹”选项，单击选择(H)...按钮可查找并选择需要批处理的文件夹；选择“导入”选项，则可导入以其他途径获取的图像，从而进行批处理操作；选择“打开的文件”选项，可对所有已经打开的图像文件应用动作；选择“Bridge”选项，可对文件浏览器中选取的文件应用动作。
- “目标”下拉列表：用于选择处理文件的目标。该列表中包含3个选项：选择“无”选项，表示不对处理后的文件做任何操作；选择“存储并关闭”选项，可将进行批处理的文件存储并关闭以覆盖原来的文件；选择“文件夹”选项，并单击下面的选择(H)...按钮，可选择目标文件所保存的位置。
- “文件命名”栏：在“文件命名”栏的6个下拉列表中，可指定目标文件生成的命名形式。在该选项区域中还可指定文件名的兼容性，如Windows、Mac OS、UNIX操作系统。

2. 创建快捷批处理方式

使用“创建快捷批处理”命令的操作方法与“批处理”命令相似，只是在创建快捷批处理方式后，在相应的位置会创建一个快捷方式图标。用户只需将需要处理的文件拖至该图标上，即可自动对图像进行处理。其方法为：选择【文件】/【自动】/【创建快捷批处理】命令，打开“创建快捷批处理”对话框，在该对话框中设置快捷批处理和目标文件的存储位置以及需要应用的动作后，单击确定按钮，如图10-19所示。打开存储快捷批处理的文件夹，即可在其中看到一个的快捷图标，将需要应用该动作的文件拖至该图标上，即可自动完成图像的处理。

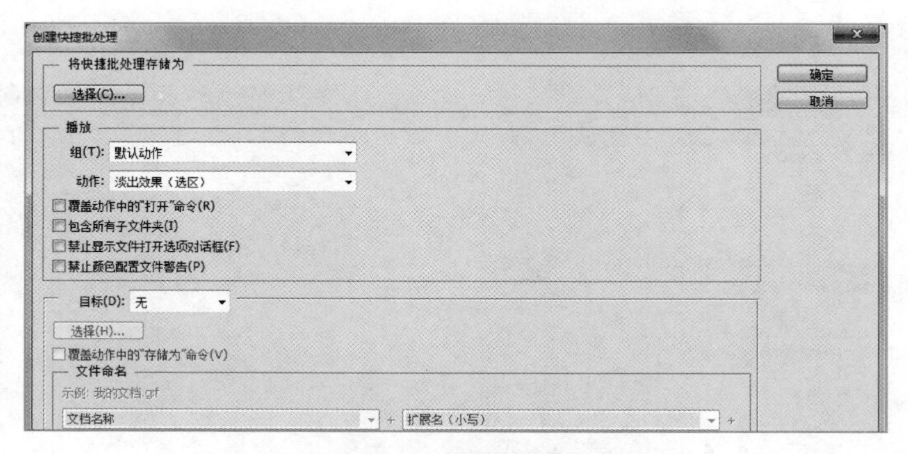

图10-19 “创建快捷批处理”对话框

10.2 切片图像

在制作网页时，为了确保网页图像的下载速度，会使用切片将尺寸较大的图像切割为若干个小块，再将这些切割后的小图像，通过网页设计器的编辑，组合为一个完整的图像，再通过Web浏览器进行显示，这样既保证了图像的显示效果，又提高了用户网页体验的舒适度。切割图像就需要下面将具体讲解创建和编辑切片的相关操作。

10.2.1 课堂案例——对店铺首页进行切片

案例目标：本例将对店铺首页图像进行切片处理，在切片的过程中需要掌握不同尺寸图像的切片方法，以及切片命名的方法，完成后还要对切片进行存储输出，完成后的参考效果如图10-20所示。

视频教学
对店铺首页进行切片

知识要点：划分切片；组合切片与删除切片；设置切片选项。

素材位置：素材\第10章\坚果首页.jpg

效果文件：效果\第10章\images、坚果首页.html

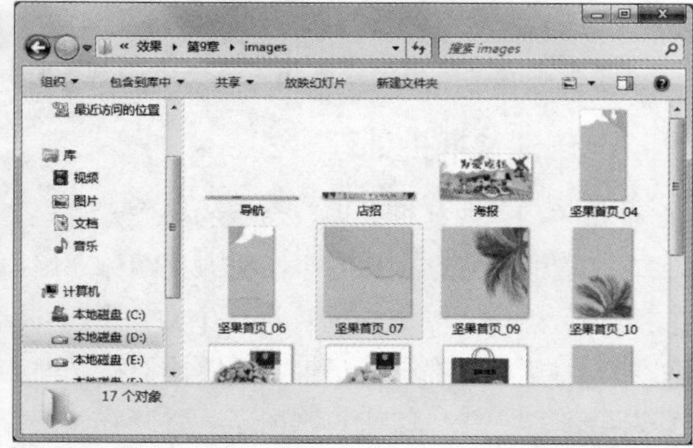

图10-20 完成后的效果

其具体操作步骤如下。

STEP 01 打开“坚果首页.jpg”图像文件，如图10-21所示。

STEP 02 选择【视图】/【标尺】命令，或按【Ctrl+R】组合键打开标尺，从左侧和顶端拖动参考线，设置切片区域，如图10-22所示。

图10-21 打开素材

图10-22 添加参考线

STEP 03 在工具箱中选择切片工具，在店招的左上角单击，然后按住鼠标左键不放，沿着参考线拖曳到右侧的目标位置后释放鼠标，创建的切片将以黄色线框显示，并在左上角显示蓝色的切片序号，如图10-23所示。

图10-23 开始切片

STEP 04 在切片区域上单击鼠标右键，在弹出的快捷菜单中选择“编辑切片选项”命令，如图10-24所示。

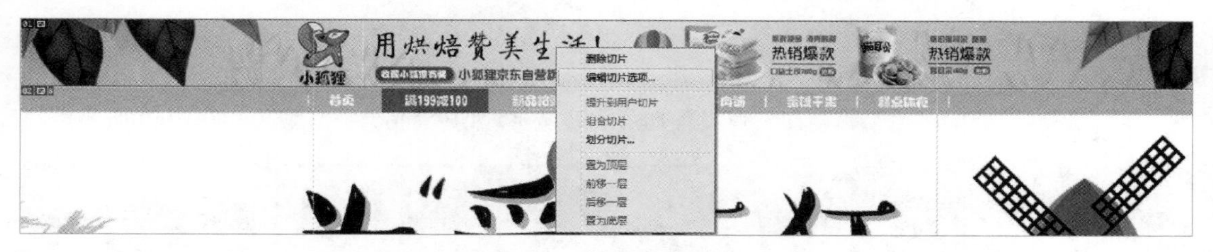

图10-24 编辑切片选项

STEP 05 打开“切片选项”对话框，在“名称”文本框中设置切片名称，输入“店招”，在“尺寸”栏中可查看切片的尺寸，单击 确定 按钮，如图10-25所示。

STEP 06 继续对下方的导航条进行切片，切片完成后调整切片的位置，并将其“名称”设置为“导航”，如图10-26所示。

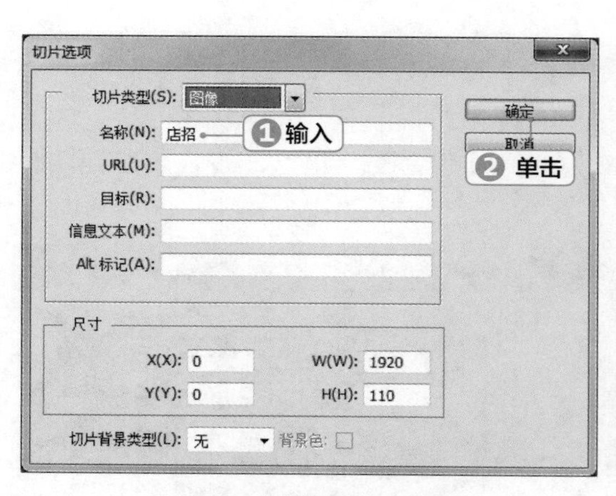

图 10-25　为店招图像切片并命名

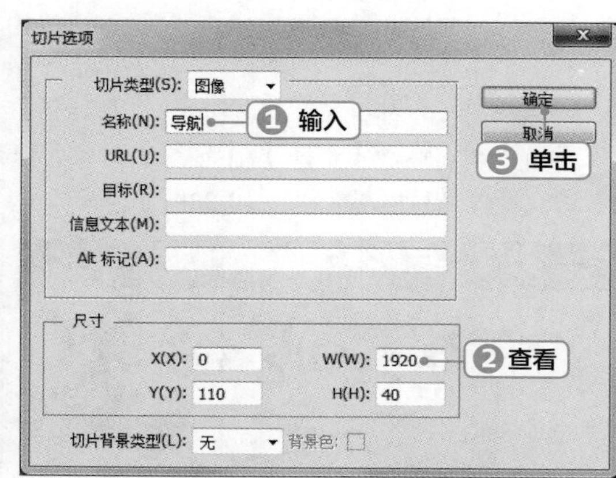

图 10-26　为导航图像切片并命名

STEP 07 继续对海报进行切片，并命名为“海报”。注意切片时应尽可能保证图像的完整，不要为了切片而使图像断开，如图10-27所示。

STEP 08 继续选择切片工具，沿着参考线对其他区域进行切片，如图10-28所示。

图 10-27　为海报切片

图 10-28　为其他区域切片

STEP 09 将页面拖动到最下方，在商品展示栏上单击鼠标右键，在弹出的快捷菜单中选择“划分切片”命令。打开“划分切片”对话框，单击选中“水平划分为”和“垂直划分为”复选框，并在其下方的文本框中输入“2”和“3”，单击 确定 按钮，如图10-29所示。

STEP 10 返回图像编辑窗口，可发现切片的区域平均切分为6份，其效果如图10-30所示。

图 10-29　划分切片

图 10-30　查看划分切片后的效果

STEP 11 选择切片选择工具，在工具属性栏中单击隐藏自动切片按钮，隐藏自动切片的显示，再按【Ctrl+;】组合键，隐藏参考线，此时图像中只显示了蓝色和黄色的切片线，查看切片是否对齐，若没对齐，拖动切片边框线进行调整，查看完成后的效果，如图10-31所示。

图10-31 查看切片后的效果

STEP 12 选择【文件】/【存储为Web所用格式】命令，打开“存储为Web所用格式”对话框，单击存储...按钮，打开“将优化结果存储为”对话框，选择文件的储存位置，并在“格式”下拉列表中选择“HTML和图像”选项，单击保存(S)按钮，如图10-32所示。

STEP 13 打开切片存储的文件夹，可看到“坚果首页.html”网页和“images”文件夹，双击“images”文件夹，在打开的窗口中可查看切片后的效果，如图10-33所示。

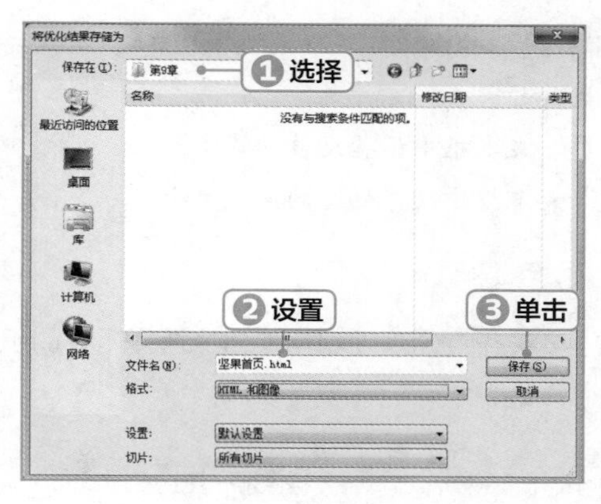

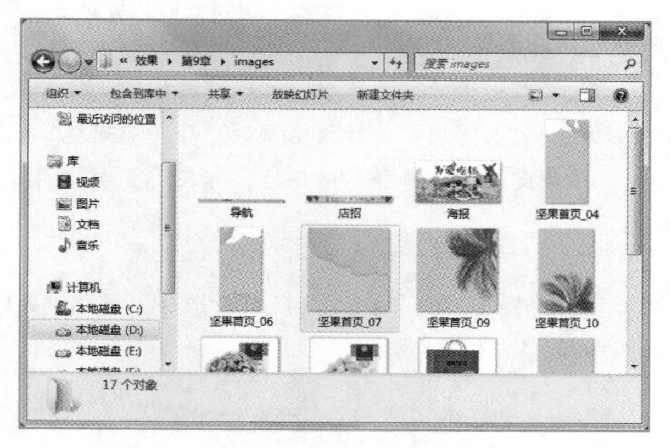

图10-32 存储切片

图10-33 查看切片后的效果

10.2.2 创建切片

下面讲解创建切片的相关知识。

1. 切片的类型

Photoshop CC中包含两种切片，即用户切片和图层切片。用户切片是通过切片工具创建的切片，图层切片则是通过图层创建的切片。

创建新切片时，将生成附和的自动切片来占据图像区域，自动切片可以填充图像中用户切片或基于图层切片未定义的空间。每次添加或编辑切片都会生成自动切片，如图10-34所示，其中实线为用户切片，虚线为自动切片。

图10-34 切片的类型

2. 切片工具

切片工具可以创建切片，创建切片的方法与创建选区的方法相同。选择切片工具后，按住鼠标在图像上拖曳，即可完成切片的创建。切片工具的工具属性栏如图10-35所示。

图10-35 切片工具属性栏

"切片工具"的工具属性栏中"样式"下拉列表框中各选项的作用如下。

- 正常：选择该选项后，可以通过拖曳鼠标来确定切片的大小。
- 固定长宽比：选择该选项后，可在"宽度""高度"文本框中设置切片的宽高比。
- 固定大小：选择该选项后，可在"宽度""高度"文本框中设置切片的固定大小。

3. 切片选择工具

切片选择工具可以对切片进行选择、调整堆叠顺序、对齐与分布等操作。切片选择工具的工具属性栏如图10-36所示。

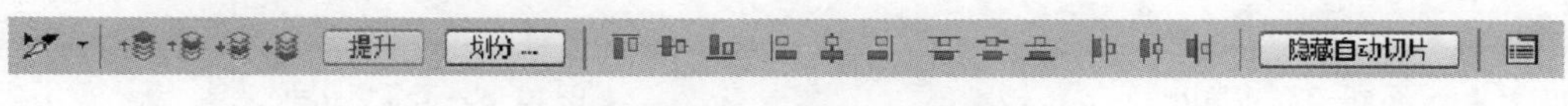

图10-36 切片选择工具属性栏

"切片选择工具"的工具属性栏中各选项的作用如下。

- 调整切片堆叠顺序按钮组：创建切片后，最后创建的切片将处于堆叠顺序的最高层。若想调整切片的位置可单击、、、4个按钮进行调整。
- 提升按钮提升：该按钮可以将所选的自动切片或图层切片提升为用户切片。
- 划分按钮划分...：该按钮打开"划分切片"对话框，在该对话框中可对切片进行划分。
- 对齐与分布切片：选择多个切片后，可单击相应按钮来对齐或分布切片。

- 隐藏自动切片按钮 隐藏自动切片 ：该按钮将隐藏自动切片。
- 为当前切片设置选项按钮▣：该按钮打开“切片选项”对话框，在其中可设置名称、类型和URL地址等。

10.2.3 编辑切片

若对创建的切片不满意，可以对切片进行编辑、调整。切片的常用编辑方法有选择切片、移动切片、复制切片、删除切片和锁定切片，下面分别进行介绍。

1. 选择、移动和复制切片

切片创建完成后，还可对其进行选择、复制和移动，下面分别进行介绍。

- 选择：选择切片选择工具，在图像中单击需要选择的切片，按【Shift】键的同时使用切片选择工具单击切片，可选择多个切片。
- 移动：选择切片后，按住鼠标进行拖曳，即可移动所选切片。
- 复制：若想复制切片，可先使用切片选择工具选择切片，再按【Alt】键，当鼠标指针变为形状时单击并拖动鼠标，即可复制切片。

2. 删除切片

若创建过程中出现了多余的切片，可以将它们删除。在Photoshop CC中有3种删除切片的方法，下面分别进行介绍。

- 使用快捷键删除：选择切片后，按【Delete】键或【Backspace】键，即可删除所选的切片。
- 使用命令删除：选择切片后，选择【视图】/【清除切片】命令，可删除所有的用户切片和图层切片，如图10-37所示。
- 使用鼠标右键删除：选择切片后，在其上单击鼠标右键，在弹出的快捷菜单中选择“删除切片”命令，如图10-38所示。

图10-37 使用命令删除　　图10-38 使用鼠标右键删除

3. 锁定切片

当图像中的切片过多时，最好将它们锁定起来。锁定后的切片将不能被移动、缩放或更改。选择需要锁定的切片，再选择【视图】/【锁定切片】命令，即可锁定切片。移动被锁定的切片时，将弹出提示对话框，单击 确定 按钮即可。

10.2.4 保存切片

用户除了需要对切片进行编辑和调整，还需要对切片后的图像进行保存。其方法为：选择【文件】/【存储为Web所用格式】命令，打开“存储为Web所用格式”对话框，在其中可对图像格式、颜色、大小等进行设置，完成后单击 存储... 按钮，如图10-39所示。打开“将优化结果存储为”对话框，在格式下拉列表中选择保存的切片格式，主要包括“HTML和图像”“仅限图像”“仅限HTML”3种。其中“HTML和图像”选项表示存储为网页和图像格式，“仅限图像”选项表示只保存切片的图像，“仅限HTML”选项表示只保存为网页，单击 保存(S) 按钮完成保存。

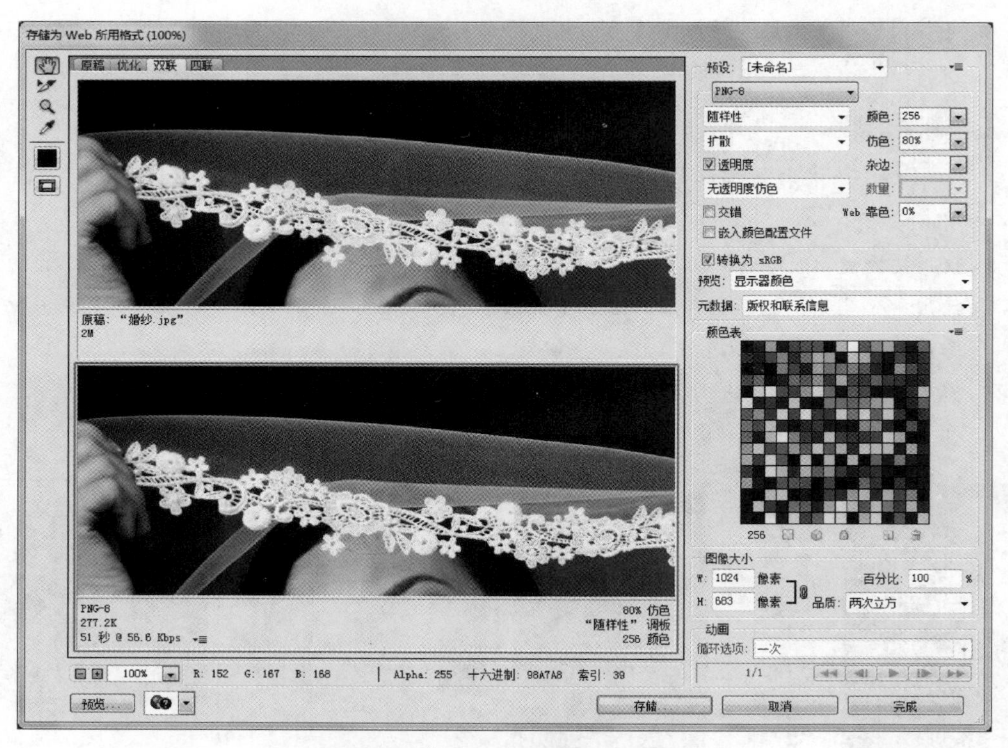

图10-39 “存储为Web所用格式”对话框

本练习将打开“素材\第10章\休闲鞋.jpg”图像文件，对其进行切片，并保存为“仅限图像”格式（效果\第10章\休闲鞋\）。

10.3 打印图像

完成图像的编辑后，即可将图像打印到纸张中进行查看。在打印前需要先设置对应的打印参数，包括打印机、色彩、位置和大小、打印标记等，然后再进行打印操作。下面将以课堂案例的形式讲解打印图像的方法，再对具体的打印设置方法进行介绍。

10.3.1 课堂案例——打印音乐会海报

案例目标：本例将对“音乐会海报.psd”图像文件进行打印设置，包括设置其纸张规格，设置位置和打印尺寸、份数等，设置完成后再进行打印。

知识要点：打印选项设置；预览并打印图层。

素材位置：素材\第10章\音乐会海报.psd

视频教学
打印音乐会海报

其具体操作步骤如下。

STEP 01 打开“音乐会海报.psd”图像文件，选择【文件】/【打印】命令，打开“Photoshop打印设置”对话框，选择与计算机连接的打印机，在“份数”数值框中输入打印的份数为“1”，单击“横向”按钮，单击“打印设置...”按钮，如图10-40所示。

STEP 02 打开“属性”对话框，单击“布局”选项卡右下角的“高级(V)...”按钮，打开“高级选项”对话框，设置纸张规格为“A3”，图像压缩方式为“JPG-最小压缩”，单击“确定”按钮，返回“Photoshop打印设置”对话框，如图10-41所示。

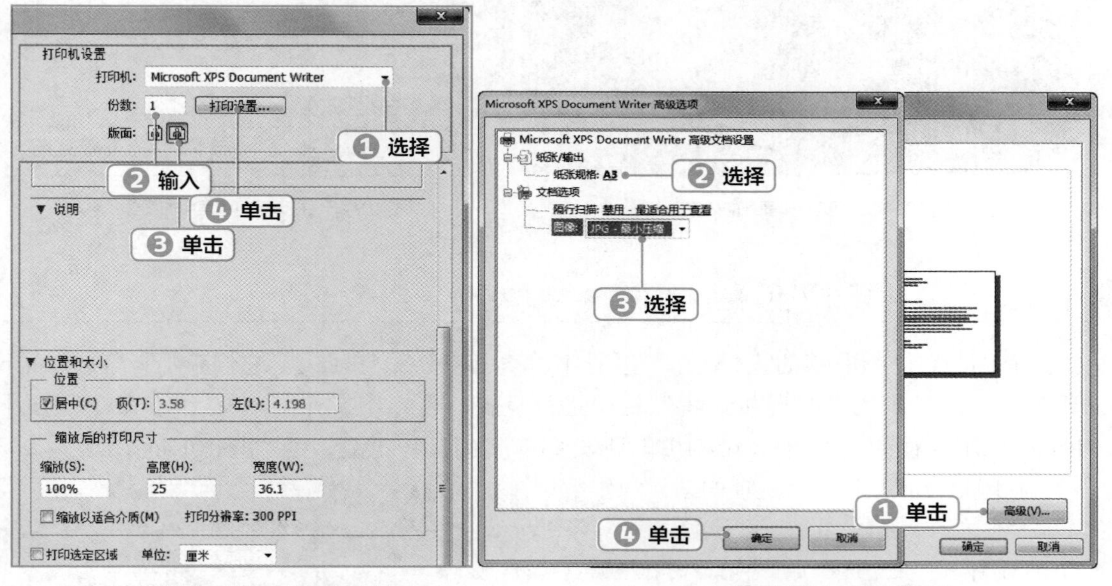

图10-40 设置打印机、打印份数与纸张方向

图10-41 选择纸张规格与图像压缩质量

STEP 03 在“位置和大小”栏中单击选中“居中”复选框，图像将在页面中居中摆放；撤销选中该复选框，可设置图像与顶部和左部的距离，如图10-42所示。

STEP 04 在“缩放后的打印尺寸”栏中单击选中“缩放以适合介质”复选框，单击完成(E)按钮即可完成打印设置，返回图像编辑窗口，如图10-43所示。

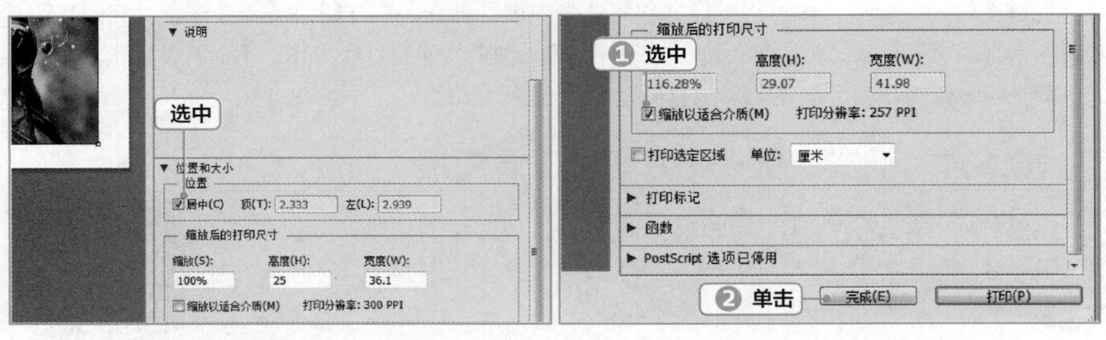

图10-42 设置图像在纸张中的位置　　图10-43 缩放图像至页面大小

STEP 05 在“Photoshop 打印设置”对话框的左侧预览框中可预览图像的打印效果，若发现有问题应及时纠正，如图10-44所示。

STEP 06 在图像编辑窗口中隐藏不需要打印的图层，在“Photoshop 打印设置”对话框中预览打印无误后单击打印(P)按钮进行打印，如图10-45所示。

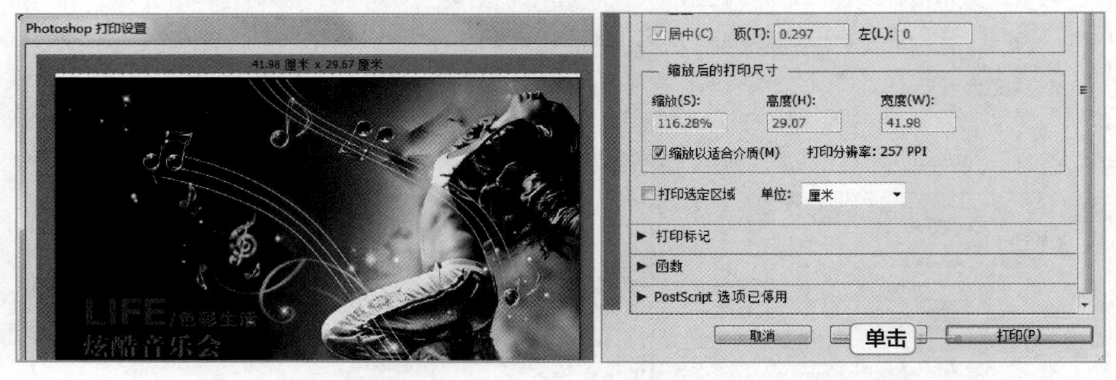

图10-44 预览打印图像的效果　　图10-45 打印可见图层中的图像

10.3.2 打印机设置

打印机设置是打印图像的基本设置，包括打印机、打印份数、版面等，它们都可在“Photoshop 打印设置”对话框的“打印机设置”栏中进行设置。选择【文件】/【打印】命令，打开“Photoshop打印设置”对话框，在其中即可展开和查看“打印机设置”栏，如图10-46所示。

“打印机设置”栏中各选项的含义和作用如下。

图10-46 “打印机设置”栏

- 打印机：用于选择要准备打印的打印机。
- 份数：用于设置打印的份数。
- 打印设置...按钮：单击打印设置...按钮，在打开的对话框中可设置打印纸张的尺寸以及打印质量等相关参数。需要注意的是，安装的打印机不同，打印选项也有所不同。

● 版面：用于设置图像在纸张上被打印的方向。单击按钮，可纵向打印图像；单击按钮，可横向打印图像。

10.3.3 色彩管理

在“Photoshop打印设置”对话框中可以对打印图像的色彩进行设置。“Photoshop打印设置”对话框的“色彩管理”栏如图10-47所示。

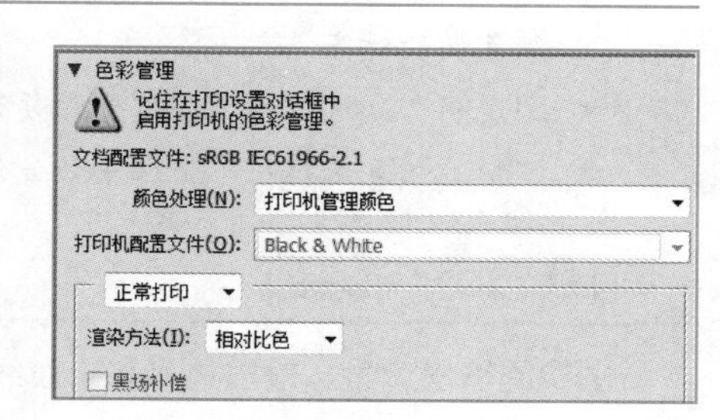

图10-47　色彩管理

“色彩管理”栏各选项的含义与作用如下。

● “颜色处理”下拉列表框：用于设置是否使用颜色管理，如果使用颜色管理，则需要确定将其应用于程序中还是打印设备中。
● “打印机配置文件”下拉列表框：用于设置打印机和将要使用的纸张类型的配置文件。
● “渲染方法”下拉列表框：用于指定颜色从图像色彩空间转换到打印机色彩空间的方式。

10.3.4 位置和大小

在“Photoshop 打印设置”对话框中展开“位置和大小”栏，在其中罗列了位置、缩放后的打印尺寸等参数，可以对打印位置和大小进行设置，如图10-48所示。

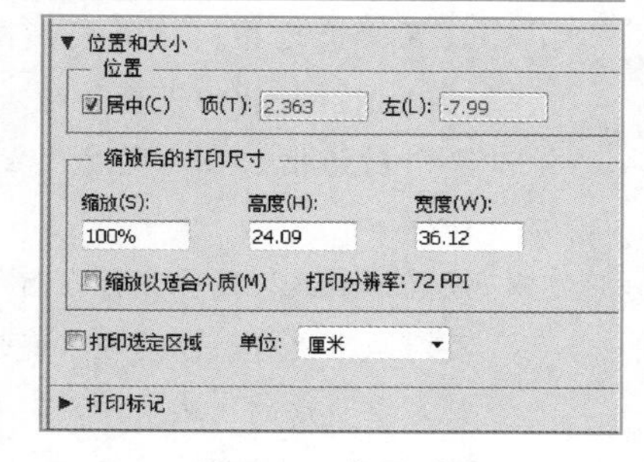

图10-48　位置和大小

“位置和大小”栏中常用选项的含义与作用如下。

● “居中”复选框：用于设置打印图像在纸张中的位置，图像默认在纸张中居中放置。撤销选中该复选框后，就可以在激活的“顶”数值框和“左”数值框中进行设置。
● “顶”数值框：用于设置从图像上沿到纸张顶端的距离。
● “左”数值框：用于设置从图像左边到纸张左端的距离。
● “缩放”数值框：用于设置图像在打印纸张中的缩放比例。
● “高度（H）/宽度（W）”数值框：用于设置图像的尺寸。
● “缩放以适合介质”复选框：单击选中该复选框，将自动缩放图像到适合纸张的可打印区域。
● “单位”下拉列表：用于设置“顶”数值框和“左”数值框的单位。

10.3.5 打印标记

在“Photoshop打印设置”对话框中可以通过“打印标记”栏设置指定页面标记。“打印标记”栏主要包括角裁剪标志、中心裁剪标志、套准标记、说明和标签，如图10-49所示。

“打印标记”栏各选项的含义与作用如下。

● “角裁剪标志”复选框：单击选中该复选框，将在图像4个角的位置打印出图像的裁剪标志。

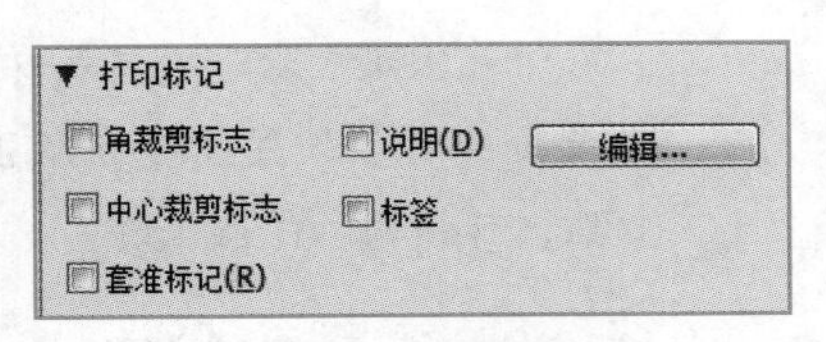

图10-49　打印标记

- “中心裁剪标志”复选框：单击选中该复选框，将在图像4条边线的中心位置打印出裁剪标志。
- “套准标记”复选框：单击选中该复选框，将在图像的4个角上打印出对齐的标志符号，用于图像中分色和双色调的对齐。
- “说明”复选框：单击选中该复选框，将打印在“文件简介”对话框中输入的文字。
- “标签”复选框：单击选中该复选框，将打印出文件名称和通道名称。

10.3.6　函数

图像的输出背景、输出边界和出血线等信息，都在“函数”栏中进行设置，如图10-50所示。下面分别介绍函数中设置输出背景、设置输出边界、设置出血线的方法。

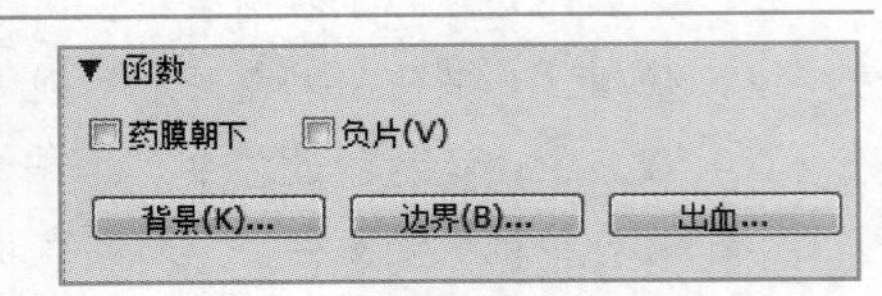

图10-50　函数

- 设置输出背景：在对Photoshop图像文件进行打印时，可以根据需要设置输出背景。其方法为：选择【文件】/【打印】命令，打开“Photoshop打印设置”对话框，展开“函数”栏，在其中单击 背景(K)... 按钮，在打开的对话框中即可设置输出的背景颜色。
- 设置输出边界：边界是指图像边缘的黑色边框线，若需为图像打印边界，可在打开的“Photoshop打印设置”对话框中展开“函数”栏，在其中单击 边界(B)... 按钮；打开“边界”对话框，在“宽度”数值框中输入所需数值，单击 确定 按钮保存设置并关闭对话框。
- 设置出血线：图像文件在打印或印刷输出后，为了规范所有图像所在纸张上的尺寸，一般还要对纸张进行裁切处理。裁切点就是打印和印刷工作中规定的出血线处，出血线以外的区域就是要裁切的区域。印刷时裁边，最多只能裁到出血线，在打印和印刷时，出血线一般设置为3mm，不能过大，也不能过小。设置出血线的方法为：在打开的“Photoshop打印设置”对话框中展开“函数”栏，单击 出血... 按钮，打开“出血”对话框，在“宽度”数值框中输入所需数值，单击 确定 按钮，保存设置并关闭对话框即可。

10.3.7　特殊打印

默认情况下，打印图像是打印全图像，若有特殊的打印要求，如只打印某个图层，通过一般的打印方法就无法实现，需针对此类特殊要求进行特殊打印。常见的特殊打印包括打印指定图层、打印指定选区、多图像打印等，下面分别进行介绍。

- 打印指定图层：若待打印的图像文件中有多个图层，那么在默认情况下会把所有可见图层都打印到一张打印纸上。若需要只打印某个具体的图层，则需要将要打印的图层设置为可见图层，然后隐藏其他图层，再进行打印。
- 打印指定选区：如果要打印图像中的部分图像，可先选择工具箱中的矩形选框工具，在图像中创建一个图像选区，然后选择【文件】/【打印】命令，在打开的对话框中展开“位置和大小”栏，单击选中“打印选定区域”复选框，即可打印指定选区中的内容。

- 多图像打印：多图像打印是指一次将多幅图像同时打印到一张纸张上，在打印前需将要打印的图像移动到一个图像窗口中，然后再进行打印。其方法为：选择【文件】/【自动】/【联系表II】命令，打开“联系表II”对话框，在其中设置需要打印的多个图像文件；然后选择【文件】/【打印】命令，在“Photoshop打印设置”对话框中进行相关设置。该打印方式一般在打印小样或与客户定稿时使用。

10.4 上机实训——对料理机海报切片

10.4.1 实训要求

下面将对料理机海报进行切片，使其能够满足网页的需要。切片时注意切片图像的尺寸符合网页中各个版块的尺寸要求。

10.4.2 实训分析

由于料理机海报主要在店铺首页以小横屏的方式进行展示，因此在切片时，可直接进行横向切片，保证每张图像都是完整的整体。完成后的效果如图10-51所示。

视频教学
对料理机海报切片

素材所在位置：素材\第10章\料理机.gif

效果所在位置：效果\第10章\料理机\

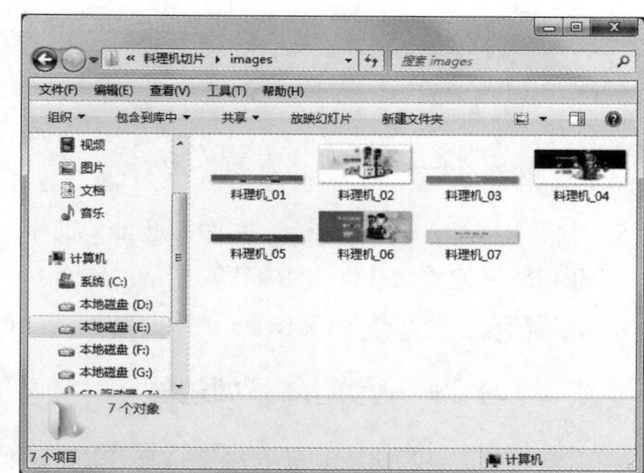

图10-51 完成后的效果

10.4.3 操作思路

掌握了动作、切片和打印输出图像后，便可开始本练习的设计与制作。根据前面的实现分析，本实训的操作思路如图10-52所示。

①原始图像

②添加参考线

③完成切片

图10-52　操作思路

【步骤提示】

STEP 01 打开“料理机.gif”图像文件。

STEP 02 选择【视图】/【标尺】命令，或按【Ctrl+R】组合键打开标尺，从左侧和顶端拖动参考线，设置切片区域。

STEP 03 在工具箱中选择切片工具，在工具属性栏中单击 基于参考线的切片 按钮，将图像基于参考线等分成多个小块。

STEP 04 选择【文件】/【存储为Web所用格式】命令，在打开的对话框中单击 存储... 按钮，打开“将优化结果存储为”对话框，设置格式为“仅限图像”，然后设置保存位置与名称。

STEP 05 单击 保存(S) 按钮完成切片的存储，在保存路径下查看效果。

10.5 课后练习

1. 练习1——*录制“下雪”动作*

本练习将打开“冬雪.jpg”图像，通过“动作”面板录制“下雪”动作。

素材所在位置：素材\第10章\冬雪.jpg

效果所在位置：效果\第10章\冬雪.psd、下雪.atn

2. 练习2——*为图像添加边框*

打开“图像”文件夹中的一张图片，使用批处理的方法为图像添加边框，使图像效果更加美观。

素材所在位置：素材\第10章\图像\

效果所在位置：效果\第10章\添加边框\

3. 练习3——*打印下雪图像*

打开“下雪.jpg”图像，以缩放打印的形式打印1份到打印纸中。

素材所在位置：素材\第10章\下雪.jpg

CHAPTER 11

第11章 综合案例

前面的章节主要按照单个的知识点的形式讲解了图像处理的基础知识，本章将对所学知识点进行整合，以完成具有商业价值的图像作品。本章共安排了3个案例，一是人像精修，二是房地产广告设计，三是手机App界面设计。通过对3个不同领域图像作品的设计与制作，读者可以在综合掌握Photoshop知识点的同时，熟悉相关领域的行业知识和设计知识，从而了解案例的设计原理与制作初衷，提高个人的软件使用能力和设计能力。

课堂学习目标

- 掌握人像精修的方法
- 掌握广告的设计与制作方法
- 掌握手机App界面的设计与制作的方法

课堂案例展示

人像精修

房地产广告

手机App界面

11.1 人像精修

人像摄影中，往往会因为人物本身的原因存在各种各样的问题，如面部有痘印、疤痕，皮肤暗沉、红血丝等。此时需要对人物照片进行精修，去除缺点，留下优点，使整体效果更加美观。本例将在“婚纱.jpg”图像文件中取样肌肤，修复痘印和红血丝，然后结合滤镜和图层蒙版，美白人物肌肤，制作精致面容，处理前后的对比效果如图11-1所示。

视频教学
人像精修

知识要点：亮度 / 对比度；自然饱和度；修复工具；修补工具；图层蒙版；“高斯模糊”滤镜。

素材位置：素材 \ 第 11 章 \ 婚纱 .jpg

效果文件：效果 \ 第 11 章 \ 婚纱 .psd

图 11-1　人像精修素材与效果对比

11.1.1　案例分析

打开素材图像，可以看到图像整体灰暗，人物面部痘印、红血丝明显，并且肌肤偏暗淡，如图11-2所示。因此需要进行曝光、校色与磨皮等操作。

- 曝光调整：首先需要对照片的曝光度进行调整，常用的调整方法有色阶、曲线、亮度/对比度。本例主要通过亮度/对比度和自然饱和度对照片进行去灰处理，使照片更加清晰、明亮。

图 11-2　人像素材分析

- 校色：对于饱和度不足、偏色的照片，还需要调整其饱和度、色彩平衡、可选颜色，使照片恢复正常的颜色。
- 磨皮技法：磨皮是人像摄影后期处理中十分频繁的操作，其实就是使人物肌肤更加细腻光滑。常用的工具有修补工具、污点修复画笔工具、“高斯模糊”滤镜，也可通过磨皮插件、通道计算等方式进行磨皮。但不管采用哪种磨皮方式，磨皮处理一定要适度，切忌丧失皮肤质感。另外，在使用修补工具、污点修复画笔工具时，图像显示比例应适中：比例过小，不方便进行修饰操作，比例过大，容易破坏人物的形体结构。

11.1.2 精修思路

在人像精修前需要理清思路，本例打造精致面容分为以下4个步骤，大致介绍如下。

- 照片调色：通过亮度/对比度、自然饱和度，增加图像的亮度与颜色饱和度。
- 痘印去除与双下巴修复：利用修补工具快速去除人物脸部的痘印，利用污点修复画笔工具修复双下巴，效果如图11-3所示。
- 皮肤高斯模糊：利用“高斯模糊”滤镜对皮肤进行柔化，使皮肤更加细腻；再结合图层蒙版还原五官、头发等不需要高斯模糊的部分，效果如图11-4所示。
- 皮肤美白：通过载入与填充“蓝色”通道对皮肤进行美白，使皮肤更加细腻，结合图层蒙版还原五官、头发等不需要美白的部分，并使用曲线调整图像对比度，效果如图11-5所示。

图11-3 痘印去除与双下巴修复

图11-4 皮肤高斯模糊

图11-5 皮肤美白

11.1.3 精修过程

具体操作步骤如下。

STEP 01 打开“婚纱.jpg”图像文件，选择【图像】/【调整】/【亮度/对比度】命令，打开“亮度/对比度”对话框；分别设置“亮度、对比度”为“40、25”，单击 确定 按钮，如图11-6所示。

STEP 02 选择【图像】/【调整】/【自然饱和度】命令，打开“自然饱和度”对话框设置“自然饱和度、饱和度”分别为“+40、-10”，单击 确定 按钮，如图11-7所示。

图11-6 增加图像的亮度和对比度

图11-7 增加图像的自然饱和度

STEP 03 选择修补工具，在工具属性栏中单击选中“源”单选项；在面部有痘印的图像周围按住鼠标左键拖曳，绘制选区，如图11-8所示。

STEP 04 将鼠标放到选区中，按住鼠标左键向周围有没有痘印的肌肤中拖曳，如图11-9所示。

图11-8 绘制选区

图11-9 修复痘印

提示 在修饰人物面部具有标志性的斑点和痣时，如眼角、嘴角、眉形等处的斑点和痣，需要根据人像本人的需求考虑是否进行处理。此外，人物面部的皱纹、眼袋等瑕疵都需要进行适当的修饰。对于年龄偏大的人像本人而言，面部的皱纹、眼袋可适当弱化，以避免人像与本人相差太大而失真。

STEP 05 选择污点修复画笔工具，调整画笔大小，并在双下巴处进行拖曳，多次拖动后，即可完成双下巴的修复，如图11-10所示。

STEP 06 按【Ctrl+J】组合键复制一次背景图层，得到图层1，如图11-11所示。

图11-10 修复双下巴

图11-11 复制图层

STEP 07 选择【滤镜】/【液化】命令，打开“液化”对话框，单击“向前变形工具”按钮，再在右侧设置画笔压力为“50”，在左侧调整区的下巴区域确定一点进行拖动，调整人物脸型，使面部显得更瘦，完成后单击确定按钮，如图11-12所示。

STEP 08 按【Ctrl+J】组合键复制图层，选择【滤镜】/【模糊】/【高斯模糊】命令，打开“高斯模糊”对话框，设置半径为“2像素”，单击确定按钮，得到较为模糊的人物图像，如图11-13所示。

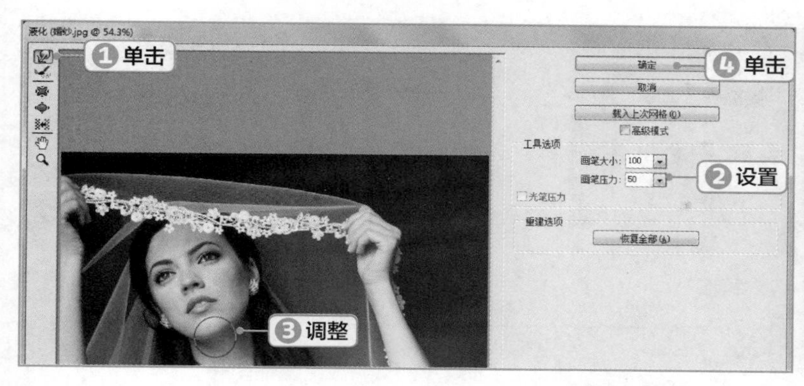

图11-12　调整液化效果

STEP 09 选择“图层 1 拷贝”图层，单击“图层”面板底部的“添加图层蒙版”按钮；设置前景色为“黑色”，背景色为“白色”；选择蒙版，选择画笔工具，对人物的五官和头发进行涂抹，隐藏该图像，显示出下一层清晰的五官图像，如图11-14所示。

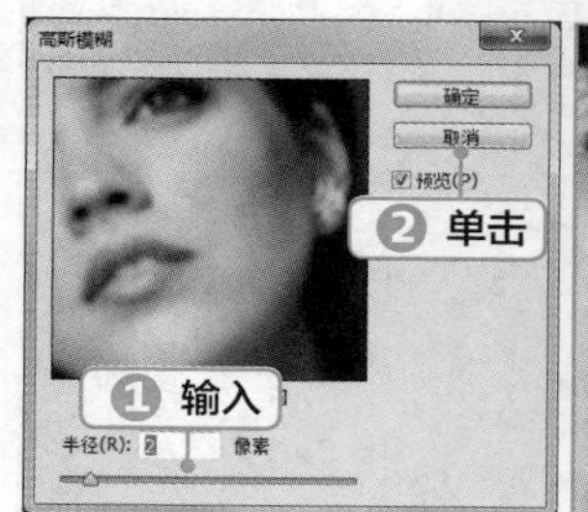

图11-13　模糊图像

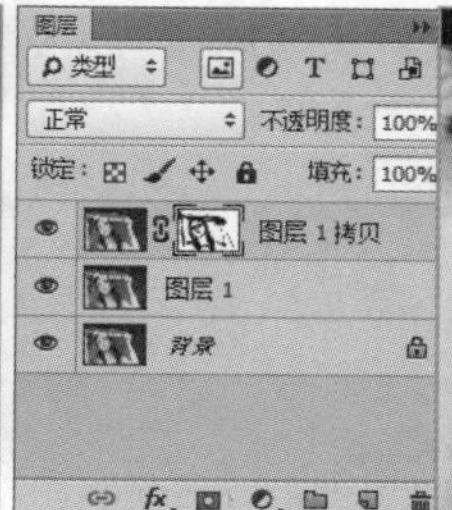

图11-14　还原清晰的五官、头发等细节

STEP 10 选择【窗口】/【通道】命令，打开“通道”面板，按住【Ctrl】键单击“蓝”通道，载入通道选区，如图11-15所示。

STEP 11 新建一个图层为“图层 2”，设置前景色为“白色”；按【Alt+Delete】组合键填充选区，得到较白的人像效果，在“图层”面板中设置“图层2”的图层不透明度为“70%”，如图11-16所示。

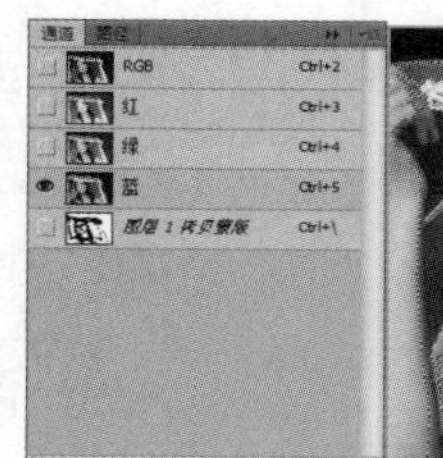

图11-15　载入图像

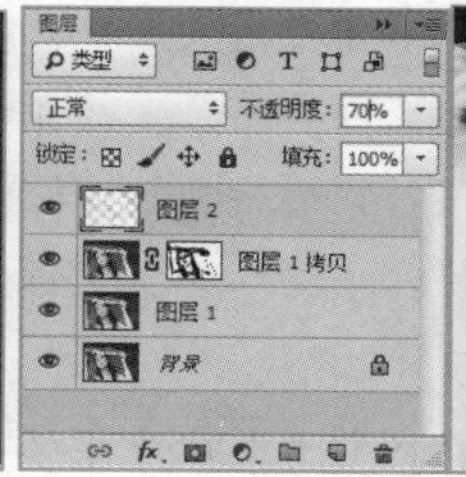

图11-16　填充图像颜色

STEP 12 添加并选择图层蒙版，使用画笔工具对人物五官和头发进行涂抹，让五官轮廓清晰，如图11-17所示。

STEP 13 打开“调整”面板，在其中单击“曲线”按钮，打开“曲线”调整面板，调整图像的对比度，完成后查看效果，如图11-18所示。

图11-17　还原清晰的五官、头发等细节

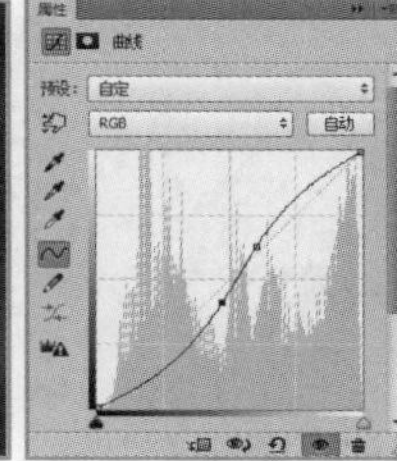

图11-18　调整对比度

11.2 广告设计

本例将制作房地产广告，在设计时需要体现出高端大气，让消费者产生信任感和亲切感。同时整个画面应该简洁明了，主题突出，引人注目。本例的主色以蓝色为主，通过图像和文字的结合，将广告信息清晰地呈现给消费者。本实训的参考效果如图11-19所示。

视频教学
广告设计

知识要点：图层蒙版的应用；图层样式的设置；文字输入；渐变填充；调整图层；画笔工具；不透明度和图层混合模式的设置。

素材位置：素材\第11章\房地产广告\

效果文件：效果\第11章\房地产广告.psd

图11-19　房地产广告

11.2.1 案例分析

本例制作的房地产广告，采用相同色调的素材图像让画面色彩统一，而黄色的浮雕文字与蓝色背景相映衬，让画面具有高贵感，营造出高端、大气的画面感。这些要素都能够吸引眼球，让人对广告过目不忘。而要制作符合需要的广告，可以从以下4个方面进行展现。

- 准确表达广告信息：广告是一门实用性很强的学科，有明确的目的性，准确传达广告信息是广告设计的首要任务。广告主要通过文字、色彩、图形将信息准确地表达出来。但是需要注意的是，由于文化水平、个人经历、受教育程度、理解能力的不同，消费者对信息的感受和反应也会不一样，所以设计广告时需仔细把握。
- 树立品牌形象：企业的形象和品牌决定了企业和产品在消费者心中的地位，这一地位通常靠企业的实力和广告战略来维护和塑造。
- 引导消费：信息详细且具体的平面广告可以直接打动消费者，引导消费者产生购买欲望。
- 满足消费者审美需求：一幅色彩绚丽、形象生动的广告作品，能以其非同凡响的美感力量增强广告的感染力，使消费者沉浸在商品和服务形象给予的愉悦中，使其自觉接受广告的引导。因此从满足消费者物质文化和生活方式审美的需求出发，通过夸张、联想、象征、比喻、诙谐、幽默等手法对画面进行美化处理，可有效引导其在物质文化和生活方式上的消费观念。

11.2.2 设计思路

广告设计的的思路大致如下。

- 背景的制作：在制作时先填充渐变效果，打开“绸缎.jpg”图像对背景添加绸缎效果，完成后再在上方制作兰花效果，如图11-20所示。
- 背景的调整：完成背景的制作后，可以添加楼房效果，然后使用图层蒙版在楼房的下方进行涂抹，使整个楼房过渡自然。完成后复制图像，并将其垂直翻转，使整个背景更加自然和谐，如图11-21所示。
- 特效文字的制作：在图像的上方输入“一城一世界”文字。打开“图层样式”对话框，并设置“斜面与浮雕”“颜色叠加”“投影”图层样式，使整个文字层次自然，更具有立体感，如图11-22所示。
- 具体文字的输入：完成主文字的输入后，在其下方输入其他文字，并对文字添加“渐变叠加”图层样式，使文字与背景自然融合。最后添加“飞鹤.psd”“Logo.psd”“光芒.psd”，使画面更加美观，如图11-23所示。

图11-20　背景的制作　　图11-21　背景的调整　　图11-22　特效文字的制作　　图11-23　具体文字的输入

11.2.3 设计过程

具体操作步骤如下。

STEP 01 新建一个30厘米、40厘米的图像，打开“星光背景.jpg”图像，使用移动工具将其拖曳到新建的图像中，让图像布满整个画面，然后合并图层，如图11-24所示。

STEP 02 新建图层1，选择渐变工具，单击工具属性栏左侧的渐变色条，打开“渐变编辑器”对话框，设置渐变颜色从黑色到灰色，如图11-25所示。

STEP 03 单击工具属性栏中的“径向渐变”按钮，在图像中间按住鼠标左键向外拖曳，得到渐变填充效果，如图11-26所示。

STEP 04 在“图层”面板中设置图层1的混合模式为“柔光”，得到与背景相叠加的图像效果，如图11-27所示。

STEP 05 打开“绸缎.jpg”图像，使用移动工具将其拖曳到当前编辑的图像中，适当调整图像大小，放到画面中间，这时“图层”面板中将得到图层2，如图11-28所示。

图11-24　添加星光背景图像

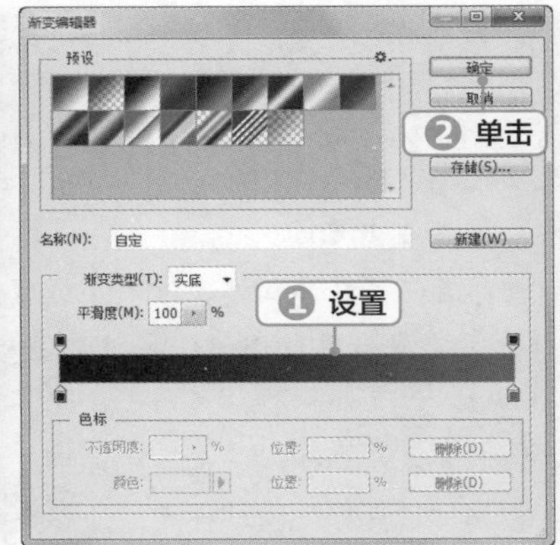

图11-25　设置渐变颜色

图11-26　渐变填充效果

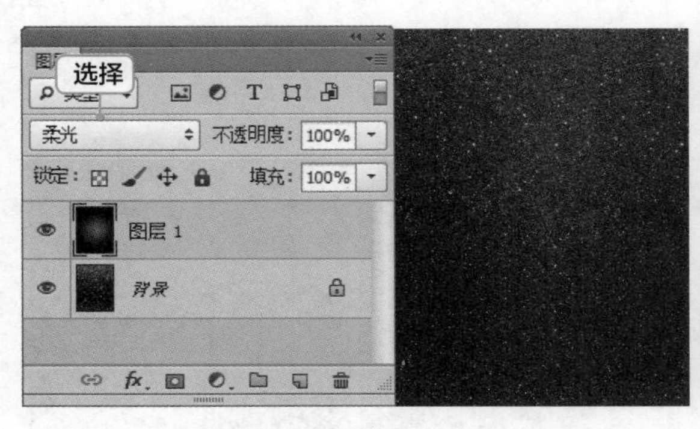

图11-27 柔光效果

图11-28 添加绸缎图像

STEP 06 单击“图层”面板底部的“添加图层蒙版”按钮，设置前景色为黑色，使用画笔工具对绸缎图像的上下进行涂抹，隐藏图像，效果如图11-29所示。

STEP 07 在“图层”面板中设置图层2的“不透明度”为“63%”，得到较为透明的图像效果，如图11-30所示。

STEP 08 新建图层，设置前景色为深蓝色“#162b35”，使用画笔工具在画面右上方涂抹，加深图像颜色，让背景画面更有层次感，如图11-31所示。

图11-29 涂抹绸缎图像

图11-30 降低图像透明度

图11-31 加深画面右上方

STEP 09 单击“图层”面板底部的“创建新的填充或调整图层”按钮，在打开的下拉列表中选择“色相/饱和度”选项，打开“调整”面板，设置“色相、饱和度”分别为“+21、+42”，如图11-32所示。

STEP 10 打开“兰花.jpg”图像，使用移动工具将其拖曳到当前编辑的图像中，适当调整图像大小，放到画面上方，如图11-33所示。

STEP 11 在“图层”面板中设置图层混合模式为“滤色”，不透明度为“70%”，效果如图11-34所示。

图 11-32 调整图像色调

图 11-33 添加兰花图像 图 11-34 设置不透明度后的效果

STEP 12 打开“楼房.psd”图像，使用移动工具将其拖曳到当前编辑的图像中，放到画面下方，如图11-35所示。

STEP 13 单击“图层”面板底部的“添加图层蒙版”按钮，设置前景色为黑色，使用画笔工具对楼房图像的下方进行涂抹，隐藏图像，效果如图11-36所示。

STEP 14 按【Ctrl+J】组合键复制楼房图像，选择【编辑】/【变换】/【垂直翻转】命令，使用移动工具将翻转的图像放到下方，如图11-37所示。

图 11-35 添加楼房图像

图 11-36 涂抹图像下方

图 11-37 复制并翻转图像

STEP 15 单击“图层”面板底部的“创建新的填充或调整图层”按钮，在打开的下拉列表中选择“曲线”选项，首先调整RGB曲线样式，如图11-38所示。

STEP 16 选择“蓝”通道，在曲线中间添加节点向下拖动，调整蓝色调，如图11-39所示。

STEP 17 调整好曲线后，创建剪贴蒙版，楼房轮廓更加明亮。最后用画笔涂抹下方的楼房，隐藏部分图像。效果如图11-40所示。

STEP 18 新建一个图层，设置前景色为“#0066af”，选择画笔工具，在工具属性栏中设置不透明度为“80%”，在楼房图像中间绘制蓝色圆形图像，如图11-41所示。

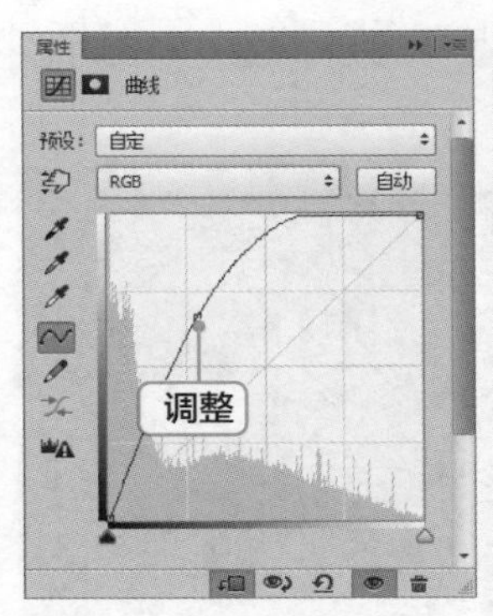

图11-38 调整曲线

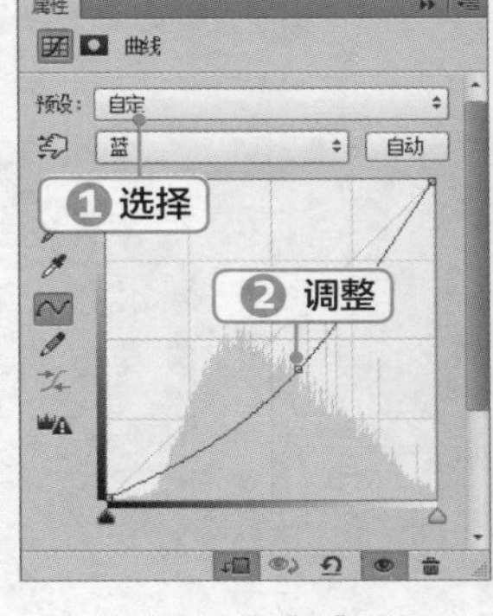

图11-39 调整“蓝”通道

图11-40 图像效果

图11-41 绘制蓝色圆形图像

STEP 19 在“图层”面板中设置该图层的混合模式为“变亮”，不透明度为“60%”，得到的图像效果如图11-42所示。

STEP 20 单击“图层”面板底部的“创建新的填充或调整图层”按钮，在打开的下拉列表中选择“照片滤镜”选项，单击色块设置颜色为“#00ffea”，再设置“浓度”为“69%”，如图11-43所示，得到图11-44所示的效果。

图11-42 设置混合模式效果

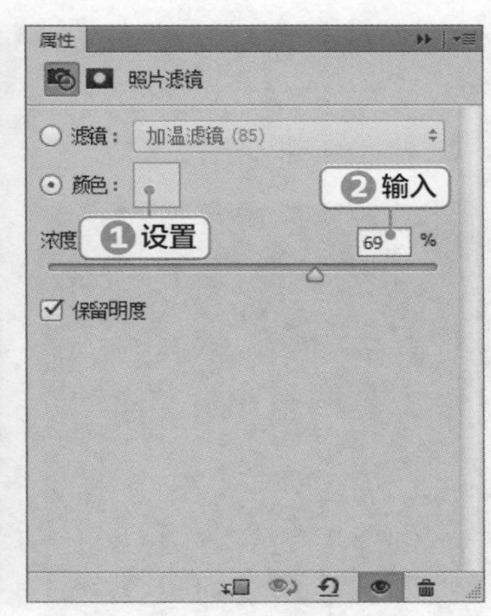

图11-43 设置照片滤镜

图11-44 查看设置后的效果

STEP 21 选择横排文字工具，在图像上方输入文字“一城一世界”，在工具属性栏中设置字体为“禹卫书法行书简体”，设置颜色为“#d6ba37”，调整字体大小和位置，效果如图11-45所示。

STEP 22 选择【图层】/【图层样式】/【斜面和浮雕】命令，打开“图层样式”对话框，设置样式为“内斜面”，再设置“深度、大小、软化、高光模式、阴影模式”分别为“698%、12像素、2像素、颜色减淡、颜色加深”，再设置其他参数，如图11-46所示。

图11-45　输入特效文字

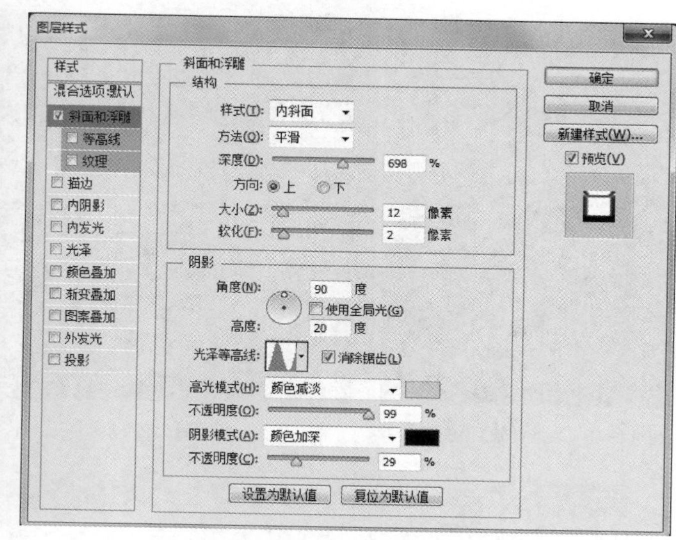

图11-46　添加斜面与浮雕样式

STEP 23 在“图层样式”对话框左侧单击选中“颜色叠加”复选框，设置混合模式为“正片叠底”，再设置颜色为“#f6c07a”，如图11-47所示。

STEP 24 在“图层样式”对话框左侧单击选中“投影”复选框，设置投影颜色为“黑色”，设置“距离、大小”分别为“8像素、11像素”，再设置其他参数，单击 确定 按钮，如图11-48所示。

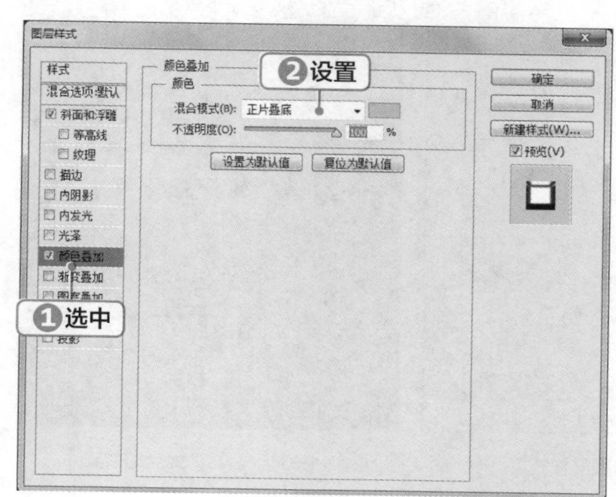

图11-47　设置颜色叠加效果

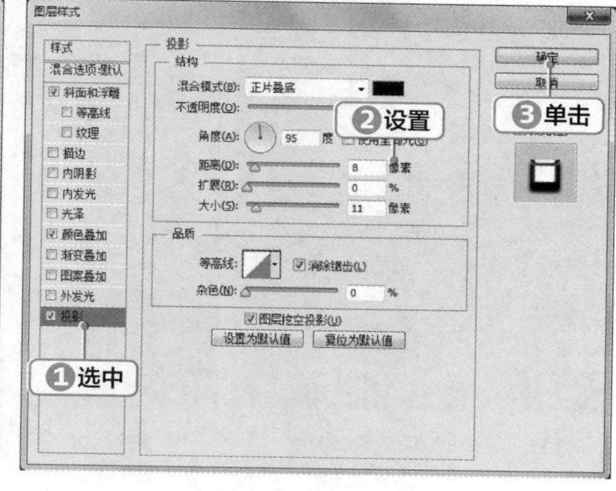

图11-48　设置投影效果

STEP 25 得到添加多种图层样式后的文字效果，如图11-49所示。

STEP 26 选择横排文字工具 T ，在图像中输入英文文字“GRAND OPENING”，在工具属性栏中设置字体为“方正大黑简体”，颜色为“ffffff”，如图11-50所示。

STEP 27 选择【图层】/【图层样式】/【渐变叠加】命令，打开“图层样式”对话框，设置渐变颜色为从“#ffffff”“#84d0f0”到“#ffffff”，单击 确定 按钮，得到渐变叠加文字效果，如

图11-51所示。

图11-49　查看特效文字效果　　图11-50　输入英文文字　　图11-51　添加渐变叠加

STEP 28 在渐变文字的下方分别输入一行文字和一行数字，在工具属性栏中设置字体为“Tw Cen MT”，颜色为“#ffffff”，如图11-52所示。

STEP 29 在“图层”面板中选择“广告文字”图层，单击鼠标右键，在弹出的快捷菜单中选择“拷贝图层样式”命令，如图11-53所示。

STEP 30 分别在“图层”面板中选择英文文字和数字所在图层，单击鼠标右键，在弹出的快捷菜单中选择“粘贴图层样式”命令，文字将得到渐变叠加图层样式，效果如图11-54所示。

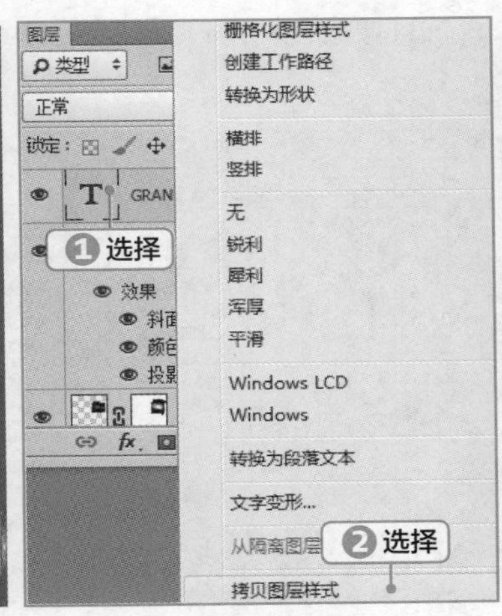

图11-52　输入第三、四行文字　　图11-53　拷贝图层样式　　图11-54　粘贴样式后的效果

STEP 31 继续在文字下方输入一行较小的广告宣传文字，在工具属性栏中设置字体为“方正大标宋体”，颜色为“#ffffff”，如图11-55所示。

STEP 32 打开“光芒.psd”图像，使用移动工具将其拖曳到画面中，如图11-56所示。

STEP 33 打开“飞鹤.psd”“Logo.psd”图像，使用移动工具将其拖曳到画面中，分别放到画面上方两侧，完成本实例的制作，如图11-57所示。

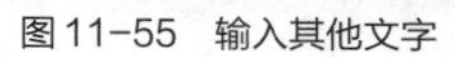

图11-55 输入其他文字　　图11-56 添加光晕　　图11-57 添加其他素材图像

11.3 手机App界面设计

因为手机的界面较小，所以在设计手机App时应该将需要重点突出的内容占大面积显示，再划分出次要内容，放到第二显眼的位置。本实例将制作一个与温度有关的手机App，要求界面干净、简洁，整个设计应重点突出温度和时间段的特性。整体色调以灰蓝色为主，以红色圆点进行突出显示，使整个画面美观、大气。完成后的参考效果如图11-58所示。

知识要点：图层样式的设置；文字输入；渐变填充；调整图层；画笔工具；不透明度和图层混合模式的设置。

素材位置：素材\第11章\温度检测手机App\

效果文件：效果\第11章\温度检测手机App.psd

图11-58 手机App界面效果

11.3.1 案例分析

App是application的缩写，指的是智能设备的第三方应用程序，通俗讲就是应用软件。手机App页面设计又称为手机App界面设计，是指对应用软件的图标、登录界面、引导界面、软件界面等进行布局与交互设计，通过良好的体验与视觉效果，吸引忠实用户。为了得到良好的效果，在进行手机App界面设计时，需要考虑以下几个方面。

- 拟定设计范围：即需要开发什么样的App，如本例设计的App界面属于工具类App。开发什么样的App可以从前期调查开始挖掘需求，考虑现有资源，制作最有实用价值的App。
- 整理信息架构：思考界面上需要呈现的信息，按照产品信息彼此的关联性、阶层关系对信息进行分类，添加分类按钮，并实现各个分类信息的跳转。如本例设计了“起居室 、卧室 、厨房”3个场所，单击上方的按钮可以切换。

- 考虑信息的不同状态：手机App界面中，不同的信息状态需要呈现不同的视觉效果，增强用户与系统的互动，并帮助用户理解所处的操作状态。如本例将正在检测的场所用白色突出显示，未检测的场所则用灰色显示。
- 考虑信息的流动性：由于界面上的信息是流动的，有些信息并没有固定的长度，产品名称的长度、用户ID名称长度、收藏与评价数等不同，所呈现的视觉效果也不同，此时就需要考虑字号、字间距等设置。
- 考虑手机App的视觉美感：在设计手机App页面时，不仅要简洁、便于操作，更要符合审美观，这样可以使用户在拥有良好操作性能的同时，还能有美的享受。

11.3.2 设计思路

手机App界面设计的思路大致如下。

- 背景的制作：由于手机App的颜色多为重色，制作手机App界面时首先要确定主色调，并对其应用一定的渐变填充，让画面更有层次感，如图11-59所示。
- 温度显示图标：采用圆形作为温度显示图标，将温度的刻度放到圆形周围，让手机App界面更有设计感，如图11-60所示。
- 温度文字：根据时间段的不同，对温度文字进行输入，在输入时可对不同时间段的文字颜色进行区分，使整个画面更加美观，如图11-61所示。
- 输入恒温器文字：在显示图的上方输入“恒温器”文字，并在下方添加符号和文字，并以直线进行分割，如图11-62所示。

图11-59　背景的制作　　图11-60　制作温度显示图标　　图11-61　制作温度文字　　图11-62　输入恒温器文字

11.3.3 设计过程

具体操作步骤如下。

STEP 01 新建1080像素×1920像素的图像文件，选择渐变工具，在工具属性栏中单击渐变色条，打开“渐变编辑器”对话框，设置颜色从“#243d64”“#224c6a”到“#212b3d”，单击确定按钮，如图11-63所示。

STEP 02 单击“径向渐变”按钮，在画面左上方按住鼠标左键向右下角拖曳，应用径向渐变填充，效果如图11-64所示。

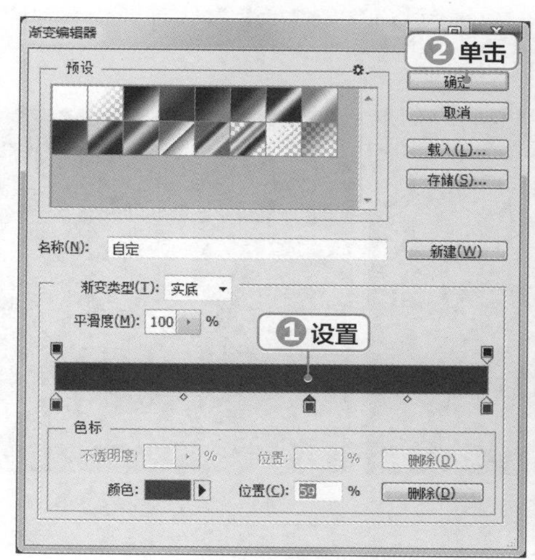

图11-63 设置渐变颜色

图11-64 径向渐变填充

STEP 03 新建图层1，选择矩形选框工具，在画面底部绘制1080像素×146像素的矩形，并填充为“#718195”颜色，如图11-65所示。

STEP 04 在“图层”面板中设置图层1的不透明度为“20%”，得到透明矩形效果，如图11-66所示。

STEP 05 在图层1下方新建图层，选择画笔工具，在工具属性栏中设置“画笔样式、大小、不透明度”分别为“柔边圆、90像素、10%”，再设置前景色为“#ffffff”，在矩形下绘制几个浅色的圆点，效果如图11-67所示。

图11-65 绘制矩形

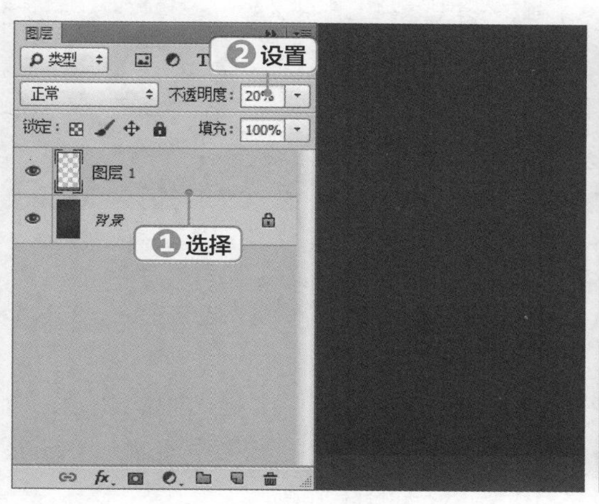

图11-66 透明矩形

图11-67 绘制浅色圆点

STEP 06 选择横排文字工具T，在界面底部的矩形中输入文字“日程安排”，在工具属性栏中设置字体为“黑体”，调整字体大小和位置，如图11-68所示。

STEP 07 新建图层，选择矩形选框工具，在画面顶部绘制1080像素×54像素的矩形，并填充为颜色，如图11-69所示。

STEP 08 选择渐变工具，在工具属性栏中单击渐变色条，打开“渐变编辑器”对话框，设置颜色从“#243d64”“#224c6a”到“#212b3d”，单击“径向渐变”按钮，在画面左上方按住鼠标左键向右下角拖曳，应用径向渐变填充，效果如图11-70所示。

图11-68 输入文字

图11-69 绘制顶部矩形

图11-70 填充渐变颜色

STEP 09 按【Ctrl+D】组合键取消选区的显示，新建图层，选择椭圆选框工具，在图像的左上角绘制5个相同大小的圆，并填充为“#ffffff”颜色，如图11-71所示。

STEP 10 新建图层，选择自定形状工具，在工具属性栏中设置工具模式为“路径”，再在“形状”下拉列表中选择“靶心’图形，在图像中绘制一个圆形标靶图形，按【Ctrl+Enter】组合键将路径转化为选区，并填充为“#ffffff”颜色，效果如图11-72所示。

STEP 11 选择多边形套索工具，框选圆形标靶图形的上半部分，建立选区，如图11-73所示。

图11-71 绘制2个小圆

图11-72 绘制圆形标靶

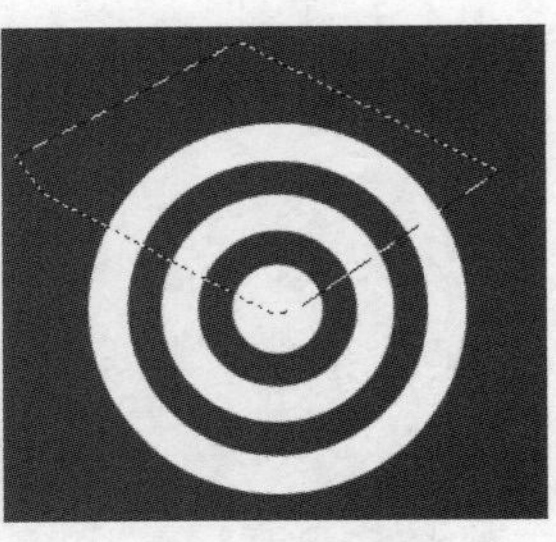
图11-73 框选保留的区域

STEP 12 选择【选择】/【反向】命令，得到反选的选区，按【Delete】键删除选区中的图像，得到Wi-Fi图像造型，如图11-74所示。

STEP 13 按【Ctrl+T】组合键适当缩小图像，放到界面左上角，如图11-75所示。

STEP 14 选择横排文字工具T，在界面顶部矩形中间输入“9:00 AM”文字，并设置字体为“微软雅黑”，调整字体大小和位置，如图11-76所示。

图 11-74　删除多余的区域　　图 11-75　放置图像　　图 11-76　输入文字

STEP 15 新建图层，选择矩形选框工具，在界面顶部右侧绘制一个较小的矩形选区，填充为"#4cd964"颜色，得到手机电池图标效果，如图11-77所示。

STEP 16 新建一个图层，选择椭圆选框工具，按住【Shift】键绘制一个正圆形选区，填充为"#7fb3f5"颜色，然后将其放到界面中间，如图11-78所示。

STEP 17 设置该图层的不透明度为"5%"，得到透明圆形图像，如图11-79所示。

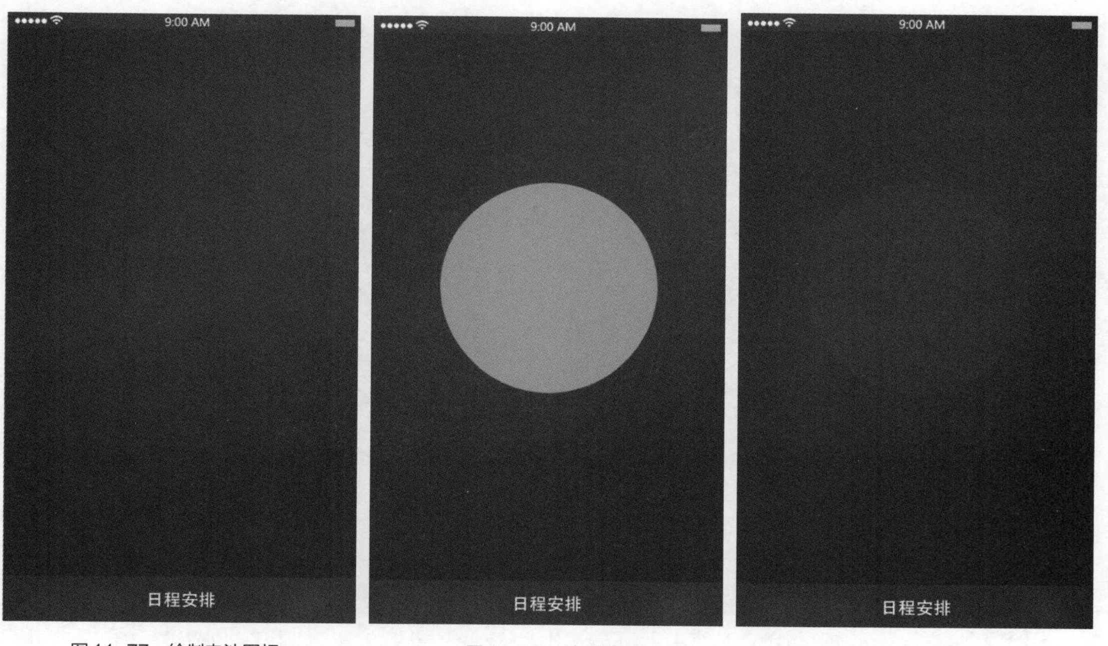

图 11-77　绘制电池图标　　图 11-78　绘制圆形　　图 11-79　制作透明圆形

STEP 18 按两次【Ctrl+J】组合键复制两次透明圆形，分别将其放到界面左右两侧，如图11-80所示。

STEP 19 新建图层，使用矩形选框工具绘制矩形选区，并填充为"#ffffff"颜色，如图11-81所示。

STEP 20 选择【编辑】/【定义画笔预设】命令，打开"画笔名称"对话框，保持默认设置，单击 确定 按钮，如图11-82所示。

图11-80　复制图像

图11-81　绘制白色矩形

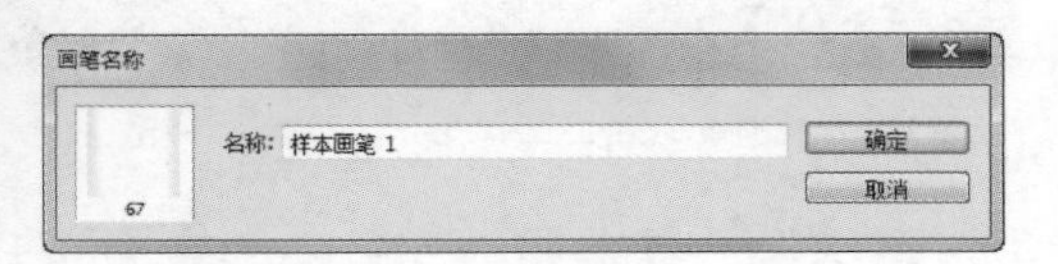

图11-82　定义画笔预设

STEP 21　删除上一步骤所绘制的白色矩形所在图层。选择画笔工具，打开“画笔”面板，选择刚才所定义的方块画笔，设置“大小、间距”分别为“17像素、330%”，如图11-83所示。

STEP 22　新建图层，选择椭圆工具，在界面中间的透明圆形中间绘制一个圆形路径，如图11-84所示。

STEP 23　选择【窗口】/【路径】命令，打开“路径”面板，单击面板底部的“用画笔描边路径”按钮，完成路径的描边操作，效果如图11-85所示。

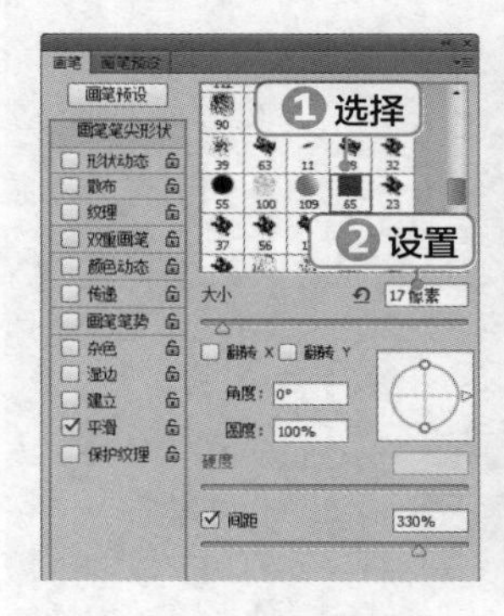

图11-83　设置画笔样式

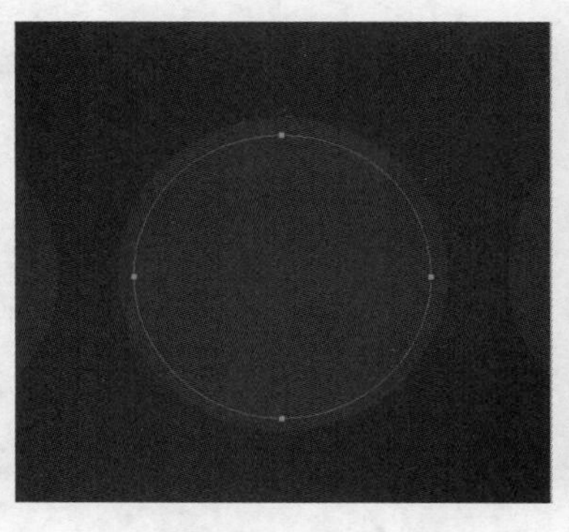

图11-84　绘制圆形路径

图11-85　描边路径

STEP 24　选择【图层】/【图层样式】/【渐变叠加】命令，打开“图层样式”对话框，设置“渐变、角度、缩放”分别为“色谱、-138度、150%”，如图11-86所示。

STEP 25　在左侧列表中单击选中“外发光”复选框，设置“不透明度、外发光颜色、大小”分别为“75%、#dc5b99、98像素”，完成后单击 确定 按钮，如图11-87所示。

STEP 26　新建图层，选择椭圆工具，绘制一个与透明圆形相同大小的圆形，选择画笔工具，在工具属性栏中设置铅笔大小为“5像素”，单击“路径”面板底部的“用画笔描边路径”按钮，得到描边效果，如图11-88所示。

STEP 27　选择多边形套索工具，在左侧绘制选区框选接近一半的圆环图形，按【Delete】键删除图像，如图11-89所示。

STEP 28　使用前面相同的方法，为半圆环图像应用渐变叠加和外发光图层样式，得到的图像特殊效果如图11-90所示。

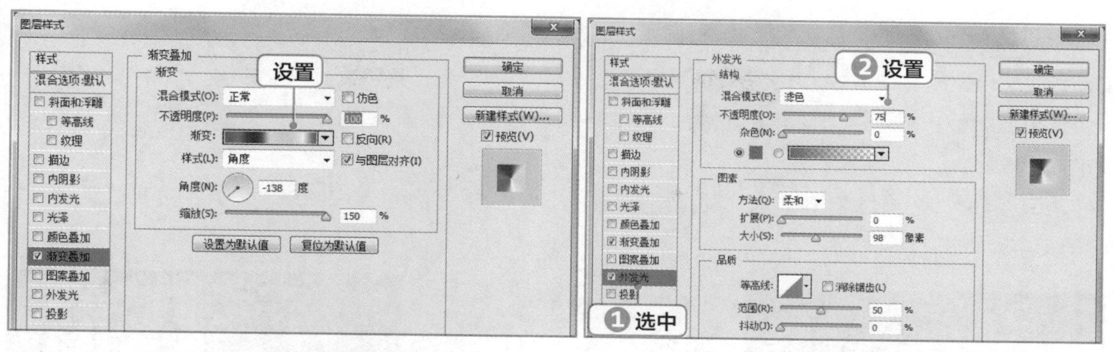

图11-86　设置渐变叠加图层样式

图11-87　设置外发光样式

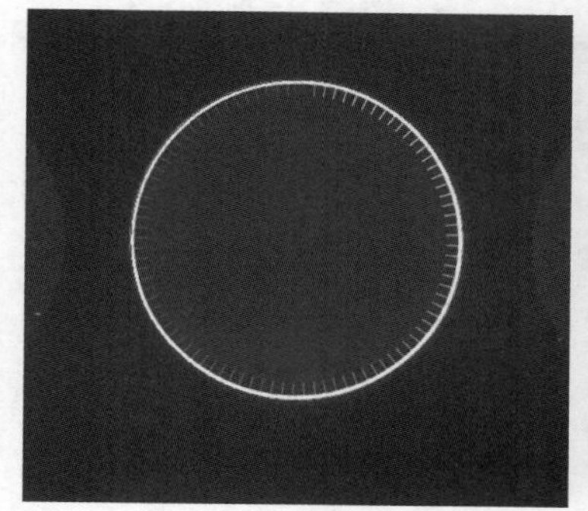

图11-88　描边路径

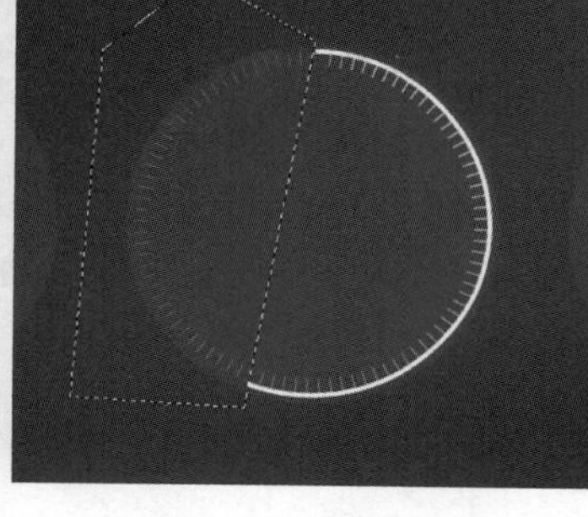

图11-89　删除部分图像

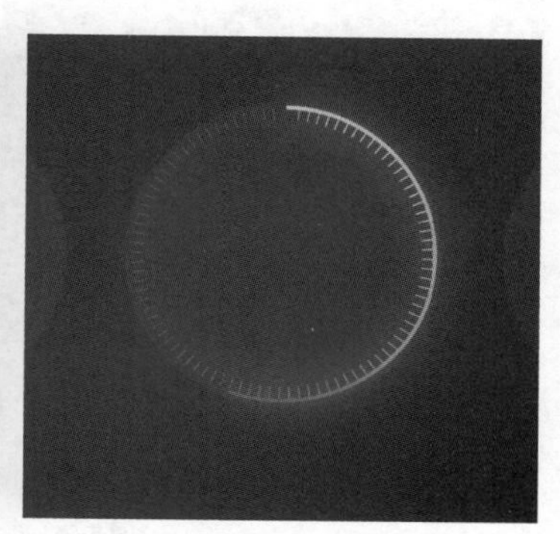

图11-90　渐变叠加和外发光

STEP 29 新建图层，再次使用椭圆工具，在发光半圆的左侧绘制出一个较细的白色圆环，使用多边形套索工具删除发光部分的圆弧，使其成为一个新的整体，如图11-91所示。

STEP 30 新建图层，选择多边形套索工具，分别在圆环图形中左上方和中间上方绘制两个矩形，分别填充为“#f02786”和“#02ffae”；新建图层，再使用椭圆选框工具绘制一个白色圆形，放到圆环图形左下方，如图11-92所示。

STEP 31 使用椭圆选框工具再绘制一个较小一些的圆选区，填充为洋红色“#f02786”，放到白色圆形中间，如图11-93所示。

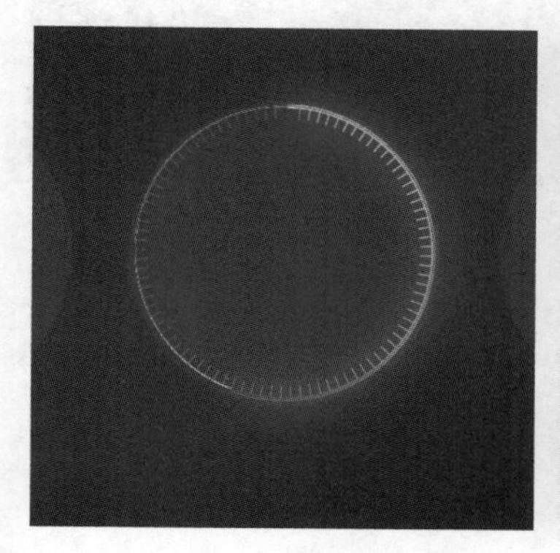

图11-91　绘制形成整体

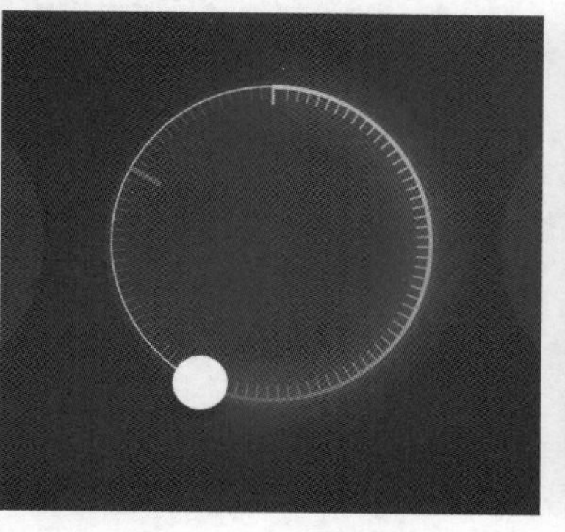

图11-92　绘制矩形和圆

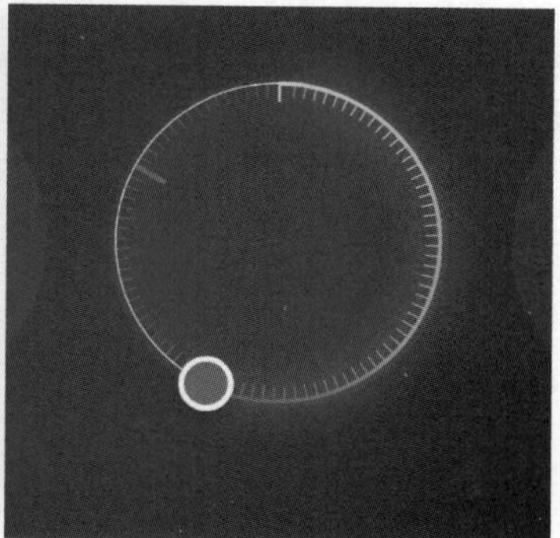

图11-93　绘制其他圆

STEP 32 选择横排文字工具，在圆环图形中输入温度数“26℃”，并设置字体为“#Tw Cen MT”，调整字体大小和位置，如图11-94所示。

STEP 33 选择自定形状工具，在工具属性栏的“形状”下拉列表中选择“雨滴”图形，如图11-95所示。

STEP 34 在温度数字下方绘制出雨滴图形，填充为淡蓝色“#c7e9ff”，然后在其右侧输入相应的文字，如图11-96所示。

图11-94 输入文字

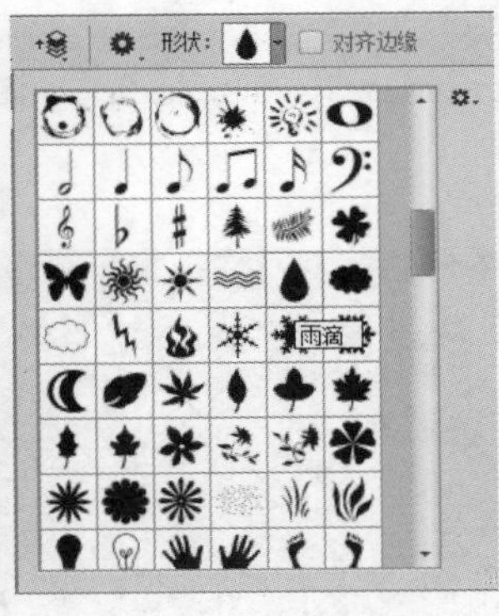

图11-95 选择雨滴图形

图11-96 输入文字

STEP 35 选择所有温度圆环图形所在图层，按【Ctrl+G】组合键组成一个图层组，并将其命名为“温度”。打开“图层样式”对话框，单击选中“投影”复选框，在右侧设置“不透明度、角度、距离和大小”分别为“63%、90度、29像素、24像素”，单击 确定 按钮，得到温度图表的投影效果，如图11-97所示。

STEP 36 选择横排文字工具，在温度图表下方输入年月日、时间和温度等文字，在工具属性栏中设置字体为“Adobe 黑体 Std”，再根据实际需要设置文字颜色，如图11-98所示。

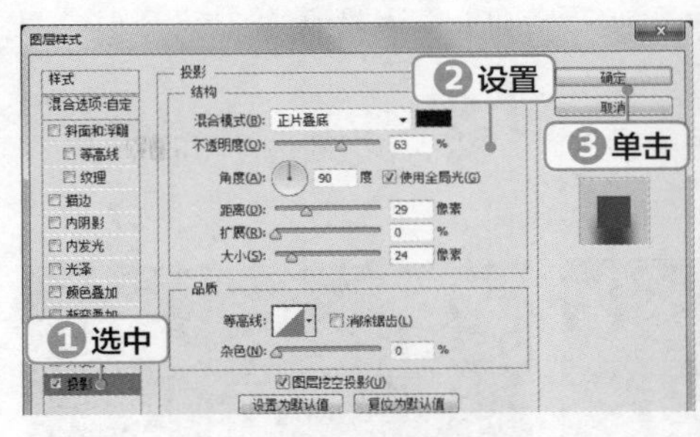

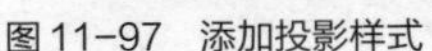

图11-97 添加投影样式

图11-98 输入下方文字

STEP 37 选择椭圆选框工具，在时间和温度前面分别绘制几个较小的圆形选区，填充为不同的颜色，如图11-99所示。

STEP 38 选择矩形选框工具，在上午和下午两个时间段下方分别绘制一条细长的矩形，填充为“#ffffff”颜色，如图11-100所示。

STEP 39 选择横排文字工具，在界面顶部输入文字“恒温器”，在工具属性栏中设置字体为“黑体”，填充为“#ffffff”颜色，然后使用矩形选框工具在文字下方绘制一条细长的矩形，填充为“白色”，如图11-101所示。

图 11-99　绘制圆形图像

图 11-100　绘制细长矩形

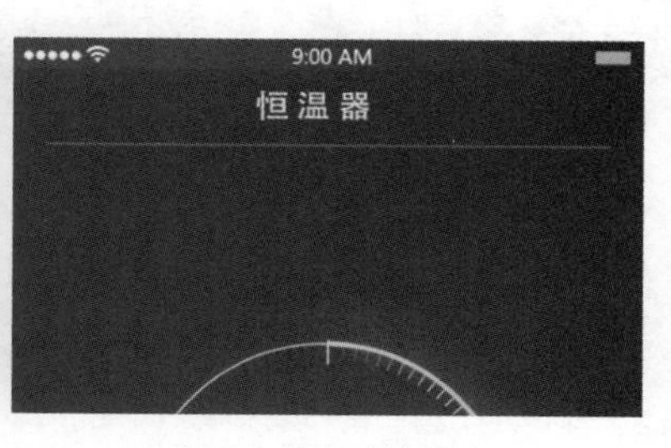

图 11-101　输入文字

提示　这里输入的文字和绘制的图像都没有特定的颜色，因为在实际应用时，温度和时间都会根据实际情况进行变换，方便温度和时间的区别。

STEP 40　打开“符号.psd”图像，使用移动工具将其拖曳过来，放到界面右上方，再使用矩形选框工具在“恒温器”左侧绘制3个细长的矩形选区，填充为“#ffffff”颜色，如图11-102所示。

STEP 41　打开“图标.psd”图像，使用移动工具将其拖曳过来，放到界面上方，作为室内分区图标，如图11-103所示。

STEP 42　选择横排文字工具，在每个图标下方输入文字，填充与图标相同的颜色，完成后在左右和下方绘制直线，完成后保存图像，效果如图11-104所示。

图 11-102　添加素材

图 11-103　添加分区图标

图 11-104　输入文字

11.4 上机实训——制作登录页面

11.4.1 实训要求

登录页面主要由登录背景和登录信息两部分组成。登录背景主要包含页面的基本信息，如网站Logo、网站名称、网站产品、欢迎用语、相关链接等；登录信息主要由用户登录信息组成，方便用户进行账号、密码的输入，并通过“登录”按钮进行登录。

11.4.2 实训分析

登录页面是一个单独的页面，它可以是二级页面也可以是三级页面，只需在首页中单击“登录”超链接，即可进入登录页面，该页面中包含账号、密码和“登录”按钮。制作登录页面时先制作背景效果，再绘制登录框并添加对应的文字，完成后的效果如图11-105所示。

视频教学
制作登录页面

素材所在位置： 素材\第11章\多肉微观世界登录页面\

效果所在位置： 效果\第11章\多肉微观世界登录页面.psd

图11-105 登录页面效果

11.4.3 操作思路

本实训主要需要制作登录背景和用户登录信息，如图11-106所示。涉及的知识点主要包括文字输入、图层样式、图像变换、添加描边与投影等。

①登录背景的制作

②用户登录信息的制作

图11-106　操作思路

【步骤提示】

STEP 01 新建一个名称为“多肉微观世界登录页面”，大小为“1360像素×750像素”、分辨率为“72像素/英寸”的图像文件，在图像的上方拖出3条水平参考线，在最上方输入文字，并在“字符”面板中设置“字体、字号、颜色”分别为“微软雅黑、18点、#515c52”。使用直线工具在文字下方绘制一条直线。

STEP 02 打开“多肉微观世界导航条.psd”图像文件，将Logo和搜索文字拖动到直线的下方，调整Logo的摆放位置。绘制颜色为“#515c52”，大小为“1370像素×500像素”的矩形，将其拖曳到Logo的下方，作为制作登录页面的主图。

STEP 03 打开“多肉2.psd”图像文件，将其拖动到绘制的矩形上方，按【Ctrl+T】组合键变形，并在其上单击鼠标右键，在弹出的快捷菜单中选择“水平翻转”命令。

STEP 04 在“图层”面板中单击鼠标右键，在弹出的快捷菜单中选择“创建剪贴蒙版”命令，将图像载入到矩形中，使其形成一个整体。

STEP 05 在右侧的矩形中绘制颜色为“白色”、大小为“460像素×390像素”的矩形。打开“登录素材.psd”图像文件，将其中的登录框拖动到白色矩形的中上方。

STEP 06 在登录窗口中输入文字“手机号码”“密码”“自动登录”“忘记密码”，并设置“字体、字号、颜色”分别为“微软雅黑、20点、黑色”，并从打开的“登录素材.psd”图像文件中将复选框拖动到文字“自动登录”的左侧。

STEP 07 使用圆角矩形工具在文字的下方绘制颜色为“#fdb900”，大小为“375像素×48像素”的圆角矩形。选择【图层】/【图层样式】/【描边】命令，打开“图层样式”对话框。在对话框的右侧设置“大小、位置、混合模式、颜色”分别为“3像素、外部、正常、#fda700”。

STEP 08 在左侧列表中单击选中“内阴影”复选框，在右侧设置“混合模式、颜色、不透明度、角度、距离、阻塞、大小”分别为“正片叠底、#fda805、75%、-42度、5像素、25%、40像素”。

STEP 09 在左侧列表中单击选中“渐变叠加”复选框，在右侧设置“混合模式、不透明度、渐变、样式、角度、缩放”分别为“正常、100%、#fd7815~#fdad00、线性、90度、100%”。

STEP 10 在左侧列表中单击选中“投影”复选框，设置投影的“混合模式、不透明度、角度、距离、扩展、大小”分别为“正片叠底、60%、-40度、8像素、0%、3像素”，单击 确定 按钮。

STEP 11 查看制作的登录按钮效果，并在其上输入“登录”文字，设置字体为“微软雅黑”“30点”“黑色”。使用相同的方法，在上方输入“用户登录”，并调整文字位置。

STEP 12 在页面最下方绘制颜色为“#eeeeee”，大小为“1370像素×90像素”的矩形，并在其上输入文字和竖线。清除参考线并保存图像，完成登录页面的制作，查看完成后的效果。

11.5 课后练习

1. 练习1——美化人物图像

下面将对人物面部的肌肤进行美化，包括去痘印、去斑点、去皱纹、皮肤磨皮、美白皮肤和牙齿等，制作后的效果如图11-107所示。

素材所在位置： 素材\第11章\美肤.jpg

效果所在位置： 效果\第11章\美肤.psd

图11-107 美化人物图像

2. 练习2——制作化妆品海报

本练习将精修化妆品瓶子，制作化妆品海报。观察素材可知，瓶盖光影杂乱，整体粗糙，标签与文字模糊不清。为了将其应用到网店主页上，需要对瓶身进行处理，使效果更加美观。处理后的效果如图11-108所示。

素材所在位置： 素材\第11章\补水冰晶\

效果所在位置： 效果\第11章\补水冰晶.psd

图11-108 化妆品海报效果